# DIE

Heinz Krimmer

# WILDNIS

*Vom Leben und
Überleben in der Welt
der Menschen*

# DER

# ZUKUNFT

**KOSMOS**

**Mehr entdecken, mehr verstehen**

## DAS KOSMOS VERSPRECHEN

*Expertenwissen seit 1822*

Welches Thema dich auch begeistert – auf unsere Expertise kannst du dich verlassen. Und das schon seit über 200 Jahren.

Unser Anspruch ist es, dich mit wertvollem Rat zu begleiten, dich zu inspirieren und deinen Horizont zu erweitern.

### BEGEISTERUNG DURCH KOMPETENZ

Unsere Autorinnen und Autoren vereinen professionelles Know-how mit großer Leidenschaft für ihre Themen.

### WISSEN, DAS DICH WEITERBRINGT

Leicht verständlich, lebensnah und informativ für dich auf den Punkt gebracht.

### SACHVERSTAND, DEN MAN SEHEN KANN

Mit aussagestarken Fotos, Zeichnungen und Grafiken werden Inhalte besonders anschaulich aufbereitet.

### QUALITÄT FÜR HEUTE UND MORGEN

Dafür sorgen langlebige Verarbeitung und ressourcenschonende Produktion.

Du hast noch Fragen oder Anregungen?
Dann kontaktiere unsere Service-Hotline: 0711 25 29 58 70
Oder schreibe uns: kosmos.de/servicecenter

# Inhalt

# EIN PLÄDOYER FÜR MEHR OPTIMISMUS

Die Erde der Zukunft ist wieder bewohnbarer geworden.

**Gamechanger. Die Jugend, die ihre Zukunft einfordert. 8,75 Millionen überlebenserprobte Mitbewohner. Wendepunkte.**

**— Hoffnung für den Eisbären**
In Südostgrönland lebt eine Eisbärpopulation heute schon unter Bedingungen, die in der Hocharktis Ende des Jahrhunderts erwartet werden: klimabedingt kaum noch Packeis, um Robben zu jagen. Sie haben ihr Jagdverhalten angepasst, wie eine Studie des Magazins „Science" 2022 zeigte und jagen jetzt auf Gletscher- und Süßwassereis.

Als vor ein paar Jahren die ersten Ideen zu diesem Buch in meinen Synapsen herumhüpften, hätte ich nie gedacht, dass ich zu diesem Thema ein optimistisches Vorwort schreiben würde. Und in der Tat sahen damals die Zukunftsprognosen katastrophal aus. Die Veröffentlichungen der letzten Jahre reflektieren dies gut. Elizabeth Colbert schrieb ihr preisgekröntes Buch „Das sechste Sterben: Wie der Mensch Naturgeschichte schreibt", Matthias Glaubrecht folgte mit „Das Ende der Evolution: Der Mensch und die Vernichtung der Arten" und Harald Lesch und Klaus Kamphausen mit „Die Menschheit schafft sich ab: Die Erde im Griff des Anthropozän". Wie düster die Stimmung war, zeigt der Dialog, mit dem Stephen Emmott sein Buch „Zehn Milliarden", in dem er den Kollaps der Erde angesichts von Klimawandel und Bevölkerungswachstum vorhersagte, beendete:

*„Ich habe einen der rationalsten und klügsten Wissenschaftler gefragt, den ich kenne – einen Wissenschaftler, der in diesem Bereich arbeitet, einen jungen Wissenschaftler, einen Wissenschaftler in meinem Labor. Wenn es nur eine Sache gäbe, die er angesichts der Situation, in der wir uns befinden, tun müsste, was wäre das?*
*Seine Antwort?*
*'Lerne meinem Sohn, wie man ein Gewehr benutzt.'"*

Auch ich habe einen Sohn. Wenn dieses Buch erscheint, wird er 10 Jahre alt sein.

Er wird einen Teil der Zukunft, die in diesem Buch beschrieben wird, erleben und wie jeder Vater wünsche ich ihm von ganzem Herzen, dass es eine gute wird. Wie man ein Gewehr benutzt, kann und will ich ihn nicht lehren. Dafür etwas anderes: Ich mache ihn mit der Natur vertraut. Mit Grundsätzlichem, wie der Evolution, die ein Bindeglied zwischen Vergangenheit und Zukunft darstellt. Ich erkläre ihm unsere Rolle in der Natur und was wir tun müssen, damit sie und wir eine gemeinsame Zukunft haben. Ich erzähle ihm von der unglaublichen Artenvielfalt unserer Erde und den faszinierenden Überlebensstrategien. Seine Mama fördert ihn ebenfalls in allen Belangen

und fügt ihre eigene Sichtweise hinzu. Zu unserer großen Freude fällt all dies bei ihm auf fruchtbaren Boden. Genau wie ich in seinem Alter verschlingt er Bücher über Tiere. Begeistert sich für filmische Naturdokumentationen. Oft spielen wir zusammen Naturquiz. Abwechselnd stellen wir uns Fragen. Inzwischen muss ich mich oft geschlagen geben. „Papa, nenn mir drei heute noch lebende kieferlose Fischarten", forderte er mich gestern auf. Mir fielen nur zwei ein. Eine fehlte und damit stand es 1 : 0 für ihn.

Doch woher kommt mein Optimismus? Er begann als kleines Pflänzchen, das völlig unerwartet zwischen den Wirtschaftsnachrichten und Aktienkursen zum Thema erneuerbare Energien zu keimen begann. Und damit sind wir auch bei einem unserer Hauptprobleme angekommen, dem Klimawandel. Er bereitet uns die meisten Sorgen, obwohl das Artensterben die weitaus größere Gefahr darstellt. Eine kleine Froschart im Regenwald stirbt eben trotz Quaken ganz im Stillen und außer ein paar forschenden Biologen vermisst sie niemand. Den Klimawandel dagegen spüren wir direkt am eigenen Leib und im Geldbeutel. Er ist aus diesem Grunde seit langem schon Teil der Wirtschaftsnachrichten. Was das Pflänzchen schließlich zum Wachsen brachte, waren Studien, die einen absoluten Wendepunkt bedeuten. Dank technologischem Fortschritt entwickelten sich in den letzten Jahren Wind- und Sonnenenergie zur mit großem Abstand ökonomisch günstigsten Energiequelle. Gas war 2021 mit 0,17 €/kWh vor dem Ukrainekrieg der günstigste fossile Energieträger, um Strom zu erzeugen. Wind- und Solarkraft schlugen in Deutschland diesen Preis 2021 schon um etwa die Hälfte und liegen je nach Standort zwischen 0,04–0,12 €/kWh. Und noch wichtiger: 90 % aller Menschen leben in Gebieten, in denen sich Strom durch Wind- oder Sonnenergie zu diesen Preisen und darunter erzeugen lässt. Völlig unabhängig davon, was Politiker auf Klimakonferenzen beschließen und uns damit frustrieren. Diese Preise sind ein Gamechanger und das Ende der fossilen Energieträger. Hinzu kommt der öffentliche Druck. Insbesondere die jüngere Generation engagiert sich.

Die Temperaturentwicklung der Erde von 1850–2020. Eindrücklich visualisiert vom britischen Klimaforscher Ed Hawkins.[1]

Vor dem 15. März 2019 hätte ich mir niemals vorstellen können, dass es „Fridays for Future" schaffen könnte, etwa 1,8 Millionen Menschen weltweit für einen eintägigen Klimastreik zu mobilisieren. Was mit einer kleinen Demonstration der Schülerin Greta Thunberg begann, ist zu einer weltweiten Massenbewegung für eine bessere Zukunft geworden. Lobbyisten für Fossiles werden nur noch Punktsiege erreichen. Die Frage ist: Wie schnell schaffen wir die Transformation und wie wirkt sich das auf die Erwärmung der Erde aus?

Vermutlich schnell genug, um eine Temperaturerhöhung bis zu 5 Grad und damit die ganz große Katastrophe zu verhindern, aber zu langsam, um noch die wünschenswerten 1,5 Grad zu erreichen, meint jemand, der es wissen muss und seit Jahren an dem Thema recherchiert: David Wallace-Wells, der Autor des Bestsellers „Die unbewohnbare Erde: Leben nach der Erderwärmung". Er schreibt in seinem jüngsten Artikel vom Dezember 2021 in der New York Times: *„Keine dieser Zukünfte sieht heute sehr wahrscheinlich aus, wobei die erschreckendsten Vorhersagen durch die Dekarbonisierung unwahrscheinlich werden und die hoffnungsvollsten durch die tragische Verzögerung praktisch ausgeschlossen sind. Das Fenster der möglichen Klimazukunft verengt sich, und dadurch bekommen wir ein klareres Gefühl dafür, ein klareres Bild von dem, was kommen wird ..."* Aktuell hat sich die Welt schon um 1,1 Grad erwärmt und vermutlich werden wir dieses Jahrhundert zwischen 2 und 3 Grad erreichen. Auch der Bericht der Vereinten Nationen für die Ende 2021 stattgefundene COP27, der Klimakonferenz im ägyptischen Sharm el Sheikh, bestätigte diese Spanne.

Das ist nicht gut und problematisch. Wir müssen uns auf eine Zeit der Instabilität, großer Probleme und diverser Katastrophen einstellen. Schon die wünschenswerten 1,5 Grad bedeuten für die Natur und uns großen Stress. Mit jedem Zehntel Grad wird der mehr. Aber, und das ist wirklich eine überlebenswichtige und gute Nachricht: Die apokalyptischen Vorhersagen von 5 Grad haben sich in den letzten Jahren fast halbiert. Die Erde der Zukunft ist wieder bewohnbarer geworden.

Es gibt noch mehr Grund zu Optimismus: Wir leben auf der Erde nicht allein. Wir teilen sie mit vermutlich 8,75 Millionen, möglicherweise sogar 100 Millionen Arten. Darunter unsichtbare wie Mikroben oder uns eher vertraute und sichtbare wie zum Beispiel Pflanzen, Wirbel- oder Weichtiere. Wissenschaftlich beschrieben wurden bisher etwa 1,7 Millionen. Und

— **Fridays for Future**
Aktivisten auf der großen Demo am 20.9.2019 weisen eindrucksvoll auf
die große Gefahr des Klimawandels hin. Viel Eis wird schmelzen, das ist
sicher. Den „Selbstmord" können wir hoffentlich, auch dank des großen
Einsatzes der jungen Generation, abwenden.

all diese Lebewesen entfalten ihr eigenes, von uns unabhängiges Potential, um sich für die Zukunft zu rüsten. Und sie sind uns einen Schritt voraus, denn sie reagierten schon auf die Krisen Verschmutzung, Nutzung ihrer Lebensräume durch den Menschen und Klimawandel, da wussten wir noch gar nicht, dass unser Handeln überhaupt Probleme verursachen könnte. Die Folge sind überraschende evolutionäre Entwick

lungen und erstaunliche Verhaltensanpassungen in bisher ungeahnter Geschwindigkeit. Die Zukunft begann bei ihnen schon längst in der Vergangenheit.

Auch in Bezug auf das Artensterben tut sich was. Unser Wissen um die Zusammenhänge und die Bedeutung der Artenvielfalt für die vielen Ökosysteme steigt ständig an. Hierzu gehört auch die Erkenntnis, dass der Klimawandel in Zukunft zwar Einfluss auf das

Aussterben von Arten und Verschwinden von Ökosystemen haben wird, aber die Arten, die wir bisher verloren, starben aus völlig anderen Gründen aus. Durch erbarmungslose Bejagung, um in unseren Mägen zu enden, die Besiedlung und Umgestaltung ihrer Lebensräume durch den Menschen, und das Einschleppen invasiver Arten und Mikroben. Vieles deutet darauf hin, dass wir auch hier den Wendepunkt erreicht haben. Die Ergebnisse des Weltnaturgipfels im Dezember 2022 in Montreal sahen viele als einen „historischen Moment". Man einigte sich auf 30 % Schutzgebiete weltweit. Das kleine Costa Rica[2] hat dieses Ziel mit seinen Meeresschutzgebieten sogar schon erreicht.

Die Vielfalt der Ökosysteme und Biologie der Arten sowie ihre Reaktionen und Veränderungen auf die aktuellen und zukünftigen Herausforderungen stehen im Mittelpunkt dieses Buches. Sie bestimmen ebenso die Zukunft der Wildnis wie unser eigenes Handeln.

Mein Buch startet mit einer kurzen Geschichte der Wildnis, gefolgt von einer aktuellen Bestandsaufnahme der noch immer existierenden und faszinierenden Biodiversität. Als Nächstes widmen wir uns den Veränderungen und versuchen die wichtigsten Fragen für die Zukunft zu beantworten: Welche Arten sind besonders gefährdet und warum? Wer kann auswandern und wohin? Wer hat keine Überlebenschance? Wie können wir die Artenvielfalt so weit wie irgend möglich erhalten? Gibt es Profiteure? Was können wir aus Klimaänderungen der Vergangenheit lernen? Um die Antworten zu finden, reisen wir in die Tropen, an die Pole, suchen Spuren in unseren Gärten und Städten, tauchen in den Ozeanen und in die Vergangenheit, um für die Zukunft zu lernen. Eine Reise führt sogar in uns selbst. Denn in uns existiert eine Wildnis der ganz besonderen Art. Und nicht nur in uns, sondern in und auf allen mehrzelligen Lebewesen. Diese uns noch weitgehend unbekannte Wildnis ist ein weltumspannendes Netzwerk im ständigen Austausch, immer und überall.

Das Ergebnis unserer Reise zu unseren Mitbewohnern und ihrer Biologie zeigt uns auf eine ganz neue und faszinierende Art und Weise, wie vernetzt das Leben auf der Erde ist und an welcher Stelle dieses biologischen Netzwerkes wir uns befinden. Und es lässt uns die Zusammenhänge besser verstehen und ermöglicht uns, die richtigen Maßnahmen für die Zukunft zu ergreifen.

Nicht alle Ökosysteme und Veränderungen können betrachtet werden. Hierfür ist der Rahmen eines, ja sogar mehrerer Bücher viel zu eng. Positiv betrachtet kann man feststellen, dass auf der Erde noch immer eine so große und komplexe Vielfalt existiert, dass sie kaum in Worte zu fassen ist.

Zum Schluss meines Vorwortes möchte ich gerne zwei Autoren zitieren, die ich sehr schätze, da sie in Zeiten, in denen ständig schlechte Nachrichten auf uns einstürzen, eine wichtige Erkenntnis formulieren. In ihrem Buch „Urwelten" schreiben Thomas Halliday und Hainer Kober, *einfach die Tatsache, dass wir uns den Zustand unserer Umwelt vor Augen führen können, ... ist Grund genug, Hoffnung zu schöpfen.*"[3]

Wir müssen nicht die *letzte Generation* sein, wir könnten die erste sein, die eine Trendwende herbeiführt.

1 https://www.climate-lab-book.ac.uk/2018/warming-stripes/

2 Prof. Dr. Jorge Cortés-Núñez – Universität von Costa Rica, Vortrag auf dem ICRS 2022, Bremen

3 Urwelten: Eine Reise durch die ausgestorbenen Ökosysteme der Erdgeschichte, Thomas Halliday, Hainer Kober; E-Book Hanser Verlag, Position 7723

# UNSER BILDNIS DER WILDNIS

Wildnis ist der Normalzustand.
Zivilisation die Ausnahme.

**Warum wir Teil der Wildnis sind. Hyänen- und Löwenfutter.
Zivilisierte Wilde und Wilde. A wie Atom und Anthropozän.**

**— Noch Wildnis oder doch schon Zoo?**
Ein Bengalischer Tiger (*Panthera tigris tigris*) als
Fotostar für Touristen, Ranthambore, Indien.

## VON HYÄNEN UND MENSCHEN

Überall liegen Knochen, Schädel oder Teile davon. Manche Knochen sind zersplittert, an vielen hängen noch Reste von Fleisch und Haaren. Der ganze Boden ist mit halb verfaulten Innereien bedeckt. Manche kann man noch erkennen. Eine halbe Leber klebt in einer trockenen Blutlache, ein Stück weiter liegen die Reste einer zerfetzten Lunge. Es stinkt bestialisch. Die hier versammelten Überreste stammten von verschiedenen Lebewesen: Auerochsen, Wildpferden, Hirschen, Nashörnern, Elefanten und acht Neandertalern (*Homo neanderthalensis*): sechs Männern, einer Frau und einem kleinen Jungen.

Sie alle wurden Beute der Höhlenhyäne (*Crocuta crocuta spelaea*), einem großen und gefährlichen Raubtier des 2,5 Millionen Jahre dauernden Pleistozäns. Vor etwa 11 000 Jahren starb sie aus. Ihr Erbgut, das

— **Gefährlicher Jäger**
Tüpfelhyänen teilten in Afrika den Lebensraum mit den dortigen Menschenarten. Auch wenn bisher Beweise fehlen, wurden unsere Vorfahren wahrscheinlich von Hyänen gejagt.

**Die Frühmenschen waren nicht nur Jäger und Sammler sondern auch Beute.**

inzwischen mit Hilfe moderner Genanalysen aus fossilen Knochen analysiert wurde, zeigt, dass sie eine Unterart der heute in Afrika lebenden Tüpfelhyäne (*Crocuta crocuta*) war. Sie war jedoch um etwa ein Drittel größer und mit etwa 100 Kilogramm auch schwerer. Einen Frühmenschen zu töten, dürfte ihr kaum Probleme bereitet haben. Auch ihr Gebiss eignete sich hervorragend für Beutetiere fast jeder Größe. Sie verfügte über einen extrem kräftigen und muskulösen Kiefer. Ihr Zahnbesatz eignete sich sowohl zum Zerschneiden und Herausreißen von Fleisch als auch zum Zermalmen von Knochen. Ihre Beutetiere schleppte sie gewöhnlich in ihre Höhle. Hier konnte sie in Ruhe fressen, die Beute vor anderen Raubtieren verstecken und verteidigen.

Irgendwann fiel dem Raubtier ein weiterer Neandertaler zum Opfer. Um an die Innereien zu kommen und ihren ersten großen Hunger zu stillen, riss sie mit ihren Zähnen erst die weiche Bauchhöhle auf, dann fraß sie das leicht zugängliche Muskelfleisch der Oberschenkel und des Pos. In den nächsten 14 Tagen sollte sie immer wieder am Kadaver des etwa 70 Kilogramm schweren Neandertaler weiterfressen. Als Letztes versuchte sie die stabilen Schädelknochen aufzuknacken, um an das weiche Gehirn des Frühmenschen zu kommen. Immerhin ein nahrhafter Brocken von etwa 1,5 Kilogramm. Bei diesem Versuch hinterließ die Höhlenhyäne eine Spur: einen Zahnabdruck. Eines der Indizien, die Forscher in der kürzlich entdeckten Guttari-Höhle südlich von Rom gefunden hatten und die unter anderem die Basis meiner fiktiven Geschichte der Vorgänge in der Höhle bilden. *„Neandertaler waren Beute für diese Tiere. Hyänen jagten sie, vor allem die Schwächsten, wie kranke oder alte Menschen"*, so einer der beteiligen Paläontologen[1].

Doch nicht nur Hyänen fraßen in der Vergangenheit Menschen, sondern auch Löwen. Auf diese Spur brachte Mark Achtman, Professor für bakterielle Populationsgenetik an der Universität von Warwick (Vereinigtes Königreich), ein geradezu winziges Lebewesen: das Stäbchenbakterium *Helicobacter pylori*. Moderne Menschen (*Homo sapiens*), die niemals ein

**— Die Menschenfresser von Tsavo**
Mindestens 35 Menschen töten die zwei
Löwen beim Bau einer Brücke über den Fluss
Tsavo in den Jahren 1898/99. Die Löwen
kamen nachts und schleppten die Arbeiter
aus ihren Zelten in die Savanne und fraßen
sie. Unsere Vorfahren waren eine ähnlich
leichte Beute.

Vor 200 000 – 50 000 Jahren lebten auf der Insel Flores in
Indonesien der heute noch lebende Komodo Waran und ein
ausgestorbener 1,2 Meter großer Storch (*Leptoptilos robustus*).
Beide Arten jagten auch den „Hobbitmenschen" (*Homo floresiensis*),
der maximal 1 Meter groß wurde.

Magen- oder Zwölffingerdarmgeschwür hatten, werden dieses Bakterium kaum kennen. Erkrankte jedoch wissen um die bakterielle Ursache ihrer Geschwüre[2]. Aktiv wird das Bakterium aber nicht nur in Menschen, sondern auch in Raubtieren, und so verwundert nicht, dass es in Magengeschwüren von Löwen entdeckt wurde. Als der Professor für bakterielle Populationsgenetik dies erfuhr, ergab seine Genanalyse ein erstaunliches Resultat. Die beiden Bakterienarten unterscheiden sich nur sehr wenig und gehen auf einen gemeinsamen Vorfahren vor etwa 200 000 Jahren zurück. Ebenso ergab die Untersuchung, dass das Bakterium ursprünglich vom Menschen stammt und versuchte, sich mit diversen Mutationen an das neue Umfeld des Raubtiermagens anzupassen. Da das Bakterium irgendwie in den Magen der Löwen gekommen sein muss und wir davon ausgehen können, dass Menschen und Löwen sich nicht küssen, gibt es nur eine einzige Möglichkeit: Wir standen auf dem Speiseplan dieser Raubtiere. Als kleine Rache für das

Gefressenwerden, vererbten wir ihnen die winzigen *Helicobacter pylor*.

Unsere Frühgeschichte auf unsere Rolle als Beutetiere zu reduzieren, wäre jedoch falsch. Auch wenn wir über die ersten Frühmenschen wie zum Beispiel den 4,4 Millionen alten „Ardi" (*Ardipithecus ramidus*) so gut wie nichts wissen, kann man anhand seines Gebisses den Allesfresser erkennen. Je jünger die Funde werden, umso sicherer können wir behaupten, dass die meisten Menschenarten selbst erfolgreiche und gefährliche Raubtiere gewesen sind. Jagen und die damit verbundenen Errungenschaften, wie das Herstellen von Jagdwaffen oder Werkzeugen, gehören zu den ältesten Zeugnissen menschlicher Fähigkeiten und Kultur. Insbesondere die vom *Homo erectus* schon vor etwa 400 000 Jahren entwickelten Distanzwaffen waren ein Meilenstein. Mit ihren Speeren konnten sie auch Beute wie Antilopen jagen, die früher außerhalb ihrer Reichweite lagen. Mit ihren Waffen wagten sich Frühmenschen auch an große Tiere wie das Mammut.

Doch wozu unser kleiner Ausflug in die Vergangenheit? Er bringt uns eine wichtige Erkenntnis, die wir heute weitgehend vergessen haben: Seit unserer entwicklungsgeschichtlichen Trennung von den Schimpansen vor etwa 8 Millionen Jahren waren alle Menschenarten, einschließlich unsere Art, der *Homo sapiens,* überwiegend eine Tierart wie jede andere. Wir kämpften jede Minute ums Überleben, waren Beute und Nahrung für viele Raubtiere in unserem Verbreitungsraum. Als Allesfresser sammelten wir Gräser, Kräuter, Wurzeln oder Früchte und als erfolgreiche Jäger töteten wir Tiere in großer Zahl. Die Wildnis war die Natur, in der wir lebten. Sie beeinflusste uns und wir die Natur. Die Wildnis war mit all ihren Bedrohungen und Herausforderungen fast die gesamte Zeit unserer Existenz unsere Heimat.

Doch dann geschah vor etwa 12 000 – 9000 Jahren v. Chr. am Ende der letzten Eiszeit etwas, das alles verändern sollte: die neolithische Revolution. Im östlichen Mittelmeerraum entstanden an der Küste des heutigen Syriens, Libanons, Israels, Palästinas, der Türkei und Ägypten die ersten menschlichen Gemeinschaften, die Ackerbau und Viehzucht betrieben. Von dort trat diese Innovation bis etwa 1000 v. Chr. ihren weltweiten Siegeszug an.

Die Menschen wurden Bauern und sesshaft. Die Abhängigkeit von der Natur wie dem Wetter, Schädlingen und Raubtieren, die Nutztiere, aber auch nach wie vor Menschen rissen, etc. bestand zwar weiterhin, aber die Nahrungsmittelversorgung wurde planbarer und Vorratshaltung half über Notzeiten.

Zu Beginn der neolithischen Revolution lebten noch Jäger und Sammler und Bauern Jahrtausende nebeneinander, doch bald arbeiteten die meisten Menschen in der Landwirtschaft. Technischer Fortschritt reduzierte die Anzahl der Bauern erneut und heute ernährt eine kleine Minderheit die Welt. Die überwiegende Mehrheit der Menschen lebt heute in Städten und hat weder mit der Nahrungsmittelproduktion noch direkt mit der Natur etwas zu tun. Die Entdeckung der Landwirtschaft markiert den Beginn einer ersten Entfremdung zwischen uns und der Natur.

Heute scheint Wildnis nur noch eine ferne Erinnerung, die in uns geweckt wird, wenn wir wilde Tiere im Zoo betrachten. In der direkten Begegnung können wir die Kraft eines Löwen, Tigers oder Eisbären spüren. Wir können sie riechen und wenn sie brüllen, geht uns das Geräusch noch immer durch Mark und Bein. *„Die Natur muss gefühlt werden",* schrieb der berühmte deutsche Naturforscher Alexander von Humboldt am 3. Januar 1810 an Goethe. Wie recht er hatte. Aber wir fühlen uns wesentlich wohler, wenn ein Zaun oder Glasscheibe uns Sicherheit verschafft.

Diese Emotionen, die durch die Wahrnehmung der Wildtiere mit unseren Sinnen erzeugt werden, bringen uns eine weitere Erkenntnis. Evolutionär sind

**— Keine Angst vor großen Tieren**
Seit 2021[17] haben wir Gewissheit. Neandertaler jagten das mit vier Metern Höhe und 13 Tonnen größte Landsäugetier des Pleistozäns: den europäischen Waldelefanten *(Palaeoloxodon antiquus).*

— **Alexander von Humboldt**

Ausgehend von genauer Beobachtung und Messungen beschrieb er die Natur als „großes Ganzes", in der sich unbelebte und belebte Natur gegenseitig beeinflussen. In diesem großen Wechselspiel sind auch wir nur ein Mitspieler unter unzähligen anderen.

**Die Zeit, in der wir als Jäger und Sammler von den aktuell verfügbaren Ressourcen der Wildnis abhingen, ging mit der Erfindung der Landwirtschaft zu Ende.**

wir immer noch an das Leben in der Wildnis angepasst. Daran ändert der kurze Zeitraum von 12 000 Jahren nicht das Geringste. Charles Darwin hat uns im letzten Jahrhundert mit seinen bahnbrechenden Werken „Über die Entstehung der Arten" (1859) und „Die Abstammung des Menschen und die geschlechtliche Zuchtwahl" (1871) daran erinnert. Die immensen Fortschritte der Genetik haben alles bestätigt. Wir tragen die biologische Geschichte des Lebens in unseren Zellkernen mit uns herum. Wir sind „Wilde", die in Städten leben, Schreibtische hüten und mit Smartphones spielen. Das tut uns nur bedingt gut und die Liste unserer „Zivilisationskrankheiten" ist lang. Unser Körper wurde für das Überleben in der Wildnis gebaut.

## WILDNIS IM WANDEL DER ZEIT

Wildnis ist Natur, die wir Menschen als Gesamtes oder bezüglich der Lebewesen mit der Eigenschaft „wild" charakterisieren. In seiner ursprünglichen Wortbedeutung, die in allen europäischen Sprachen überwiegend gleich ist, bedeutete wild „ungezähmt" und „unkontrolliert", in Zusammenhang mit Raubtieren auch „gefährlich". Ohne uns und unsere Vorstellung von „wild" würde keine Wildnis existieren, sondern nur die Natur, so wie sie ist, mit all ihren geologischen, chemischen und biologischen Gesetzmäßigkeiten. Und wir könnten uns unter „wild" nichts vorstellen, wenn wir nicht wüssten, was „nicht wild" ist. Wildnis braucht also für ihre Existenz einen Gegenpart. Dieser ist die Kulturlandschaft, sind zahme Haus- und Nutztiere und der zivilisierte Mensch. Alles Errungenschaften des modernen Menschen und alles vom Menschen geschaffene Definitionen, die sich im Laufe der Zeit ändern und auch je nach Kultur unterschiedlich sind.

Raum, Zeit und individuelles Erleben und Weltanschauung bestimmen aus diesem Grunde, was Wildnis bedeutet. Und oft genug überschneiden sich einzelne Bedeutungen oder existieren parallel. Unsere Vorfahren vor 100 000 Jahren, die Menschen des Mittelalters, heute lebende Indigene im tropischen Regenwald Amazoniens, die Börsenmaklerin in Frankfurt am Main, sie alle sehen und sahen die Natur mit anderen Augen.

Kaum etwas wissen wir über den Zeitraum der Evolution des Menschen bis zur neolithischen Revolution. Vermutlich sahen die Menschen damals die Natur in ähnlicher Art und Weise wie die wenigen heute noch existierenden indigenen Völker. Anthropologen, die diese in den letzten 200 Jahren erforschten, dokumentierten von ihnen zahlreiche Erzählungen und Mythen. Vermutlich gab es auch in der Vergangenheit eine ungeheure Vielfalt von Naturinterpretationen. Sie werden uns jedoch für immer unbekannt bleiben, da sie nur mündlich überliefert wurden und mit den verschiedenen Menschengruppen ausstarben.

Einen regelrechten Bruch mit unserem Verhältnis zur Natur dokumentiert das Alte Testament im

1. Buch Moses vor etwa 3000 Jahren. Dort heißt es: *„Und Gott segnete sie und sprach zu ihnen: Seid fruchtbar und mehret euch und füllet die Erde und machet sie euch untertan und herrschet über die Fische im Meer und über die Vögel unter dem Himmel und über alles Getier, das auf Erden kriecht."*[3] Diese Zeilen müssen zwar vor dem Hintergrund der damaligen geschichtlichen Situation interpretiert werden. Die Verfasser hatten keine Vorstellung von unseren heutigen, massiven und globalen Umweltproblemen. Sie hatten nur einen begrenzten Blick auf ihre kleine Welt der Levante und der Satz drückt die Hoffnungen aus, die mit der Erfindung der Landwirtschaft verbunden waren. Trotzdem ist er Teil eines Paradigmenwechsels, der bis heute unheilvoll nachwirkt. Die Aufteilung der Natur in die Herrschenden (die Menschen) und die Untertanen (Tiere, Pflanzen und Ökosysteme) ist eindeutig vollzogen. Die zusätzliche Definition des Menschen in den monotheistischen Religionen als das „Ebenbild Gottes" trennte uns endgültig von der Natur. Mit diesem Bild ist der Schimpanse als gemeinsamer Vorfahr unverein- und undenkbar. Die Auseinandersetzung

**Wolfskinder waren ein beliebtes Thema in der Literatur. Mowgli aus dem Dschungelbuch ist ein wunderbares Beispiel.**

zwischen Evolutionswissenschaften und Religionen wird noch heute erbittert geführt.

Die technischen Fortschritte und der ideologische Rahmen der monotheistischen Religionen führten zu einer neuen Bewertung der Natur. Wildnis galt als primitiv und minderwertig. Sie zu unterwerfen, zu beherrschen und auszubeuten schien nicht nur gerechtfertigt. Viele sahen es als eine von Gott gewollte Aufgabe. Im Wege standen nicht nur gigantische Wälder, Sümpfe und Tiere, sondern auch die jeweiligen Ureinwohner der verschiedenen Kontinente. Für die Entdecker aus Europa waren diese Menschen „primitive Wilde", für viele sogar „Tiere" und damit Teil der Wildnis, die es zu unterwerfen galt. Damit sah man sich im Recht, die Ureinwohner zu vertreiben, auszurotten oder als Sklaven zu handeln. Ein dunkles Kapitel der menschlichen Geschichte.

Auch in der Biologie hielt man in der Vergangenheit für möglich, dass es „wilde" Menschenrassen gibt. In der zehnten Auflage des „Systema Naturae" von Carl von Linné aus dem Jahre 1758 gab es innerhalb der Gattung Homo nicht nur uns, den *Homo sapiens* (lateinisch: wissender Mensch), sondern auch den *Homo ferus* (lateinisch: wilder Mensch), eine Gruppe, die auf allen Vieren läuft, nicht sprechen kann und oft sehr behaart ist. Er nahm damit auch die seit dem 14. Jahrhundert immer wieder auftauchenden Berichte von Kindern auf, die isoliert in der Wildnis aufgewachsen sein sollen. Laut Legenden auch von wilden Tieren wie Wölfen (Wolfskinder) oder Bären adoptiert.

Die Idee, dass die auf der Erde lebenden Menschen unterschiedlichen Rassen angehören könnten oder Unterarten des *Homo sapiens* sein könnten, hielt sich in der Wissenschaft bis zum frühen 20. Jahrhundert. Hierzu wurden von Kopfumfängen bis Nasenlängen alles vermessen. Behaarungen und Hautfarbe verglichen und so weiter. Dahinter verbarg sich auch die rassistische Ideologie, dass es eine überlegene weiße Rasse geben könnte. Alles heute wissenschaftlich widerlegter Unsinn. Mit dem Nationalsozialismus erlebte die Rassenbiologie in Deutschland bis 1945 eine – hoffentlich! – letzte Blüte.

Analog zu der diskriminierenden und rassistischen Forschung trug man das Bild des „Wilden", der eher den Tieren nahesteht, auch in die Öffentlichkeit. Gerne präsentierte man sie im Zoo, wie zum Beispiel im Hamburger Tierpark Hagenbeck. Von 1870 – 1940 wurden in ganz Europa Afrikaner oder Asiaten unter anderem als „wilde Kämpfer" Afrikas oder, ganz besonders beliebt, als „Kannibalen" ausgestellt. Die Affenrufe in Fußballstadien, die heute zu hören sind, um schwarze Spieler rassistisch zu beleidigen, haben ihren Ursprung in den historischen Bildern vom minderwertigen „Wilden".

Parallel zu den Ideen der Überlegenheit der Zivilisation entwickelte sich im 18. Jahrhundert eine Gegenströmung. Die Natur wurde plötzlich idealisiert und als bewundernswerter Gegenpart der Zivilisation verehrt.

**Wilde als Sklaven**
Fast alle großen Naturwissenschaftler waren Gegner der Sklaverei. Stellvertretend ein Zitat von Alexander von Humboldt: *„Zweifelsohne ist die Sklaverei das größte aller Uebel, welche jemals die Menschheit betroffen, [...]"*

Aus „Primitiven" wurden „edle Wilde", die unverfälscht und gut waren. Als einer der bedeutendsten Wegebereiter dieser Sichtweise kann Jean-Jacques Rousseau gesehen werden. Rousseau geht im Kern davon aus, dass der Mensch von Natur aus gut, wild und frei ist. Erst die Erziehung und die Zivilisation legen ihm Fesseln an. Letztere sieht er in einem Niedergang begriffen und nur durch radikale Neuausrichtung zu retten. Zu seinen Hauptwerken gehören seine pädagogischen Werke: „Émile oder über die Erziehung" und „Vom Gesellschaftsvertrag oder Prinzipien des Staatsrechts."

Aber ist ein Mensch, der ganz natürlich, ohne negative Auswirkungen der Gesellschaft, aufgewachsen ist, wirklich gut? Wie könnte man das beweisen? In Europa gestaltete sich das als ausgenommen schwierig, da es dort keine zivilisationsfreien Räume mehr gab. Abhilfe konnten fremde Kulturen schaffen, und in der Zeit der Entdecker erschienen diesbezügliche Berichte. Eine der einflussreichsten Schilderungen veröffentlichte der berühmte Seefahrer und Schriftsteller Louis Antoine de Bougainville 1771: „Reise um die Welt mit der Fregatte des Königs La Boudeuse und der flûte L'Étoile". In seinem Buch beschrieb er die Bewohner Tahitis als von der Zivilisation unverdorbene, freundliche und naive Bewohner. Rousseau fühlte sich bestätigt. Heute hat die Forschung das Bild des „edlen Wilden" schon lange widerlegt.

Jahrzehnte später schuf Paul Gauguin die passenden Bilder zu Bougainvilles Texten. Seine Bilder trugen Titel wie „Herrliches Land", „Wie? Bist du eifersüchtig?" und kommentierten paradiesische Zustände von Sexualität: *„Die Reinheit beim Anblick des Nackten und der ungezwungene Umgang der Geschlechter untereinander: Die Unkenntnis des Lasters bei den Wilden."* Im prüden Europa stießen die hübschen und oft nackten Polynesierinnen am Tropenstrand auf großes Interesse.

In Deutschland schuf Caspar David Friedrich unberührte romantische Naturbilder, als die ersten Fabrikschlote der beginnenden Industrialisierung in den Himmel ragten. Heute kennt jeder die Bilder „Der Wanderer über dem Nebelmeer" und die „Kreidefelsen auf Rügen", die um 1818 entstanden. Die Szenerien wirken wie ein Abschied, als würden die Wanderer einen letzten Blick auf eine Natur werfen, die bald verschwindet.

Parallel hierzu tauchten in der damaligen Literatur die ersten „edlen Wilden" auf. Der amerikanische Schriftsteller James Fenimore Cooper erschuf in seinen berühmten Lederstrumpfromanen unter anderem die Figur des edlen Indianers Chingachgook. Die Geschichten im Grenzbereich zwischen Zivilisation und Wildnis eignen sich besonders, um die Gegensätze auszuarbeiten. Auch Karl Mays Geschichten sind dort angesiedelt und seine fiktive Figur des edlen Häuptlings der Apachen, der uns allen bekannte Winnetou, ist ein Musterbild eines „edlen Wilden". Die Wildnis wurde zum Sehnsuchtsort. Hier fand man Abenteuer, unberührte Landschaften und Menschen, die nicht durch die Zivilisation verdorben waren. Eine moderne Version der „edlen Wilden" schuf James Cameron mit seinem 2009 erschienenen Science-Fiction-Film „Avatar – Aufbruch nach Pandora", der nun mit „Avatar: The Way of Water" seine erfolgreiche Fortsetzung feiert.

Diese Idealisierungen fielen damals wie heute auf fruchtbaren Boden. Das Leben in Europa vor der industriellen Revolution war extrem hart. Armut, Hunger, Kriege, Knechtschaft und Krankheiten prägten das Leben der Bevölkerung. Die industrielle Revolution brachte zwar Verbesserungen, aber für die Dauer der ersten 150 Jahre profitierten davon nur wenige. Die Arbeiter in den Städten lebten nach wie vor unter menschenunwürdigen Bedingungen. Die soziale Situation in Bezug zur Natur fasste der Schriftsteller Berthold Brecht treffend zusammen: *„Die Schwärmerei für die Natur kommt von der Unbewohnbarkeit der Städte."* Was im 19. bis zur ersten Hälfte des 20. Jahrhunderts für Europa galt, wiederholt sich heute in den

**— Die Erfindung des Paradieses**
Freie Sexualität, edle Wilde, die am Strand liegen und entspannen … Kein Wunder, dass Menschen im prüden Europa und im Elend der europäischen Städte Tahiti wie ein sehnsuchtsvoller Ort vorkam. Die koloniale Realität sah anders aus. Gemälde von Paul Gaugin.

**„Der Mensch ist von Natur aus gut, ich glaube, es nachgewiesen zu haben …"**
*Jean Jacques Rousseau*

Entwicklungsländern. Die Slums in Jakarta (Indonesien), Delhi (Indien), Nairobi (Kenia) oder Manila (Philippinen) sind Orte des Grauens. In den entwickelten Ländern dagegen konnte durch stetiges Wirtschaftswachstum ein Wohlstand erreicht werden, der dem Großteil der Bevölkerung ein menschenwürdiges Leben ermöglichte.

Doch wir sehen jetzt auch mit aller Deutlichkeit den zu zahlenden Preis, und dieser bestimmt unser heutiges Bild von Wildnis, auf deren Kosten unser Wohlstand erreicht wurde. Unsere ehemalige Heimat, die Wildnis, wurde zu einem schützenswerten Gut.

Die IUCN (Internationale Union zur Bewahrung der Natur), eine NGO und der Dachverband internationaler Regierungs- und Nichtregierungsorganisationen in Sachen Naturschutz, definiert aktuell Wildnis als *„ausgedehntes, ursprüngliches oder leicht verändertes Gebiet, das seinen ursprünglichen Charakter bewahrt hat, eine weitgehend ungestörte Lebensraumdynamik und biologische Vielfalt aufweist, in dem keine ständigen Siedlungen sowie sonstige Infrastrukturen mit gravierendem Einfluss existieren und dessen*

— **Leben im Müll**

Slum in der Hauptstadt Jakarta in Indonesien. Nur 1,5 Flugstun-
den entfernt findet man auf Borneo eine der biologischen
Schatzkammern der Erde. Dort entdeckte man bisher 622 Vogel-,
400 Amphibien-, 394 Fisch- und 222 Säugetierarten. Größer
könnte der Kontrast kaum sein.

*Schutz und Management dazu dienen, seinen ur-
sprünglichen Charakter zu erhalten.“*

Der WWF in Österreich wiederum erklärt Wildnis folgendermaßen: *„Das Wort ‚wild‘ bedeutet ursprünglich ‚eigenwillig‘, ‚selbstbestimmt‘ oder ‚unkontrollierbar‘. Eine Landschaft ist wild, wenn die Natur
hier ihren Lauf nehmen darf – selbstbestimmt und vom
Menschen unbeeinflusst. Ist das Gebiet groß genug,
heißt es ‚Wildnis‘.“* [4]

Diese Definitionen sind nur zwei von vielen. Aber
alle Definitionen von Wildnis enthalten die Kernaus-

sage, dass es sich um vom Menschen unberührte Natur
handelt, *„in der natürliche Prozesse ablaufen können,
ohne dass der Mensch denkt und lenkt, in dem sich Un-
geplantes und Unvorhergesehenes entwickeln kann.“* [5]
Dies können einerseits ursprüngliche, noch unverän-
derte Naturgebiete sein, als auch solche, die durch
Schutzmaßnahmen renaturiert werden.

Diese Trennung zwischen unberührter Natur einerseits und vom Menschen gestalteter Kulturlandschaft andererseits klingt auf den ersten Blick logisch
und sinnvoll, um die Natur, vor allem vor uns, zu

schützen. Bei genauerer Betrachtung jedoch erweist sich diese Trennung als problematisch. Der amerikanische Umwelthistoriker William Bill J. Cronon war einer der ersten Kritiker dieses Gedankens. Die New York Times schrieb über seine Gedanken im Essay „The Trouble With Wilderness": *„Er bezeichnet den Traum von einer unberührten Landschaft als eine Fantasie von Menschen"*, ein nicht existierendes Wunschbild einer idealisierten Natur. Eine moderne Variante des schwärmerischen Gedankens „Zurück zur Natur" aus der Zeit der Romantik.

Auch das Idealbild des „edlen Wilden", der im Einklang mit der Natur lebt, lehnte er ab. In seinem Buch „Changes in the Land: Indians, Colonists and the Ecology of New England"[6] wies er nach, dass auch die Indianer *„nicht passiv in einer unberührten Landschaft gelebt hatten"*. Auch sie versuchten aktiv zu gestalten, zum Beispiel durch Brandrodung, um sich Vorteile zu verschaffen und zeigten Rücksichtslosigkeit gegenüber der Natur. Inzwischen gibt es zahlreiche Beispiele aus unserer evolutionären Geschichte, die das Bild des „edlen Wilden" widerlegen. In der Tschechischen Republik fand man bei Ausgrabungen eine Art Schlachthof aus der letzten Kaltzeit. Die Überreste etwa 1000 erlegter Mammuts liegen hier. Als im 13. Jahrhundert die ersten Polynesier Neuseeland erreichten, rotteten sie die flugunfähigen Laufvögel, die Moas, innerhalb kürzester Zeit aus. Nur eines kann man unseren Vorfahren zugutehalten: Ihr Wissen war begrenzt. Die Polynesier wussten nicht, dass der Moa nur in Neuseeland vorkommt und ihre Jagd diese Art für immer von der Erde verschwinden lässt.

Unser Problem ist, dass wir auch heute, dieses Mal mit der Absicht zu schützen, die Natur und uns als Gegensatz begreifen. Wir sehen die ursprüngliche Natur als einen perfekten, paradiesischen Idealzustand und uns als externe Kraft, die nur Zerstörung für dieses Paradies bedeuten kann. *„Wer eine solche Auffassung vertritt, leugnet die Naturhaftigkeit der Menschheit"*[7], sowie die Grausamkeit der Natur, die sich im gnadenlosen Überlebenskampf aller Lebewesen täglich zeigt. Und wenn wir unsere eigene Ge-

schichte betrachten, dann sehen wir, dass wir uns diesem Überlebenskampf gestellt haben, unsere eigene ökologische Nische ständig verteidigten und veränderten, um überleben zu können. Seit wir existieren verändern wir die Welt, um sie unseren biologischen Anforderungen anzupassen.

Wenn wir uns, aufgrund welcher Ideen auch immer, mehr und mehr von der Natur entfremden, wird es immer schwieriger herauszufinden, *„wie ein ethischer, nachhaltiger, ehrenhafter Platz des Menschen in der Natur tatsächlich aussehen könnte"*[8]. Stattdessen sollten wir uns auf unsere biologischen Wurzeln und damit unsere eigene Geschichte besinnen und auf dieser Basis unser Verhältnis zur Natur definieren.

Dies ist keine Kritik an der Schaffung von Naturschutzgebieten. Diese sind angesichts der Situation nötiger denn je. Es ist eine Kritik an der Sichtweise der Trennung. Auch die biologische Realität kennt keine Trennung. Die Wildnis wird sich nicht in Reservate einsperren lassen, und die Kulturlandschaft und unsere Städte werden nie naturfreie Zonen sein. Zudem haben wir den Planeten schon so weit verändert, dass

**— Wildes Deutschland**
Ein Wolfsrüde hat in der Lausitz eine Hirschkuh gerissen. Noch vor wenigen Jahrzenten undenkbar, denn Wölfe waren seit 1850 in Deutschland ausgerottet. Diese seltene Aufnahme gelang dem Fotografen Bernd Lamm.

es kaum noch Wildnis gibt. Klimawandel und Verschmutzung hinterlassen überall Spuren. Wir brauchen eine neue Denkweise, die Trennung überwindet, um die Probleme zu lösen. Hinzu kommt, so der Umweltjournalist Michael Pollan, *„dass wir so stark in die Natur involviert sind, dass man nicht einfach aufhören kann"*.[9]

Die Erde ist heute ein vom Menschen geprägter Planet.

Wir beeinflussen ihn wie nur wenige andere biologische Kräfte, sodass die Vorstellung einer von uns unberührten Erde absurd ist. Das machte das Überleben vieler Arten von unserem Handeln abhängig. Dieser Verantwortung für die Vielfalt des Lebens müssen wir uns in Zukunft stellen.

Und hiermit nähern wir uns dem nächsten Abschnitt dieses Kapitels an. Möglicherweise leben wir schon in einem neuen Erdzeitalter: dem Anthropozän.

## DAS ANTHROPOZÄN – DAS ZEITALTER DES MENSCHEN

Hätte das Forscherteam der Newcastle Universität 2014 geahnt, was ihr Tauchroboter über der tiefsten Stelle der Ozeane, dem Mariannengraben, mit nach oben bringen würde, wäre es sicher viel nervöser ans Werk gegangen. Aber so liefen die Vorbereitungen ruhig und nach Plan und der Roboter tauchte ab. Ihr Ziel: Krebse in einer Tiefe von 6000 – 7000 Metern zu fangen. Eine durchaus schwierige Angelegenheit, die schon in geringen Tiefen nicht immer von Erfolg gekrönt ist. Doch an diesem Tag hatten sie Glück. Ihre Fallen, Plastikröhrchen mit Fischfleisch als Köder, kamen bei der Krebsgemeinschaft gut an. Kaum in Erwartung einer guten Mahlzeit in der Röhre angekommen, wurde sie eingesaugt und gesichert. Die Überraschung kam später: Die Forscher hatten nicht nur eine neue Art entdeckt, sie fanden auch eine 0,6 Millimeter lange Plastikfaser aus Polyethylenterephthalat (PET) im Krebsdarm. Dieser Kunststoff wird zur Herstellung von Plastikflaschen und Textilfasern verwendet. Die Forscher tauften die neue Flohkrebsart *Eurythenes plasticus*[10]. Dr. Alan Jamieson über die Namens-

gebung: *„Mit dem Namen wollen wir ein starkes Zeichen gegen die Meeresverschmutzung setzen und deutlich machen, dass wir dringend etwas gegen die massive Plastikflut tun müssen."*[11]

Noch tiefer hinab tauchten 2018 ein japanisches und 2019 ein chinesisches Forscherteam. Auf dem tiefsten Punkt der Erde, auf 11 034 Meter fanden sie im Sediment eine unerwartet hohe Anzahl von 200 bis 2200 Plastikteilchen pro Liter. Zum Vergleich, auf etwa 6000 Metern Tiefe, in der *Eurythenes plasticus* gefunden wurde, zählten die Teams lediglich 2,06 bis 13,51 Plastikteilchen pro Liter. Verlassen wir das Wasser und suchen den höchsten Punkt der Erde auf, den Mount Everest. Auch hier werden wir in Sachen Mikroplastik fündig.

Wir haben es geschafft, selbst an den entlegensten Plätzen unsere Spuren zu hinterlassen. Das gilt auch für weitere Gebiete, die wir als weitgehend ursprüngliche Wildnis bezeichnen können. Der hohe Norden Europas, weite Teile Sibiriens, große Wüsten wie unter anderem die Sahara oder die Wüste Gobi, und natürlich die Arktis und die Antarktis und deren Grenzbereiche.

**Wir sind ein evolutionäres Produkt der Natur und existieren mit ihr und allen anderen Lebewesen in gegenseitiger Abhängigkeit und Beeinflussung.**

**— Jäger und Sammler**
Australische Ureinwohner lebten überwiegend von der Jagd und vom Sammeln pflanzlicher Nahrung. Schildkröten und Dugongs waren leicht zu erlegen und wurden gerne gejagt.

**Konfliktgebiet**
Die letzten etwa 125 wildlebenden Asiatischen Elefanten (*Elephas maximus*) Nepals leben im Chitwan-Nationalpark. Oft kommt es zu Konflikten mit den Landwirten am Rande des Parks.

Betrachten wir all diese Wildnisgebiete genauer, wird schnell deutlich, dass sie außerhalb unserer ökologischen Nische liegen. In den Bergen beginnt die „Todeszone" bei etwa 7500 Metern und wir können uns nur kurz darin aufhalten. An den Polen und angrenzenden Bereichen wie Sibirien zwingt uns die Kälte, in den Wüsten die Hitze zur Kapitulation. Unter Wasser könnten wir ohne technische Hilfsmittel kaum 10 Minuten überleben. In der Tiefsee würden wir in Sekundenbruchteilen zerquetscht werden, denn pro 10 Meter Wassertiefe steigt der Druck um etwa 1 Kilogramm pro Quadratmeter. Auf dem Grund des Mariannengrabens sind das mehr als eine Tonne pro Quadratzentimeter. Die Tiefsee ist mit größtem Abstand das für uns Menschen unbewohnbarste Ökosystem und gleichzeitig die größte ursprüngliche Wildnis unseres Planeten. Ein gigantisches Ökosystem, das inklusive der tausende von Metern tiefen Wassersäule die Lebensräume auf den Landflächen der Erde um ein Vielfaches übertrifft.

Doch wie sieht es in Gebieten aus, die unserer ökologischen Nische entsprechen? Schlecht. Mit etwa 2 % ursprünglich erhaltener Wildnis liegt das dicht besiedelte Europa[12] auf dem letzten Platz. Von den ursprünglich einmal riesigen Waldgebieten blieben nur zwei übrig. Ein Waldstück in den Bergen Monteneg-

— **Kein Mensch weit und breit**
Der finnische Teil Lapplands gilt als eines
der letzten Wildnisgebiete Europas.

— **Fruchtbare Wüste**
Diese Industrielandschaften dienen ausschließlich dem Anbau einer einzigen Nutzpflanze. Kaum eine andere Art kann hier überleben.

— **Der häufigste Vogel der Welt**
60 % der Biomasse aller lebenden Vögel sind Hühner.

ros und ein größeres Terrain in Weißrussland. Im Vergleich hierzu existieren in den Tropen trotz zunehmendem Raubbau geradezu paradiesische[13] Zustände. Der tropische Regenwald im Amazonasgebiet war mit 536 Millionen Hektar der mit Abstand größte Regenwald der Welt. Etwas mehr als die Hälfte wird aktuell noch intakt sein[14]. Vergleichbar ist die Situation im Kongobecken Afrikas, dem mit ursprünglich etwa 168 Millionen Hektar zweitgrößtem Regenwald. Auch Asien kann diesbezüglich in einigen Gegenden punkten. Recht unberührt zeigt sich noch immer die zweitgrößte Insel der Welt: Papua-Neuguinea. Das bergige, unzugängliche Innere der Insel bietet zudem einen zusätzlichen Schutz. Berge unterstützen auch in Bhutan den Erhalt eines der letzten Wildnisgebiete der Erde und eines der letzten Rückzugsgebiete für Tiger. Auch Costa Rica versucht seit Jahrzenten, seine Natur so weit wie irgend möglich zu erhalten. Doch all dies sind Ausnahmen.

Schritt für Schritt hat der *Homo sapiens* die Erdoberfläche erobert. Von der bewohnbaren Fläche gestaltete er schon 75 % komplett um. Entweder durch landwirtschaftliche Nutzung oder Bebauung[15]. Dabei erzeugt er inzwischen mehr Sedimente als alle aktuellen geologischen Prozesse. Auch sein Einfluss auf die Biomasse der Wirbeltiere zeigt seine Dominanz. Heute machen wildlebende Wirbeltiere nur noch 4 % der Biomasse aller Wirbeltiere aus. Tendenz sinkend. 36 % der Biomasse stellen die etwa 8 Milliarden Menschen. Weitere 60 % entfallen auf Wirbeltiere, die uns zur Nahrungsmittelerzeugung dienen, wie zum Beispiel Hühner, Rinder, Schweine oder Schafe.

Aufgrund dieses weitreichenden Einflusses des Menschen auf die Erde regten der Atmosphärentechniker Paul J. Crutzen und der amerikanische Biologe Eugene F. Stoermer im Jahr 2000 an, darüber nachzudenken, ob wir nicht in einem neuen geologischen Zeitalter leben und schlugen als Namen den Begriff „Anthropozän"[16] vor. Diese Bezeichnung, so der Gedanke der Autoren, würde der aktuellen Situation, in der der Mensch zum dominierenden Faktor wurde, gerecht werden. Der Vorschlag löste sowohl unter den

Wissenschaftlern als auch in der Öffentlichkeit rege Diskussionen aus, die weit über das ursprünglich geologische Konzept hinausgehen und inzwischen auch den kulturellen und politischen Diskurs bereichern.

Ob „Anthropozän" sich durchsetzen wird, entscheidet letztendlich die International Commission of Stratigraphy (ICS), in der zahlreiche Wissenschaftler verschiedener Nationen organisiert sind, und die zur International Union of Geological Science gehört. Zu ihren Hauptaufgaben gehört die Entwicklung einer weltweit gültigen geologischen Zeitskala. Das ICS fand aber die Diskussion und Begründung für die Einführung des „Anthropozän" so bedeutsam, dass sie eine 34 Wissenschaftler umfassende Arbeitsgruppe einsetzte, die die Frage prüfen sollte. Am 21.5.2019 kam es in der Kommission zur entscheidenden Abstimmung. 29 Teilnehmer stimmten dafür, das Anthropozän dem ICS als neues Erdzeitalter zu empfehlen und einen Entwurf zur finalen Entscheidung vorzulegen. Vier Teilnehmer stimmten dagegen, einer enthielt sich. Die Kommission diskutierte auch die wesentlichen Probleme, die eine Umbenennung mit sich bringen würde. Der strittigste Punkt ist der Beginn. Da es sich bei der Benennung von Erdzeitaltern um geologische Einheiten handelt, spielen biologische Fragen wie das Artensterben keine Rolle. Wichtig dagegen ist, einen Zeitpunkt zu finden, der in geologischen Ablagerungen einen definiven Hinweis für den Beginn einer neuen Epoche darstellt. Weder der $CO_2$ Gehalt noch Mikroplastik oder andere vom Menschen neue entwickelten Stoffe machten das Rennen. Die Kommissionsmitglieder entschieden sich für radioaktive Elemente, die überwiegend durch Atombombentests zwischen 1945 und 1963 verursacht wurden. Diese versprechen die größten Erfolgsaussichten, weltweit in allen Gesteinsschichten für diesen Zeitraum nachgewiesen werden zu können.

Die Kritik an dieser Entscheidung folgte auf dem Fuße. Die radioaktiven Elemente sind zwar ein guter Marker, können aber das Wesen des Anthropozäns, das von Klimawandel, Umweltverschmutzung und Artensterben geprägt wird, nicht wiedergeben. Die

— **Bikini-Atoll**
Wenn sich die Wissenschaftler des ICS für den Nachweis der
radioaktiven Elemente im Gestein als Beginn des Anthropozäns entscheiden, dann markieren Atombombenexplosionen
wie diese im Bikini-Atoll den Beginn des neuen Erdzeitalters.
Kein schöner Anfang.

Diskussion geht weiter. 2023 plant eine internationale Gruppe von Geologen, über eine Neudefinition des Anthropozäns als eine geologische Zeitepoche ab den 1950er Jahren abzustimmen. Alle Einwände bezüglich des rein auf Nachweis von radioaktiven Elementen angelegten Empfehlung sollen berücksichtigt werden.

Wie auch immer die Geologen entscheiden werden, für das Leben auf der Erde spielt der Name einer Epoche keine Rolle. Die Probleme und der Überlebenskampf angesichts von Verschmutzung, Klima-wandel und Platzkonkurrenz mit uns Menschen bleiben. Doch wie viele Lebewesen stellen sich den Herausforderungen? Wir wissen es nicht. Wissenschaftler können es nur schätzen. 8,75 Millionen Arten gelten als wahrscheinlich. Es könnten aber auch mehr oder weniger sein. Noch immer existiert auf der Erde eine große Anzahl an Ökosystemen, besiedelt von einer kaum vorstellbaren Anzahl an Arten.

Versuchen wir eine Bestandsaufnahme.

**1** „Neandertaler waren Beute für diese Tiere", Süddeutsche Zeitung 10.Mai 2021

**2** Die Entdecker des Bakteriums Helicobacter pylori als Ursache für Geschwüre im Magen und Zwölffingerdarm, Barry Marshall und John Robin Warren, erhielten dafür 2005 den Nobelpreis für Physiologie und Medizin.

**3** 1. Buch Mose 1,28, Altes Testament, vermutliche Entstehung etwa 1000 v. Chr.

**4** https://www.wwf.at/artikel/was-ist-wildnis/

**5** Nicole Bauer, Marcel Hunziker: Umfrage über Wahrnehmung von Waldwildnis in der Schweiz. In: Wald Holz.85, 12, WSL (Schweiz) 2004, S. 38–40.

**6** Verlag Hill & Wang, 1983

**7** Urwelten: Eine Reise durch die ausgestorbenen Ökosysteme der Erdgeschichte, Thomas Halliday, Hainer Kober; E-Book Hanser Verlag, Position 1267

**8** Bill Conan, The New York Times, 3.April 1999, An Environmentalist on a Different Path; A Fresh View of the Supposed 'Wilderness' and Even the Indians' Place in It

**9** Bill Conan, The New York Times, 3.April 1999, An Environmentalist on a Different Path; A Fresh View of the Supposed 'Wilderness' and Even the Indians' Place in It

**10** Zootaxa Vol. 4748 No.1:5 Mar. 2020 New species ofEurythenesfrom hadal depths of the Mariana Trench, Pacific Ocean (Crustacea: Amphipoda), Johanna N. J. Weston, Pricilla Carrillo Barragan, Thomas D. Linley, William D. K. Reid, Alan J. Jamieson

**11** Pressemitteilung der Universität Newcastle, https://www.ncl.ac.uk/press/articles/archive/2020/03/eurythenes-plasticus/

**12** Ohne Russland

**13** Paradiesisch bezieht sich hier nur auf den Vergleich zu Europa, denn die Entwicklungen in den tropischen Regenwäldern sind, wie wir noch sehen werden, sehr besorgniserregend.

**14** Es ist sehr schwer an genaue Zahlen zu kommen, da die Situation sehr unübersichtlich und das Gebiet riesig ist. Alle Zahlen beruhen hierzu gewöhnlich auf Schätzungen.

**15** DieProzentzahlen stammen von Berechnungen des Geografen E. C. Ellis.

**16** Eine sehr lesenswerte Zusammenfassung der Diskussion über das Anthropozän findet sich auf der Webseite der Bundeszentrale für politische Bildung, https://www.bpb.de/themen/umwelt/anthropozaen/

**17** In der Nähe von Neumarkt-Nord bei Halle fand man weltweit die größte Ansammlung von Fossilien des Europäischen Waldelefanten. Untersuchungen der Archäologin Sabine Gaudzinski-Windheuser seit 2021 ergaben, dass sie von Neandertalern zerlegt wurden. Ihre Studie erschien 2023 in Science Advances.

# FASZINATION VIELFALT

8,75 Millionen Mitbewohner

**Die Farbe des Lebens. Warme Vielfalt, kalte Einsamkeit. Schwere Pflanzen, leichte Tiere. Wie Vielfalt entsteht. Schlüsselarten und Ökosystemingenieure.**

**— Ökosystem der Superlative**
Üppige Vegetation, extrem hohe Artenvielfalt, Süßwasser im Überfluss. Tropische Regenwälder wie dieser im Amazonasgebiet Brasiliens gehören zu den produktivsten Ökosystemen der Erde.

### VOM ENTDECKEN

*„Wie fühlt man sich, wenn man eine neue Tierart entdeckt hat?"* Prof. Dr. Ralph O. Schill von der Universität Stuttgart, der an der Entdeckung von acht neuen Arten beteiligt war: *„Einfach nur super und überglücklich. Es ist wie eine Art Geburt, bei der man selbst die wissenschaftliche Hebamme spielt. Und dann ist man stolz, wenn sich der Verdacht durch genetische Untersuchungen bestätigt hat und die große Artenvielfalt unseres Planeten um ein neues Lebewesen bereichert ist."* Seine ersten drei neuen Arten entdeckte Prof. Dr. Ralph O. Schill zusammen mit Kollegen im kalten Norden Alaskas, im tropischen Kenia und im tropischen Pazifik im Inselstaat Palau. Sie tragen seit 2010 alle den Namen ihrer Herkunft *Paramacriobiotus fairbanksi*, *Paramacriobiotus kenianus* und *Paramacriobiotus palaui* und sind allesamt Bärtierchen (Tardigrada). Wundersam seltsame aussehende Tiere, deren Anblick wir dank hochauflösender Elektronenmikroskope erst wirklich genießen können, denn die größten unter ihnen erreichen eine maximale Länge von etwas mehr als einen Millimeter, aber die meisten Arten sind kleiner. Man findet sie weltweit in allen Lebensräumen, einschließlich der Ozeane. In angenehm temperierten, wie den Tropen oder Subtropen, aber auch in extremen Gebieten wie im Gletschereis des Himalayas. Nur feucht sollte es sein. Diese Einschränkung bedeutet keineswegs, dass sie besonders empfindlich wären. Sie brauchen die Feuchtigkeit, um sich entfalten und fortpflanzen zu können. Fehlt diese Feuchtigkeit, zeigen sie Überlebensfähigkeiten, die einen sprachlos zurücklassen. Sie trocknen aus, bis in ihren Zellen kein Wasser mehr nachweisbar ist. Damit existiert auch kein Stoffwechsel mehr und eigentlich sind sie tot. Sind sie aber nicht, denn kommen sie wieder mit Wasser in Berührung, erwachen sie wieder zum Leben. Diese Trockenphase können sie nachweislich bis zu 20 Jahre überstehen. Selbst kurzzeitige Temperaturen von 100 Grad sind für einige der kleinen Überlebenskünstler im getrockneten Zustand kein Problem.

Aber Bärtierchen ertragen nicht nur Hitze, sondern kommen auch mit extremer Kälte zurecht. Den Zustand des vollständigen gefroren Seins erreichen sie erst bei −20 Grad und danach kann es auch gerne noch kälter werden. Die niedrigste bisher nachgewiesene Temperatur, der ein Bärtierchen ausgesetzt war und es überlebte, liegt bei −273 Grad. Eine Temperatur, die auf der Erde nicht erreicht wird. Im Weltraum dagegen schon. Auf der Erde liegt der aktuelle Kälterekord bei −98,6 Grad, gemessen am 24.6.2004 in der Antarktis. Sind Bärtierchen also möglicherweise Außerirdische? Wozu sollten sie sich sonst Fähigkeiten aneignen, die man auf der Erde nicht braucht? Nein, sind sie nicht. Die Lösung des Rätsels liegt eher in der Kontrolle des Gefriervorganges selbst. Die Überlebensfähigkeit der Bärtierchen steigt bei sehr schnellem oder langsamem Temperaturabfall, gemäß dem üblichen Wettergeschehens auf der Erde. Ist das kritische Stadium des gefrorenen Seins unbeschadet erreicht, ist der Spielraum in Richtung hoher Minusgrade hoch.

In der Biologie bezeichnet man den Zustand, in dem ein Lebewesen sozusagen vom Leben pausiert und aus einem Zustand zwischen tot und lebendig wieder ins Leben zurückkehren kann, als Kryptobiose.

**Hätten wir die Fähigkeiten von Bärtierchen, könnten wir zwölf Jahre im Trockenschlaf verbringen, und währenddessen zum Neptun reisen, dem äußersten Planeten unseres Sonnensystems.**

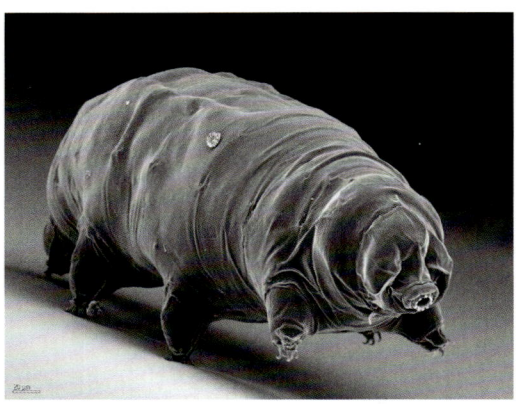

**— Überlebenskünstler**
Bärtierchen können in einem dem Tode ähnlichen Zustand lange Zeiträume überleben. Welche Proteine dabei im Spiel sind, hat eine Gruppe um den Stuttgarter Biologen Dr. Ralph Schill jetzt erstmals umfassend klassifiziert.

Und nicht nur Bärtierchen besitzen die Fähigkeit zur Kryptobiose, sondern zum Beispiel auch Bakterien, Rädertierchen oder Nematoden. Sicher ist, all diese Lebewesen haben schon viele Klimaveränderungen im Laufe der Erdgeschichte, von den heißen Perioden bis zu den Eiszeiten, erfolgreich überstanden. Damit können sie wahrscheinlich auch den aktuellen Klimaveränderungen entspannt entgegensehen. Eine bessere evolutionäre Ausstattung ist kaum möglich. *„Und wie viele von diesen ‚Überlebensbärtierchen' gibt es auf der Erde?" „Gute Frage",* so Prof. Dr. Ralph O. Schill. *„Es werden immer mehr. Allein ein Drittel aller heute bekannter Arten entdeckte man in den letzten 20 Jahren. Aktuell sind es etwa 1500 Arten. Aber wie viele es noch werden, kann ich nicht sagen. In vielen Ökosystemen haben wir noch nicht einmal gesucht."*

Gesucht hat Prof. Dr. Ralph O. Schill vor kurzem sozusagen direkt vor der Haustür und wurde gleich belohnt. Im neuen Nationalpark im Schwarzwald entdeckte er sein achtes bisher unbekanntes Bärtierchen. Zu Ehren des grünen Ministerpräsidenten, unter dessen Regierungszeit 2013 die Einrichtung des Nationalparks beschlossen wurde, heißt es *Ramazzottius kretschmanni.*

Man muss also keineswegs in die Ferne reisen. Auch bei uns gibt es noch jede Menge zu entdecken. Die Entdeckungsorte können durchaus sehr ungewöhnlich sein. So fanden die beiden Wissenschaftler Dr. Michael Nickel und Prof. Dr. Franz Brümmer 2002 in einem Aquarium des Stuttgarter Zoologisch-Botanischen Gartens Wilhelma einen neuen Schwamm. Er trägt heute den Namen *Tethya wilhelma* und überraschte zudem alle durch sein Verhalten. Er verbringt sein Leben nicht sesshaft wie fast alle Schwämme an einem Ort, sondern wanderte täglich bis zu 5 mm durch seine künstliche Heimat. Damit lebt in der Wilhelma der schnellste Schwamm der Welt.

Ein Jahr vorher wurde auch der Zoologe und Quallenspezialist Gerhard Jarms in Hamburg fündig. In einem Aquarium des Tierparks Hagenbeck fand er eine bislang unbekannte Quallenart. *Nausithoe hagenbecki* stammt vermutlich aus dem Chinesischen Meer oder den Philippinen und kam ebenso wie der Schwamm rein zufällig als unbekannte Beigabe mit einer Korallenlieferung aus dem Indopazifik nach Deutschland.

Auch die letzte neu entdeckte Affenart, der Popa-Langur (*Trachypithecus popa*) hat eine ungewöhnliche Entdeckungsgeschichte. Die DNA-Analyse eines vor etwa 100 Jahren präparierten Affen im Londoner Naturkundemuseum brachte Christian Roos und Kollegen vom Deutschen Primatenzentrum in Göttingen auf seine Spur. Sie stimmten mit DNA-Analysen aus Kotproben im Urwald von Myanmar überein. Schließlich fanden sie die letzten noch lebenden Exemplare im Urwald in der Nähe des Vulkans Mount Popa. Maximal 200–250 gibt es noch und damit sind sie extrem vom Aussterben bedroht. Ein Beispiel, wie der Wettlauf zwischen Entdecken und Aussterben gewonnen wurde, denn wer weiß, ob wir diese Primaten bei einer um zehn Jahre verzögerten Entdeckung noch lebend vorgefunden hätten. Unklar auch die Anzahl der seit der Existenz des Menschen ausgestorbenen Tiere, die nie wissenschaftlich beschrieben und uns für immer unbekannt bleiben werden.

Doch zurück zu unserem Popa-Langur. Er gehörte zu den 224 neuen Arten, die Biologen im Jahr 2020 in den besonders artenreichen Regionen um den Fluss Mekong gefunden haben. Die anderen waren 35 Reptilien, 17 Amphibien, 16 Fische und 155 Pflanzen. Doch dies ist nur eine geografisch beschränkte Region. Interessanter für die Gesamtschätzung wäre die durchschnittliche Anzahl der Neuentdeckungen weltweit pro Jahr. Diese Zahl liegt nicht oft vor, aber für 2016 und 2018 wurde sie von der „International Institute for Species Exploration (IISE)" ermittelt und veröffentlicht. Pro Jahr kamen sie auf etwa 18 000, was knapp 50 neuen Arten pro Tag entspricht. 2022 veröffentlichte die wissenschaftliche Zeitschrift PNAS eine aktuelle Schätzung aller Baumarten der Erde. Hierzu sammelten sie weltweit die Forschungsergebnisse der wichtigsten Biologen und Institute und werteten sie aus. Das Ergebnis lag mit 73 000 Baumarten um etwa 14 % höher als bisher angenommen.

— **Fluss des Lebens**
Mit 4350 Kilometern Länge gehört der Mekong zu den
zwölf größten Flüssen der Erde. Er fließt durch sechs
Länder und ist eine der artenreichsten Regionen der Erde.

Bei so vielen Neuentdeckungen stellen sich zwei wichtige Fragen: Mit wie vielen Lebewesen teilen wir unseren Planeten? Und warum werden gerade jetzt so viele neue Arten entdeckt?

Was die wirkliche Artenzahl betrifft, können wir nur schätzen. Die IUCN (Internationale Union zur Bewahrung der Natur) veröffentlichte 2021 die Zahl von 2,13 Millionen beschriebenen Arten. Die Zahl ist jedoch mit Vorsicht zu genießen, denn etwa 20 % sind nach Schätzungen der Wissenschaftler Dubletten, sodass wir aktuell von etwa 1,75 Millionen erfassten

Arten ausgehen können. Alle auch im Folgenden bzgl. Artenanzahl genannten Zahlen können somit nie ganz exakt und durchaus 20 % abweichend sein. An den wesentlichen Aussagen der Zahlen in Bezug auf die Bedeutung der Arten oder ihrem Bezug zueinander ändert diese Abweichung jedoch nichts.

Noch schwieriger zu schätzen ist die gesamte Anzahl aller heute lebender Arten. Dazu gibt es zahlreiche Studien und das obere Ende der Schätzung reicht bis zu 100 Millionen Arten. Die meisten Ergebnisse prognostizieren jedoch zwischen 5–10 Millionen Arten. Eine der besten Studien stammt von Prof. Camilo Mora und seinem Team von der Universität Hawaii. Er schätzte die Gesamtzahl auf 8,75 Millionen Arten[1].

Doch warum sind Schätzungen so schwierig und weichen in Größenordnungen von Millionen voneinander ab? Grund sind Gruppen von Lebewesen, die anders als zum Beispiel Wirbeltiere eher im Verborgenen leben und noch weitgehend unerforscht sind. Hierzu gehören zum Beispiel die Fadenwürmer (Nematoda). Von diesem artenreichen Stamm kennen wir aktuell etwas mehr als 20 000 Arten, und manche kennen ihn sicher leider auch persönlich, denn einige Arten leben im Menschen als Parasit. Hierzu gehört zum Beispiel der Spulwurm, dessen Habitat der menschliche Darm ist. Einige Wissenschaftler halten aber auch bis zu 10 Millionen Nematodenarten für möglich. Wir müssen bei dieser Gruppe sogar Arten der Vergangenheit im Blick behalten. 2018 nahmen Forscher des Instituts für physikalisch-chemische und biologische Probleme der Bodenkunde (RAS) im Nordosten Russlands, am Fluss Kolyma, Bodenproben. Diese Proben enthielten Fadenwürmer, und die Datierung mit der Radiokarbon-Methode ergab ein Alter von 46 000 Jahren. Aufgetaut erwachten sie wieder zum Leben und vermehrten sich. Die große Überraschung: Es handelte sich um eine neue Art. Sie trägt jetzt den Namen *Panagrolaimus kolymaensis.*[2]

Hinzu kommen nach wie vor weiße Flecken auf der geografischen Landkarte. Gebiete, die weitgehend völlig unerforscht sind oder die in Bezug auf bestimmte Artengruppen nicht untersucht wurden. Dazu gehört der größte Lebensraum der Erde, die Tiefsee. Hier stehen wir nach wie vor am Anfang. Mit jedem Meter Richtung Tiefe nimmt unser Wissen ab. Die Meeresbiologin Prof. Dr. Angelika Brandt der Senckenberg Gesellschaft für Naturforschung in Frankfurt: *„Rund 90 Prozent der Tiefseeorganismen, die wir auf einer Expedition an Deck holen, sind unbekannt."*[3] Bei den Untersuchungen des Tiefseebodens liegt die Erfolgsquote bei etwa 66 %. *„Wir haben dazu Proben vom Meeresboden genommen. Jedes Tier, das jemals über diese Sedimentstücke spaziert oder geschwommen*

**Im ersten Werk der Biologiegeschichte „Historia animalium" beschrieb Aristoteles im 4. Jahrhundert v. Chr. 549 Wirbeltiere. Heute, etwa 2300 Jahre später kennen wir über 70 000.**

*ist, hinterlässt darauf einen genetischen Fußabdruck. Wir betreiben im Prinzip eine Tiefseeforensik, also im Grunde genommen eine kriminalistische Methode."*[4] Unbekannte DNA-Proben sind wichtige Hinweise auf neue Arten.

Dieses Zitat von Prof. Dr. Angelika Brandt gibt uns eine weitere Antwort auf die Frage, warum wir aktuell so viele Arten entdecken. Die Fortschritte der genetischen Forschung geben Biologen völlig neue und leistungsfähige Werkzeuge zur Artbestimmung in die Hand. Die DNA eines Lebewesens zu entschlüsseln und in wissenschaftlichen Datenbanken abzuspeichern ist heute Standard. Extrem leistungsfähige Computer werten die Datensätze gegeneinander aus und schnell steht fest, ob die Art schon existiert oder nicht. Wie das Beispiel des „genetischen Fußabdruckes" aus der Tiefsee zeigt, muss man dazu das neue Lebewesen noch nicht einmal gefangen oder gesehen haben, um zu wissen, dass es existiert. Oder es kann sich vollkommen anatomisch gleichen. So glaubte man bis 2016, dass nur eine einzige Giraffenart existiert. Heute wissen wir dank DNA-Analyse, dass es vier sind. Und noch eine Revolution brachte die Genetik mit sich. Die evolutionären Beziehungen im Baum des Lebens konnten in vielen Fällen neu geschrieben werden.

## ALEXANDER VON HUMBOLDT & CO.

Möglichkeiten, von denen die ersten Biologen noch nicht einmal träumen konnten. Dafür konnten sie die Natur auf eine Art genießen, um die man sie wirklich beneiden kann. Fast alles, was sie fanden, untersuchten, beobachteten oder beschrieben war neu, geheimnisvoll und unbekannt. Aristoteles machte den Anfang und beschrieb in seinem Buch „Historia animalium" im 4. Jahrhundert v. Chr. alle bekannten Tierarten der Antike. Es sollte fast 2000 Jahre dauern, bis im 16. Jahrhundert ein neues bedeutendes Werk erschien. Der Schweizer Conrad Gessner übernahm Aristoteles Namen „Historia animalium" und veröffentlichte das gesamte Wissen über Tiere der damaligen Zeit. Mit 800 Arten und Tiergruppen beschrieb

**— Unbekannter Lebensraum Pottwal**
In der Plazenta weiblicher Pottwale lebt der bis
zu neun Meter lange Fadenwurm *Placentonema
gigantissima*.

— **Premiere**

*Maria Sibylla Merian beschrieb als Erste den Vorgang der Metamorphose. Porträt von 1679.*

Welt umrundeten. Unter den berühmten Namen finden wir auch eine außergewöhnliche Frau: Die Naturforscherin Maria Sibylla Merian. 1699 reiste sie nach Surinam und forschte und zeichnete die Insekten des tropischen Regenwaldes. Ihr Buch „Metamorphosis insectorum Surinamensium" (Die Verwandlung der surinamischen Insekten), das 1705 erschien, fasziniert durch ihre künstlerische Gabe, die Tiere dazustellen. Ihr gehört auch der Ruhm, als Erste die Verwandlung der Raupe über die Puppe zum Schmetterling beschrieben zu haben. Andere berühmte Namen sind der britische Botaniker Joseph Banks, der James Cook auf seiner ersten Weltumseglung von 1766 – 1771 begleitete, gefolgt von dem deutschen Naturforscher Georg Forster und natürlich Alexander von Humboldt.

Mit dem Zeitalter der Forschungsreisen stieg die Zahl der bekannten Tier- und Pflanzenarten sprunghaft an. Allein Alexander von Humboldt, der mit seinem französischen Kollegen Aimé Bonpland 1799 bis 1804 Amerika bereiste, entdeckte etwa 6000 neue Pflanzenarten. Im Amazonasregenwald auf ihrer Reise

**Im Mittelalter glaubte man noch an Einhörner, Seeteufel und andere Monster.**

er in der letzten Ausgabe im Jahre 1587 nur wenig Arten mehr als Aristoteles. Dafür führte er etwas vollkommen Neues ein.

Er nutzte die neue Technik der Holzschnitte, um eine große Anzahl von Tieren bildlich und in Farbe darstellen zu können. Das faszinierte die Menschen, denn zum ersten Mal konnten sie wirklich sehen, wie die exotische Tiere Krokodil, Tiger oder ein Jaguar aussah. Ebenso natürlich die vielen einheimischen Arten. Er arbeitete auch an einem wegweisenden Werk über Pflanzen, das posthum 1754 mit seinen etwa 1500 Pflanzenzeichnungen, darunter 327 kolorierten Tafelseiten, veröffentlicht wurde. Eine winzige Zahl angesichts der fast 400 000 Pflanzenarten, die wir heute kennen. Das Wissen der Menschen zur damaligen Zeit war gering und spiegelt sich in der Anzahl der bekannten Arten wieder.

Das änderte sich, als die ersten Europäer mit ihren Segelschiffen und Forschungsreisenden an Deck die

— **Der Seidenspinner**

*Maria Sibylla Merians Zeichnung der einzelnen Entwicklungsstadien des Seidenspinners, etwa 1685.*

auf dem Fluss Orinoko erlebten sie eine Wildnis, die es heute kaum noch gibt, und die alles andere ist als das romantische Bild, das wir heute im Kopf haben, wenn wir an den Amazonasregenwald denken. Neue Arten zu entdecken konnte schmerzhaft und gefährlich sein. Am 21. Februar 1801 schrieb Humboldt in einem Brief über den Regenwald: *„Vier Monate hindurch schliefen wir in Wäldern, umgeben von Krokodilen, Boas und Tigern [Jaguaren] (die hier selbst Kanus anfallen), nichts genießend als Reis, Ameisen, Maniok, Pisang, Orinokowasser und bisweilen Affen ... an Händen und Gesicht von Moskitostichen geschwollen. In der Guayana, wo man wegen der Moskitos, die die Luft verfinstern, Kopf und Hände stets verdeckt haben muß, ist es fast unmöglich, am Tageslicht zu schreiben; man kann die Feder nicht ruhig halten, so wütend schmerzt das Gift dieser Insekten."*[5]

Auf Humboldt folgten die herausragenden Forscher und Väter der Evolutionstheorie Alfred Russel Wallace, der unser Wissen insbesondere über die Vielfalt des Lebens in den Tropenwäldern Asiens erweiterte, und Charles Darwin. Heute forschen wir in einer großen Anzahl auf allen Kontinenten der Erde und Forschungsstationen vor Ort erleichtern die Arbeit. Alles zusammen bedeutete für unser Wissen um die Artenvielfalt einen Quantensprung. Etwa 99,9 % aller neuen Arten wurden in den letzten 400 Jahren entdeckt. Ein großer Teil davon wiederum in den letzten Jahrzehnten.

Die unglaubliche Artenvielfalt der Erde ist also noch eine recht junge Erkenntnis. Doch Artenvielfalt ist nur ein Teilaspekt, wenn wir die Vielfalt des Lebens betrachten. Ebenso wichtig ist die genetische Vielfalt sowohl im Gesamten als auch die einzelner Arten. Bei Arten ist die Vielfalt umso größer, je größer die Population der Individuen ist. Die Mutationsrate steigt an und die Vielfalt der genetischen Varianten steigert die Überlebenschancen. Im Umkehrschluss bedeutet eine kleine Population, wie wir sie bei dem Popa-Langur (*Trachypithecus popa*) kennengelernt haben, eine genetische Verarmung und damit ein hohes Aussterberisiko. Und letztendlich gibt es noch folgende wichtige

**Der wissenschaftliche Begriff, der die drei Teilaspekte Vielfalt der Arten, Lebensräume und Gene in einem Begriff zusammenfasst, lautet Biodiversität.**

— **Humbolds Reisebegleiter**
Heute ist das Orinoko-Krokodil (*Crocodylus intermedius*) vom Aussterben bedroht. Es gehört mit bis zu 6 Metern Länge zu den großen Krokodilarten.

Frage zu beantworten: Warum ist unser Planet so unglaublich artenreich? Die Antwort kann die Evolutionstheorie von Charles Darwin nur teilweise geben. Sie erklärt uns, wie Arten entstehen. Über die Anzahl der entstehenden Arten sagt sie wenig aus. Die Lösung finden wir in der Vielfalt der Ökosysteme und Biotope, dem Forschungszweig der Biogeografie und bei einem der bedeutendsten Naturforscher des 20. Jahrhunderts, dem deutsch-amerikanischen Biologen Ernst Mayr. Er entwickelte das Konzept der allopatrischen Artbildung, die die geografische Isolation der Lebensräume als treibende Kraft beim Entstehen von Arten identifizierte.

### VIELFALT DER ORTE, ORTE DER VIELFALT

Wüsten, Felsenküsten, Sandstrände, Inseln, Gletscher, Feuchtwiesen, Moore, Flussmündungen, Korallenriffe, Lagunen, Wattenmeer, Buchenwälder, Tannenwälder, Teiche, Seen, Wasserfälle, Gebirgsbäche, Tiefsee, tropische Regenwälder, Mangrovenwälder, Nebelwälder, Sumpflandschaften ... Die Liste unterschiedlicher Biotope ließe sich aufgrund der Vielfalt noch bis zur letzten Seite dieses Buches weiterführen. Zudem

## — Punkte der Artenvielfalt

Etwa 70 und damit 1 % aller Käferarten in Deutschland sind
Marienkäfer. Hier neun der häufiger vorkommenden Arten. Im
Gegensatz zu den Käfern sind ihre Larven weniger hübsch. Dafür
sieht man ihnen gleich an, dass sie Raubtiere sind.

könnte man die einzelnen Biotope weiter differenzieren. Ein See in der eiszeitlich geprägten Landschaft Schwedens ist ein völlig anderes Biotop als ein See in Ostafrika. Die Oberfläche des Sees bietet völlig andere Bedingungen als der Boden usw. In jedem dieser Biotope finden seine Bewohner unterschiedliche Bedingungen bzgl. Temperatur, anderer Lebewesen, Nahrungsangebot, Verstecke, Wasserhaushalt vor und überall bilden sich für den Lebensraum spezifische Gemeinschaften aus und bereichern unsere Erde mit einer gigantischen Vielfalt unterschiedlicher Lebewesen. Diese geografischen, klimatischen und biologischen Bedingungen können auf die ganz einfache Formel reduziert werden: Viele unterschiedliche Biotope und Ökosysteme bedingen eine große Artenvielfalt.

Es existiert jedoch ein großer Unterschied zwischen den Lebensräumen an Land und in den Ozeanen. Ein gutes Beispiel ist der riesige Lebensraum des tropischen Indopazifiks, der von der Ostküste Afrikas bis weit nach Ozeanien hinein fast gleiche Lebensbedingungen bietet. Das führt dazu, dass die überwiegende Anzahl an Arten sowohl im Roten Meer als auch auf den Philippinen vorkommt. Zwischen beiden Meeresgebieten liegen ca. 10 000 Kilometer. An Land wäre eine ähnliche Übereinstimmung über diese Entfernung absolut ausgeschlossen.

Die Verbreitung und die Entwicklung neuer Arten wird an Land von geografischen Grenzen wie Bergen, Flüssen oder dem Meer beeinflusst. Diese geografischen Grenzen wirken wie schwer überwindbare Mauern und Zäune, die die Landfläche in unzählige zahlreiche kleinere Ökosysteme teilen, in denen jeweils andere Lebensbedingungen herrschen. Populationen einer Art, die zum Beispiel durch ein geografisches Ereignis wie ein Erdbeben getrennt wurden, können sich im Laufe der Zeit zu unterschiedlichen Arten entwickeln. Die Artenvielfalt steigt an. Die Anzahl der Biotope und Ökosysteme an Land ist ungleich größer als in den Ozeanen und demzufolge auch die Artenvielfalt[6].

Räumlich isoliert zu werden, betrifft kleinere Arten viel häufiger als große. Für einen Käfer kann schon ein kleiner Fluss eine unüberwindliche Grenze darstellen. Diese Tatsache findet ihren Niederschlag darin, dass es wesentlich mehr kleinere Arten als große gibt[7]. So leben in Deutschland etwa 7000 Käferarten, aber lediglich 96 Säugetierarten, die zu den größeren wildlebenden Arten gehören.

Geografische Grenzen trennen jedoch nicht nur einzelne Arten, auch ganze Flora- und Faunengruppen sind betroffen. Einer der ersten Forscher, der diese Zusammenhänge erkannte, war der Brite Alfred Russel Wallace. Er gilt als der Vater des Forschungsgebiets der Biogeografie. Im 19. Jahrhundert entdeckte er auf seinen Reisen in Ostasien die Grenze zwischen der australischen und der asiatischen Fauna. Die nach ihm benannte Wallace-Linie verläuft im Süden zwischen den indonesischen Inseln Bali und Lombok und im Norden östlich von Borneo[8].

Als von geografischer Isolation besonders betroffen gelten Inseln, die aus diesem Grunde die Artenvielfalt der Erde durch eine besonders große Anzahl endemischer und oft besonders skurriler Arten bereichern. Allein die Philippinen bestehen aus etwa 7650 durch Meeresarme getrennte Inseln. Das Ergebnis beeindruckt: 49 % aller landlebenden Tier- und Pflanzenarten kommen ausschließlich auf den Philippinen vor. Noch deutlicher stellen sich die Zahlen aus Madagaskar dar: Etwa 80 % aller 109 Säugetierarten und etwa 12 000 Blütenpflanzenarten sind endemisch. Bei den etwa 270 Reptilienarten und den etwa 380 Amphibienarten, die kaum in der Lage sind, den Ozean zu überqueren, nähert sich der Prozentsatz fast den 100 %. Nur die grundsätzlich mobilen Vögel liegen bei lediglich 50 %. Zum Vergleich: In den Ozeanen erreicht der Anteil endemischer Arten eines Gebiets nur ganz selten mehr als 10 %.

So verwundert am Ende das Ergebnis des globalen Vergleiches zwischen der Artenvielfalt der Ozeane und der des Landes wenig. Die letzte „Volkszählung" in den Ozeanen, der „Census of Marine Life", die 2010 veröffentlicht wurde, ergab ca. 250 000 beschriebene Arten. Dem gegenüber stehen aktuell 1,5 Millionen bekannter Arten an Land.

**Die heutige Artenvielfalt ist das faszinierende Ergebnis einer langen, erfolgreichen Evolutionsgeschichte, die vor etwa 3,5 Milliarden Jahren mit den ersten Einzellern begann.**

**Ein Rausch für die Sinne**
Korallenriffe sind einzigartig. Nur in Riffen ist es
möglich, die Artenvielfalt in all ihrer Farben- und
Formenvielfalt wirklich erleben zu können. Bei einem
einzigen Tauchgang kann man mehr als 300 Arten
entdecken. Polynesien.

**— Allein auf einer Insel**
Der Philippinen-Koboldmaki ist eine endemische Art.
Er lebt nur in den Regenwäldern der vier philippinischen Inseln Samar, Leyte, Bohol und Mindanao,
sowie einigen kleineren vorgelagerten Inseln.

### WARM UND KALT

An den Polen herrscht bittere Kälte. Trotz Klimawandel beträgt auch heute noch die Durchschnittstemperatur in der Antarktis unangenehme –15 bis
–40 Grad. Wärmer ist es in der Arktis. Sie ist ein Mittelmeer, auf dem bis zu 3,5 Meter dickes Packeis
schwimmt. Im Sommer erreicht die Temperatur während des Tages schon mal die warme Null. In letzter
Zeit, bedingt durch den Klimawandel, auch immer
wieder Plusgrade. Doch trotz dieser Änderung sind
die Bedingungen für fast alle Lebewesen an den Polen
immer noch wenig reizvoll. Und die meisten, die
hier leben, bevorzugen den wärmsten Lebensraum der
Pole: das Meer. Hier herrschen Temperaturen von maximal –1,9 Grad, dem Gefrierpunkt des Meerwassers.
In der Arktis fanden Biologen ca. 200 Fischarten und
67 Wale und Delfine, die zu den Säugetieren gehören.
An Land dagegen gibt es nur acht Säugetierarten. Zudem leben hier ca. 3 % aller Vogelarten und ca. 0,4 %
aller Insekten. Die Pole gehören zu den artenärmsten
Lebensräumen der Erde.

Verlassen wir diese ungemütliche Region schnell
Richtung Süden. Mit jedem Grad plus steigt die Ar-

**Arten-
vielfalt
entwickelt
sich am
besten
unter
stabilen
Bedingun-
gen und
warmen
Tempe-
raturen.**

tenvielfalt, bis wir schließlich in den Tropen und im
Überfluss ankommen. Über 60 %, manche Forscher
schätzen sogar 90 %, aller Arten leben hier. Innerhalb
der Tropen gelten die Ökosysteme Regenwälder und
Korallenriffe als die großen Hotspots der Artenvielfalt. In Südostasien trennen in geschützten Gebieten
oft nur ein paar Meter Sandstrand beide Hotspots.
Nicht nur der Reichtum, auch die Artenvielfalt ist auf
unserem Planeten ungerecht verteilt. Wird sich das
ändern, falls der Klimawandel die Pole erwärmt und
das Eis schmilzt? Werden neue Arten einwandern?
Nur geringfügig, denn noch etwas fehlt den Polen,
was für das Leben an Land wichtig ist: Sonnenlicht.

An den Polen herrscht über den Winter monatelang 24 Stunden Dunkelheit. Im Sommer dagegen ist
es wochenlang den ganzen Tag hell. Doch die Kraft
der Sonne ist schwach. Ganz anders in den Tropen.
Die Sonne scheint intensiv und jeden Tag ca. zwölf
Stunden. Maximal 10 Grad erreicht der Temperatur-
unterschied zwischen Tag und Nacht. Maximal 0,5 bis
1 Grad schwanken die Temperaturen, die durch die
Jahreszeiten bedingt sind. Viel Regen und die hohe
Luftfeuchtigkeit begünstigen das Pflanzenwachstum.
Noch geringer schwanken die Temperaturen in den
Ozeanen. Die konstante Wärme wirkt wie ein Turbo
für die Evolution.[9] Der schnellere Stoffwechsel beeinflusst alle biologischen Prozesse einschließlich der
Mutationsgeschwindigkeit. *„In letzter Zeit häufen sich
die Beweise dafür, dass die Evolutionsänderungen in
den Tropen schneller ablaufen und Arten dort häufiger
entstehen.“*[10] Ektotherme Tiere, die ihre Körpertemperatur nicht selbst steuern können, haben bei warmen
Temperaturen einen höheren Stoffwechsel. Zu ihnen
gehören fast alle Bewohner eines Korallenriffs, wie
Fische und sämtliche Wirbellose. Bis auf wenige Ausnahmen, zum Beispiel Thunfische, können nur die
Säugetiere des Ozeans, wie Wale, Delfine oder Seekühe, ihre Körpertemperatur selbst regulieren.

Ein gutes Beispiel, wie sich Kälte auf das Leben
auswirken kann, ist der in der Arktis vorkommende
Grönlandhai (*Somniosus microcephalus*). Er bewegt
sich extrem langsam, wird mit ca. 150 Jahren ge-

schlechtsreif und erreicht ein Alter von geschätzten 500 Jahren.

Dieses älteste bekannte Wirbeltier lebt im Zeitlupentempo. Genetische Veränderungen brauchen bei ihm keine kleine, sondern eine große Ewigkeit. Im kalten Wasser leben auch die Korallen der Tiefsee. Ihre Riffe gelten als artenreicher als andere Zonen in der Tiefe. Im Nordatlantik konnten in Kaltwasserriffen bisher 1300 Tierarten entdeckt werden. Was die Biodiversität angeht, können sie mit den tropischen Korallenriffen nicht konkurrieren.

Die Folge: Das Zentrum der Artenvielfalt der Erde befindet sich in den Tropen. Dies gilt sowohl für die Ozeane als auch das Land. Die Zentren der Biodiversität verteilen sich auf etwa 17 sogenannte „Megadiversity-Länder". Sie machen etwa 10 % der Erdober-

fläche aus und beherbergen etwa 70 % aller Pflanzen und Tierarten. Zu diesen Ländern gehören: Australien, Brasilien, Demokratische Republik Kongo, Ecuador mit den Galapagos-Inseln, Indien, Indonesien, Kolumbien, Madagaskar, Malaysia, Mexiko, Papua-Neuguinea, Peru, Philippinen, Südafrika, Venezuela, Vereinigte Staaten von Amerika und die Volksrepublik China.

Folgende wichtige Korallenriffregionen gehören zu diesen Ländern: Im Indischen Ozean und Pazifik das Korallendreieck, das Große Barriere Riff und das Rote Meer. Im Atlantik ist die Karibik die artenreichste Region.

Als artenreichstes Land der Erde gilt Brasilien, zu dem auch der größte Teil des tropischen Regenwaldes des Amazonas gehört. Etwa 9,5 % aller weltweit be-

— **Räuber frisst Räuber**
Ein Jaguar (*Panthera onca*) erbeutete einen Brillenkaiman.
Das Pantanal, brasilianische Wildnis, Weltnaturerbe und Schutzgebiet, ist halb so groß wie Europa.

kannten terrestrischen Arten leben in Brasilien, und neuere Studien gehen auch davon aus, dass das Potential an Neuentdeckungen hier am größten ist. Nach Papua-Neuguinea gehört Brasilien auch zu den Ländern mit den meisten noch existierenden indigenen Völkern und damit auch einer großen Vielfalt an Sprachen. Etwa 115 isolierte Völker sind aktuell bekannt. In Papua-Neuguinea schätzt man die indigenen Völker auf knapp über 300.

### DIE FARBE DES LEBENS

Zweimal drückte der amerikanische Astronaut William Anders 1968 während der Apollo 8 Mission genau im richtigen Moment auf den Auslöser seiner Kamera. Die ersten Bilder der ganzen Erde aus der

**Die artenreichsten Ökosysteme der Erde sind die tropischen Regenwälder und die tropischen Korallenriffe.**

Perspektive des Weltraums waren im Kasten. Scharf und in guter Qualität sehen wir eine überwiegend blaue Kugel mit weißen Wolken, die die Kontinente verbergen. Das Bild des „blauen Planeten" war geboren. Es zeigt deutlich, dass die Erdoberfläche von den Ozeanen dominiert wird. 71 % bedecken sie aktuell. In den Ozeanen entstand die erste große Artenvielfalt an ein- und vor allem mehrzelligen Lebewesen auf unserem Planeten. Von hieraus besiedelte das Leben das Land. Als Erstes, vor vermutlich 3,4 Milliarden Jahren, gelang der Landgang den Bakterien. Die Pflanzen folgten nach aktuellem Stand der Fossilienfunde vor etwa 480 Millionen Jahren. Früh wagten auch die Gliederfüßer der Ozeane, wie zum Beispiel Krebse, den Landgang. Aus den Gliederfüßern entwickelten sich die Insekten, deren erste Vertreter etwa zeitgleich mit den Pflanzen auftraten. Als Letzte folgten im Devon vor etwa 390 Millionen Jahren die Wirbeltiere. Doch so wichtig die Vergangenheit der Ozeane für die Entwicklung des Lebens auf der Erde auch war, so schön und sympathisch das tiefe Blau der Ozeane auf uns wirkt, bei der Suche nach der heutigen Farbe des Lebens hilft uns dieser Blick aus dem All nicht weiter. Blau bedeutet Nährstoffmangel, die blaue Hochsee, die wir aus dem Weltraum sehen, nennen Wissenschaftler die Wüste der Ozeane. Nur wenige Arten sind dort zu finden. Die Artenvielfalt in den Ozeanen konzentriert sich in den Küstenbereichen der Kontinente und Inseln.

Werfen wir einen anderen Blick auf die Erde: auf die von allen Lebewesen erzeugte Biomasse. Sie produzieren insgesamt 545,2 Gigatonnen, und die Aufteilung auf die Organismengruppen ist aufschlussreich und überraschend. Pflanzen stellen allein 450 Gigatonnen (82,5 %). Bakterien liegen mit 70 Gigatonnen (12,8 %) auf Platz zwei, gefolgt von den Pilzen mit 12 Gigatonnen (2,2 %). Mikroorganismen wie Archaeen stellen 7 (1,3 %) und Protisten 4 Gigatonnen (0,7 %). Überraschenderweise ganz abgeschlagen die Biomasse aller Tiere. Nur 2 Gigatonnen (0,4 %) bringen die Tiere, einschließlich der aktuell knapp über 8 Milliarden Menschen und aller Nutztiere, auf die

— **Überlebensstrategie Tarnung**
Ist der Lebensraum überwiegend grün, hat es Vorteile, selbst grün zu sein. Der La-Digue-Taggecko *(Phelsuma sundbergi ladiguensis)*.

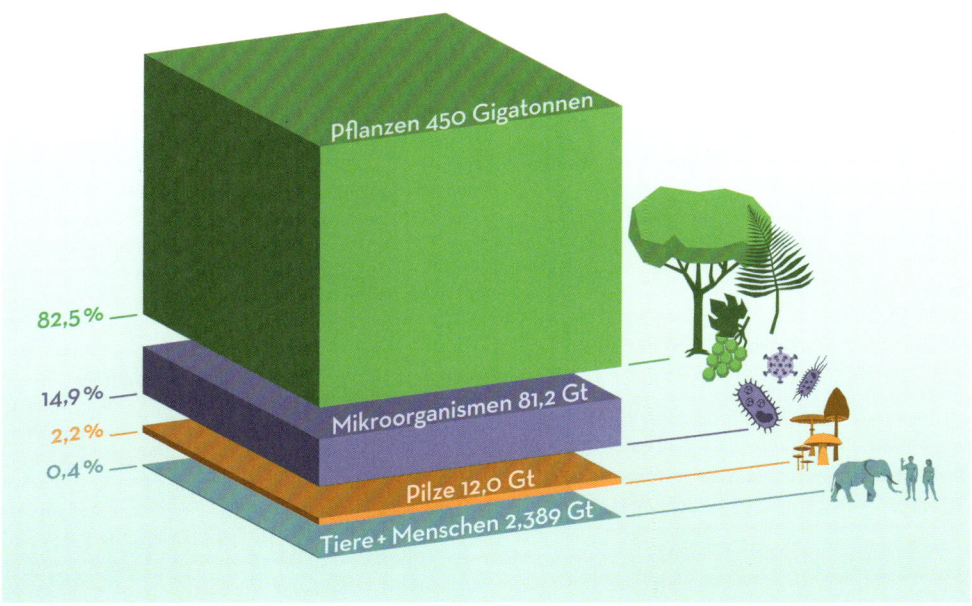

**— Planet der Pflanzen**

Die Produktivität der Pflanzen ist atemberaubend. Sie stellen ein Großteil
der Biomasse. Wir verdanken den Pflanzen den Sauerstoff, den wir zum
Leben brauchen, und sie beeinflussen das Klima.

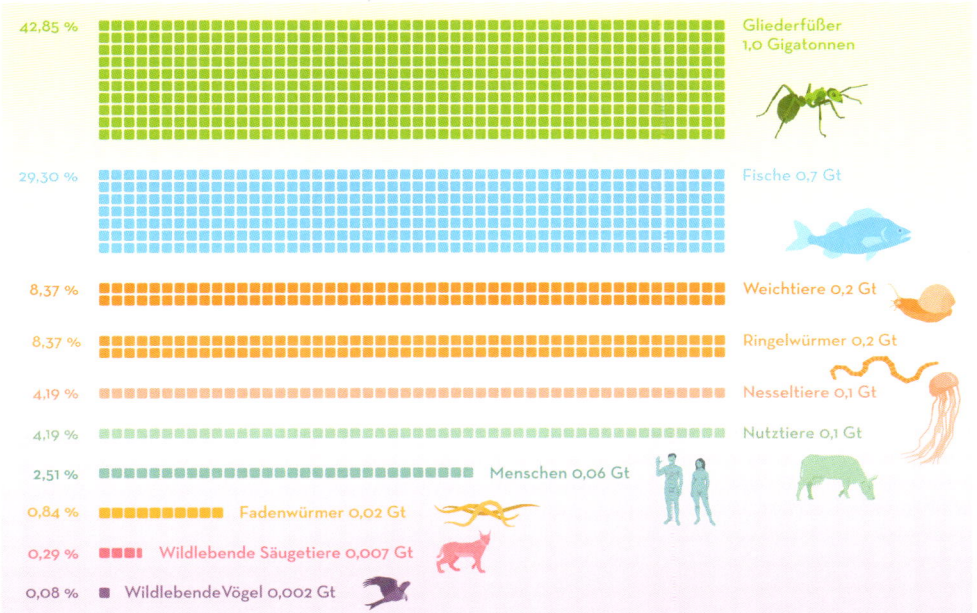

**— Planet der Gliederfüßer**

Überwiegend Insekten, aber auch Spinnentiere, Krebse, Tausendfüßer und andere
sechsbeinige Gruppen stellen allein schon 42,85 % der tierischen Biomasse.

Waage. Damit ist die Antwort eindeutig. Unter dem Blickwinkel der Biomasse ist die Farbe des Lebens grün.

Die Verteilung der Biomasse auf die großen Gruppen des Lebens bringt eine weitere Erkenntnis. Das Fundament, auf dem sich die Artenvielfalt entwickeln konnte, bilden zu über 80 % die etwa 400 000 Pflanzenarten mit ihrer Primärproduktion. Ihre Fähigkeit, mittels Photosynthese aus Wasser, Kohlendioxid und Sonne Zucker herstellen zu können und in Biomasse zu verwandeln, bildet die Nahrungsbasis, aus der sich die Vielfalt der Erde entwickeln konnte. Den Sauerstoff, den sie erzeugen, veratmen wiederum alle Tiere und nutzen den Sauerstoff für Stoffwechselvorgänge in den Zellen, um Energie zu gewinnen. Zudem wirken sie durch den Verbrauch von Kohlendioxid stabilisierend auf das Klima. Bakterien und Pilze, die beiden nächsten großen Säulen des Fundamentes der Vielfalt, haben ebenfalls einen großen Einfluss auf die Pflanzen.

Bakterien sind die Stoffwechsler der Erde, die die chemische Zusammensetzung von organischen als auch anorganischen Substanzen so verändern können, dass sie von anderen Lebewesen verwertet werden können. Auf Bakterien geht auch der für das gesamte Leben auf der Erde lebensnotwendige Prozess der Photosynthese zurück. Cyanobakteria waren die ersten, die diese Fähigkeit entwickelten. Im Laufe der Evolution gingen sie eine Symbiose mit den Pflanzen ein und wurden schließlich, wie die Endosymbiontentheorie nachgewiesen hat, ein Teil derselben. In den Chloroplasten, den Zellen, in denen die Pflanzen Photosynthese betreiben, finden sich zahlreiche Spuren dieser symbiotischen Vergangenheit, die die Erde veränderte.

Cyanobakteria sind jedoch nur eine Gruppe innerhalb des Universums der Bakterien. Wie viele Arten es gibt, ist völlig offen. Generell stellen uns Bakterien vor eine harte Probe, was unser Verständnis von Arten betrifft. Unterschiedliche Arten tauschen Gene aus und selbst DNS-Reste aus der Umgebung oder fossile DNS-Fragmente können aufgenommen und in

— **Systemrelevant**
Würden alle bestäubenden Insekten wie zum Beispiel die Gemeine Seidenbiene (*Colletes daviesanus*) aussterben, würden viele Pflanzenarten folgen. Auch unsere Nahrungsproduktion wäre gefährdet.

**Arten, die für die Funktionalität eines Ökosystems besonders wichtig sind, nennt man in der Biologie Schlüsselarten.**

die eigene DNS integriert werden. 5000 Bakterienarten sind aktuell bekannt.

Pilze wiederum leben in Symbiose mit etwa 90 % aller Pflanzen. Diese Symbiose wird Mykorrhiza genannt und spielt sich in den feinen Wurzeln der Pflanzen ab. Die Pflanzen liefern den Pilzen Zucker, während die Pilze Nährstoffe aus dem Boden zur Verfügung stellen. Beschrieben wurden bisher 120 000 Pilzarten. Auch hier ist die endgültige Anzahl völlig offen und die Schätzungen reichen bis zu 5 Millionen.

Eine wichtige Frage drängt sich auf, wenn wir den winzigen Anteil von 0,4 % aller Tiere an der Biomasse betrachten. Das Gewicht aller Menschen macht sogar nur 0,01 % der Biomasse aus: Haben Tiere und wir überhaupt eine Bedeutung für das Leben auf der Erde oder sind sie und wir nur nettes Beiwerk?

Der berühmte amerikanische, auf Insekten spezialisierte Biologe E. O. Wilson gab zu diesem Thema in Bezug auf die Tierklasse der Insekten und uns Menschen eine sehr interessante Antwort und Prognose: *„Wenn die gesamte Menschheit verschwinden würde, würde sich die Welt wieder so regenerieren, wie es vor zehntausend Jahren der Fall war. Würden die Insekten verschwinden, würde die Umwelt im Chaos versinken."*[11]

Aus biologischen Gesichtspunkten hat er vollkommen recht. Vermutlich würde keine weitere Tierart nur deshalb aussterben, weil wir als letzter Vertreter der Gattung Homo unseren Vorfahren folgen und ebenfalls aussterben würden. Ganz im Gegenteil, mehr Arten würden am Leben bleiben, denn noch immer ist unsere Beziehung zu anderen Arten eine destruktive und keine produktive. Insekten wiederum besitzen eine besondere Bedeutung für jedes Ökosystem der Erde mit Ausnahme denen der Ozeane. Mit 1,05 Millionen beschriebenen Arten repräsentieren sie etwa 60 % aller bekannten Arten. Ihre bedeutende Rolle hat 390 Millionen Jahre evolutionäre Entwicklung hinter sich.

### SCHLÜSSELARTEN UND INGENIEURE

Eine der wichtigsten biologischen Funktionen der Insekten ist ihre Rolle bei der Bestäubung von Pflanzen. Von den 400 000 weltweit bekannten Pflanzenarten gehören etwa 350 000 zu Blütenpflanzen (*Spermato-*

*phytina*). Bei etwa 82 % dieser Pflanzenarten spielen Insekten bei der sexuellen Fortpflanzung, der Bestäubung, eine Rolle. 12 % nutzen den Wind. Etwa 6 % der Pflanzen wiederum werden von Wirbeltieren bestäubt. Tagsüber in Süd- und Mittelamerika durch Kolibris, nachts blühende Pflanzen von Fledermäusen. All diese Beziehungen zwischen Tieren und Pflanzen, insbesondere die der Insekten, entwickelten sich in wechselseitiger Anpassung über lange evolutionäre Zeiträume von mehr als 100 Millionen Jahren. Heute besteht bei vielen Pflanzen eine sehr große Abhängigkeit von der Bestäuberleistung der Insekten, sodass sie sich ohne Insekten nicht oder nur noch eingeschränkt[12] fortpflanzen können. Doch wie viele Pflanzenarten weltweit wirklich von Bestäuberleistungen der Insekten abhängig sind, wurde erst kürzlich untersucht. Das Ergebnis erschien am 13. Oktober 2021 in ScienceAdvances. Die Autoren schreiben: *„Wir schätzen, dass ohne Bestäuber ein Drittel der blühenden Pflanzenarten keine Samen produzieren würde*

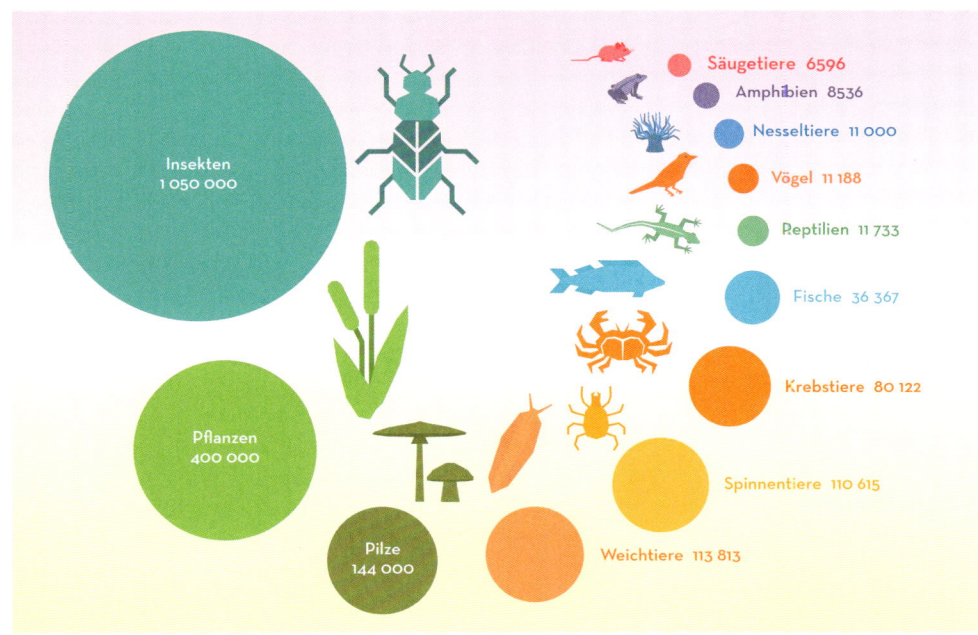

Säugetiere 6596
Amphibien 8536
Nesseltiere 11 000
Vögel 11 188
Reptilien 11 733
Fische 36 367
Krebstiere 80 122
Spinnentiere 110 615
Weichtiere 113 813

Insekten
1 050 000

Pflanzen
400 000

Pilze
144 000

— **Planet der Insekten**
Insekten stehen nicht nur für 42,85 % der Biomasse aller Tiere. Sie stellen auch etwa 60 % aller Arten der Erde.

— **Schlüsselart Kolibri**
Grüne Schattenkolibris (*Phaethornis guy*) gehören
zu den wichtigen Bestäubern im tropischen Mittelamerika.

*und die Hälfte einen Rückgang der Fruchtbarkeit um
80 % oder mehr erleiden würde.*"[13] Die Bedeutung der
Insekten für die Fortpflanzung der Pflanzen und damit auch für die Biomasse der Erde ist immens. Und
nicht nur das, auch für alle Lebewesen, die wiederum
vom Wachstum der Pflanzen abhängen. Darunter
auch wir. Etwa 36 % der landwirtschaftlichen Nutzpflanzen hängen von der Bestäubung durch Insekten
ab und 75 % bringen bessere Erträge oder Qualität,
wenn Insekten involviert sind. Der Weltdiversitätsrat
(IPBES) kalkuliert den Wert dieser Dienstleistung auf
bis zu etwa 600 Milliarden US-Dollar pro Jahr. Un-
schätzbaren Wert besitzen Insekten auch für alle Tiere, die von ihnen leben. Dazu gehören insektenfressende Amphibien, Säugetiere und natürlich auch
Vögel. Ohne Insekten würde in unseren Wäldern und
Parks eine unheimliche Stille herrschen.

Es gibt noch zahlreiche andere Schlüsselarten, wie
zum Beispiel Haie, Doktorfische und Seeigel in den
tropischen Korallenriffen. Wölfe und große Pflanzenfresser wie Elche in den nordischen Regionen. Und
nicht zu vergessen die Regenwürmer, die oft bis zu
90 % der Biomasse in den Böden ausmachen. Sie versorgen unter anderem den Boden mit Sauerstoff, da-

mit Bakterien besser die Pflanzenreste zersetzten können und produzieren „Dünger" für die Pflanzen.

So verschieden die einzelnen Schlüsselarten auch
sind, sie haben alle folgende Gemeinsamkeit: einen
großen Einfluss auf die Artenvielfalt und die Funktionalität eines Ökosystems. Fehlen sie, gibt es keinen
Ersatz, und die Folgen können für das jeweilige Ökosystem weitreichend sein.

Neben Schlüsselarten gibt es weitere Tierarten
oder Gruppen, die durch ihr Wirken Artenvielfalt ermöglichen, indem sie durch ihr Verhalten oder ihre
Produktion Lebensräume gestalten oder erschaffen.
Biologen bezeichnen diese Tierarten als Ökosystemingenieure.

Unser bekanntester heimischer Ökosystemingenieur ist das größte Nagetier Europas, der Europäische
Biber (*Castor fiber*). Das bis zu 30 Kilogramm schwere
und inklusive Schwanz bis zu 130 Zentimeter große
Tier baut Dämme, die zur Folge haben, dass aus dem
gestauten Fließgewässer auch Teiche und überflutete
Wiesen oder Wälder entstehen. Sein Baumaterial be-
sorgt er sich durch das Fällen von Bäumen, was ebenfalls die Landschaft verändert, da Lichtungen ent-

— **Überschwemmung**
Biberdamm und überschwemmte Bachaue
im Jossatal im Spessart.

**— Drei Landschaftsgestalter**
Wenn diese drei kleinen Biber ausgewachsen sird, werden sie
in der Gegend von Rosenheim in Bayern einen großen Beitrag zur
Artenvielfalt leisten, denn hier sind sie geboren.

stehen. Die neue Vielfalt an von ihm geschaffenen zusätzlichen Biotopen bietet Amphibien, Fischen, Insekten und Vögeln, aber auch zahlreichen Pflanzenarten neue Lebensräume und Entfaltungsmöglichkeiten. Andere Tiere wiederum, wie zum Beispiel Rehe, werden von den Lichtungen angelockt. Sein wichtiger Beitrag ist durch zahlreiche wissenschaftliche Studien belegt. Waren Biber in einer Region aktiv, kam es bei Tieren *„in 83 % und bei Pflanzen in 79 % der Fälle zu einer Erhöhung der Artenvielfalt auf Landschaftsebene."*[14]

Bevor die Jagd auf Biber und deren begehrtes Fell einsetzte, lebten in Europa und Asien gegen 100 Millionen Biber. Zu Beginn des 19. Jahrhunderts drohte er in Europa auszusterben. Nur noch 1000 Tiere in verstreuten Populationen überlebten. Durch Schutzmaßnahmen und Auswilderungen kehrt er langsam wieder zurück und mit ihm neue Inseln der Artenvielfalt.

Die bedeutendsten Ökosystemingenieure der Erde sind Steinkorallen. Sie haben das Antlitz der Erde mitgestaltet. Sie sind die Baumeister der höchsten und größten von Lebewesen gebauten Strukturen. Das etwa 2300 Kilometer lange Große Barriere Riff an der Ostküste Australien bedeckt mit 344,4 Quadratkilometern eine Fläche, die nur wenig kleiner als Deutschland ist. Man kann es sogar aus dem Weltraum erkennen. Das Korallenriff des Eniwetok-Atolls wuchs 1405 Meter in die Höhe. Seit über 400 Millionen Jahren prägten Steinkorallen als Ökosystemingenieure zahlreiche Landschaften. Wie ist das möglich? Der australische Meeresbiologe J. E. N. Veron: *„In der ganzen Erdgeschichte investierte kein anderes Ökosystem nur annähernd so viel Stoffwechselenergie, oder fokussierte seine evolutionäre Entwicklung darauf, etwas zu schaffen, was tot ist."*[15] Stimmt, Korallen produzieren tote Materie in Form ihrer Kalkskelette und dieser Kalk wird nicht wie Biomasse zersetzt, sondern bleibt über lange geologische Zeiträume erhalten.

Insgesamt sind mehr als 6000 Korallenarten beschrieben, aber nur eine Minderheit von etwa 750 Steinkorallenarten bauen Riffe. Millionen von ihnen bauen in Symbiose mit Zooxanthellen, Helfern wie Rotalgen und Fischen, über Jahrzehnte gigantische Riffkomplexe, welche sich im Lauf der Zeit durch geologische und chemische Prozesse in riesige zusammenhängende Gesteinsformationen verwandeln. Doch nicht nur eine Gemeinschaft von lebenden Tieren arbeitet an der Konstruktion des Riffs, sondern ganze Generationen. Jede neue Generation siedelt auf dem toten Kalk der vorangegangenen. Aus fossilen Riffen bestehen heute riesige Landmassen, wie zum Beispiel ein Großteil Floridas und Südostasiens, die arabische Halbinsel mit ihren Öl- und Gasvorkommen, die Koralleninseln der Ozeane, fast alle Strandzonen in den Tropen, die Kalkalpen in Europa und in Deutschland große Teile des Untergrundes von Bayern und Baden-Württemberg. Geschätzt etwa 15 % der Erdkruste wird von Kalkstein geprägt. Neben den Hauptproduzenten Korallen steuern auch Mikroorganismen, Schwämme, Muscheln und andere Kalkbilder einen Anteil bei.

Diese tropischen Korallenriffe sind Artenschmieden. Sie bedecken nur etwa 0,2 % der gesamten Ozeanfläche, in ihnen entstanden und leben jedoch etwa 30 % aller in den Ozeanen vorkommenden Fischarten. Der Clou dabei: Diese Inseln pulsierenden Lebens und evolutionärer Triebkraft entstehen an Orten, die von Nährstoffmangel geprägt sind. Verlässt man das pulsierende Leben eines Korallenriffes und schwimmt in das nährstoffarme Blau der Umgebung, fühlt man sich schnell sehr einsam auf dem Planeten. Dieser Widerspruch wird Riffparadoxon genannt.

Um diesen Widerspruch aufzulösen, stellen wir uns eine Vulkaninsel in den endlosen Weiten des Pazifik vor, deren Küste noch nicht von einem Korallenriff besiedelt ist. Ankommende Korallenlarven finden nun Folgendes vor: einen Siedlungsgrund nahe der Oberfläche, Wasser und reichlich Sonne. Luft mit den für das Leben wichtigen Inhaltsstoffen Stickstoff (78,8 %), Sauerstoff (20,95 %), Argon (0,93 %) und Kohlendioxid (0,04 %). Wind und Wellen, die immer wieder Luft mit Meerwasser mischen, sodass sich die Gase darin lösen können. Bakterien, von denen einige elementaren Luftstickstoff in für Pflanzen verwertbare Formen umwandeln können, und Zooxanthellen, die zur Fotosynthese fähig sind. Damit sind im Grunde, wenn auch nicht üppig, alle Elemente für eine Primärproduktion vorhanden, die den Beginn einer Nahrungskette Phytoplankton/Zooplankton/Fische auslösen könnte. Wäre da nicht das Problem, dass alles ständig in die Tiefe verschwindet. Und genau da setzen die Steinkorallen an. Sie stoppen den Nährstoffverlust. Alle Korallenpolypen, die sich auf dem leeren Felsen unseres fiktiven Riffs ansiedeln, bieten ihren Körper den Primärproduzenten als Siedlungsfläche an und halten sie somit fest. Die Zooxanthellen nimmt die Koralle in ihre innere Hautschicht auf. Die Bakterien gedeihen und wachsen überwiegend auf der Außenhaut. Für den Schutz versorgen die Zooxanthellen in dieser symbiotischen Beziehung die Koralle mit einem Großteil ihres durch Fotosynthese gewonnen Zuckers. Ebenso verkürzen die Korallen die Wege, um Nährstoffverlust zu vermeiden. Stickstoff und Phosphor, die die Bakterien in und auf den Polypen erzeugen, verlassen die Polypen nicht. Sie leiten die Nähr-

**— Nightmare**
Für Fische zumindest. Zitronenhai bei der
nächtlichen Jagd. Haie gehören zu den
Schlüsselarten. Sie halten die Fischpopulatio-
nen gesund. Cocos, Costa Rica.

— **Inselarchipel**
Insgesamt 1196 Inseln schufen Steinkorallen allein auf
den Malediven.

stoffe innerhalb des Körpers quasi als Katalysator direkt an die Fotosynthese betreibenden Zooxanthellen in den Zellen weiter. Steinkorallen und ihre Symbionten übernehmen gemeinsam die Rolle, die in nährstoffreichen Regionen der Meere ausschließlich vom Phytoplankton übernommen wird. Sie werden selbst zu Primärproduzenten. Aber nicht nur das. Steinkorallen schaffen die Bedingung, dass sich die Primärproduktion ständig steigert. Mit jeder Teilung steigt die Siedlungsoberfläche an. Ihr Körper und ihre Ausscheidungen dienen wiederum anderen Tieren als

Nahrung. Sie bilden den Anfang einer Nahrungspyramide, an deren Spitze sich später die Haie befinden.

Als wäre das nicht genug, entsteht durch ihre Kalkproduktion Infrastruktur in Form von Höhlen und Verstecken. Damit setzen sie eine Kettenreaktion in Gang, die zum Ökosystem Korallenriff führt und zur Beeinflussung des gesamten Lebens der Ozeane. Untersuchungen an Fossilien seit dem Kambrium belegen die Rolle der Korallenriffe als Artenschmiede.[16] Die Entwicklungsrate neuer Gattungen vom Kambrium bis heute in den Korallenriffen liegt um 45 % höher als in anderen tropischen Ökosystemen der Ozeane. Gleichzeitig fanden die Forscher heraus, dass zahlreiche Gattungen, die zum ersten Mal in einem Riff auftauchten, später in anderen marinen Lebensräumen gefunden wurden. Es entstehen in Korallenriffen nicht nur die meisten Arten in den Ozeanen. Sie exportieren die Arten auch in andere Meeresregionen.

Der Mensch *(Homo sapiens)* und letzte überlebende Art der Gattung Homo, ist ebenfalls ein bedeutender Ökosystemingenieur. Obwohl wir lediglich 0,01 % der gesamten Biomasse aller Lebewesen ausmachen,

erreichte unsere Bautätigkeit und Güterproduktion 2020 zum ersten Mal 545 Gigatonnen und damit das Gewicht und Produktion aller Lebewesen der Erde.[17] Doch im Gegensatz zu Bibern und Steinkorallen, gestalten wir die Erde noch immer in einem Maße um, das viele Arten in ihrer Existenz bedroht. Wissenschaftler sprechen schon vom sechsten großen Aussterbeereignis der Erdgeschichte, verursacht von uns Menschen. Um das Aussterben und unseren Beitrag dazu geht es im nächsten Kapitel.

**1** How Many Species Are There on Earth and in the Ocean? Camilo Mora, Derek P. Tittensor, Sina Adl, Alastair G. B. Simpson, Boris Worm; PLoS Biology I August 2011 I Volume 9 I Issue 8 I e1001127; https://journals.plos.org/plosbiology/article/file?id=10.1371/journal.pbio.1001127&type=printable

**2** A. V. Shatilovich u.a., „Viable Nematodes from Late Pleistocene Permafrost of the Kolyma River Lowland", published: 16 July 2018, General Biology, https://link.springer.com/article/10.1134/S0012496618030079

**3** National Geographic vom 15.Juli 2022, Interview von Jens Voss mit Prof. Dr. Angelika Brandt

**4** National Geographic vom 15.Juli 2022, Interview von Jens Voss mit Prof. Dr. Angelika Brandt

**5** Alexander von Humboldt: Aus meinem Leben. Autobiographische Bekenntnisse, S. 174–175

**6** Wer sich näher mit dem Thema Geografie und Artenbildung beschäftigen möchte, dem seien die Bücher von Ernst Mayr empfohlen. Er entwickelte auch das Konzept der allopatrischen Artbildung, das auf geologischer Trennung beruht.

**7** Einen weiteren limitierenden Faktor stellt der größere Energiebedarf großer Tiere dar.

**8** Nach Mayr verläuft die Linie ca. in der Mitte Borneos nach Osten und südlich an Mindanao vorbei, nach Huxley geht sie weiter nach Norden an der Westküste der Philippinen entlang.

**9** Die Aussage begründet sich auf Erkenntnisse der „metabolischen Theorie".

**10** Jan Zrzavy, „Evolution – Ein Lese-Lehrbuch", 2. vollständig überarbeitete Auflage, Springer Verlag, 2013, Seite 438

**11** „The Insect Apocalypse Is Here", E.O. Wilson, News, Species Status, Nov. 28, 2018; https://www.half-earthproject.org/the-insect-apocalypse-is-here/

**12** Einige Pflanzenarten können alternativ auch durch Selbstbefruchtung Samen erzeugen. Jedoch ist diese Fortpflanzungsart eindeutig eine Einschränkung der Möglichkeiten. Auch wird der Austausch von Genen damit eingeschränkt.

**13** „Widespread vulnerability of flowering plant seed production to pollinator declines"; James G. Rodger, Joanne M. Bennett, Mialy Razanajatovo, Tiffany M. Knight, Mark van Kleunen, Tia-Lynn Ashman, Janette A. Steets, Cang Hui Gerardo, Arceo-Gomez, Allan G. Ellis; Science Advances 13 Oct 2021 Vol 7, Issue 42DOI: 10.1126/sciadv.abd3524

**14** „Der Einfluss des Bibers auf die Artenvielfalt semiaquatischer Lebensräume", Naturschutz und Landschaftsplanung, Ausgabe 03/2019

**15** J.E.N. Veron, „A Reef in Time", The Belknap Press of Harvard University Press, Cambridge, 2008, Seite 28

**16** Wolfgang Kießling, Carl Simpson, Michael Foote, "Reef as Cradles of Evolutionand Sources of Biodiversity", Sience: 08 Januar 2010

**17** „Global human-made mass exceeds all living biomass"; Emily Elhacham, Liad Ben-Uri, Jonathan Grozovski, Yinon M. Bar-On&Ron Milo; Nature588, 442–444 (2020), 09 December 2020

# VOM AUSSTERBEN

8 Milliarden gegen den Rest der Welt

**Einsame Inseln. Invasive Killer. Gnadenlose Jäger. Guten Appetit.
Die Zukunft des Menschen. Droht das 6. Massenaussterbeereignis?**

**— Rohstoff Bisonschädel**
Die traurigen Überreste dieser gigantischen Bisonherde
warten auf den Abtransport, um zu Dünger und
Holzkohle verarbeitet zu werden. Sichtlich stolz posieren
die beiden Amerikaner vor den Schädeln des größten
Landsäugetieres Nordamerikas. Detroit, 1892.

## INSELN DER EINSAMKEIT

Der Schweiß schoss nur so aus unseren Poren und floss in Bächen an uns herunter. Bald konnten weder T-Shirt noch Hose die Köperfluten fassen. Aber es schien nichts zu nützen: Obwohl wir schwitzten wie noch nie in unserem Leben, funktionierte unser körpereigenes Kühlsystem nicht mehr. Ein Phänomen, das auftritt, wenn die Luftfeuchtigkeit hoch und die Lufttemperatur mehr als 30 Grad beträgt. Typisch für den tropischen Regenwald.

Jeder Schritt in diesem Klima wird zum Kraftakt, und wir hatten noch viele vor uns. 400 Höhenmeter mussten bis zum Gipfel des 905 Meter hohen Morne Seychellois auf der Insel Mahé noch überwunden werden. Dieser höchste Punkt der Inselkette der Seychellen war vollkommen von tropischem Regenwald überwuchert und in Wolken eingehüllt. Unsere Sichtweite betrug maximal 10 Meter und wir kamen uns vor wie in einem mit Watte umhüllten Märchenwald. Hier oben im Wolkennebel war die Luftfeuchtigkeit noch höher als bei unserem Aufstieg und lag vermutlich bei etwa 90 %. Es fühlte sich an, als würde man flüssige Luft atmen. Perfekte Lebensbedingungen für den Gardiners Seychellenfrosch (*Sechellophryne gardineri*). So perfekt, dass er kein Gewässer mehr zur Fortpflanzung braucht. Die Weibchen legen ihre Eier einfach auf dem Boden ab. Kaulquappen gibt es nicht. Die Tiere schlüpfen als voll entwickelte Frösche. Was für eine abgefahrene, außergewöhnliche Amphibie! Jetzt mussten wir sie nur noch finden, um melden zu können, dass sie nach wie vor auch wirklich hier oben vorhanden sind. Aber wie?

Der Gardiners Seychellenfrosch gehört mit seinen maximal 1,1 Zentimetern Länge[1] zu den kleinsten Wirbeltieren der Welt und seine Farbe ist braun. Braun waren auch die vermodernden Blätter, die in mehreren Schichten den gesamten Urwaldboden

**Aus eins mach zwei**
Neue genetische Analysen ergaben, dass die Gardiners Seychellenfrösche auf Mahé und Silhouette zwei verschiedene Arten sind. Das bedeutet mehr Vielfalt, aber auch Verdoppelung des Aussterberisikos.

bedeckten. Zusammengefasst: klein, perfekt getarnt und Millionen von Verstecken zwischen den Blättern. Und wo auf dem Bergrücken sollten wir anfangen zu suchen? Die Situation wäre wirklich hoffnungslos gewesen, würden die Männchen des Gardiners Seychellenfrosches nicht quaken. Sie locken, wie alle Frösche, damit Weibchen an. Aber das gilt auch für die Zunft der Biologen. Und so folgten wir dem Ruf der Frösche, von denen man lange glaubte, sie seien taub und ihr Gequake völlig sinnlos. Im Gegensatz zu fast allen Landtieren, die hören können, besitzt der Gardiners Seychellenfrosch kein Mittelohr. Die Evolution fand bei diesem Tier eine andere Lösung: Er hört sozusagen mit dem Mund. Der dient als Verstärker und leitet die Töne über kleine Knochen an das Innenohr weiter.

„Da bewegt sich was!" Lais, eine der Begleiterinnen aus unserem Suchteam, zeigte mit dem Finger rechts neben mir auf den Boden. Tatsächlich, da wanderte ein Gardiners Seychellenfrosch unbeholfen über ein Blatt. Wir gingen auf die Knie, um das kleine Wunder aus der Nähe zu betrachten. Von unseren Nasenspitzen tropfte der Schweiß. Der Frosch sah unglaublich empfindlich und verletzlich aus. Die dünnen, winzigen Beine verstärkten diesen Eindruck. Einem Raubtier, das Frösche jagt, kann dieses Tier physisch absolut nichts entgegensetzen. Verletzlich ist aber nicht nur das Individuum vor uns. Die ganze Art bringt alle Eigenschaften mit, die sie auf der Roten Liste der vom Aussterben bedrohten Tiere ganz weit nach vorne bringt. Der Gardiners Seychellenfrosch ist ende-

misch. Sein Lebensraum beschränkt sich auf die bewaldeten Bergregionen zwischen 250 und 900 Meter der beiden Inseln Mahé und Silhouette. Ein extrem kleines Gebiet von insgesamt etwa 50 Quadratkilometern. Nur hier findet er die Bedingungen, die er zum Überleben braucht. Auswandern oder umsiedeln ist keine Option.

Die Seychellen gehören zu den ältesten ozeanischen Inseln der Erde.
Die Granitfelsen waren einst Teil des Superkontinentes Gondwana.
Die Trennung erfolgte vor etwa 145 Millionen Jahren. Etwa 80 % aller
an Land vorkommenden Arten sind endemisch.

Ein kleines Verbreitungsgebiet bedeutet zudem einen weiteren Risikofaktor. Zwar hat niemand die Frösche bisher gezählt, aber die Vermutung liegt nahe, dass die Gesamtpopulation nicht sehr groß sein kann. Das gleiche gilt demnach auch für das genetische Reservoir. Ein kleines Ereignis wie das Auftauchen einer neuen Krankheit, eine Veränderung des Klimas, auch nur vorrübergehend, oder ein auf die Insel eingeschlepptes neues Raubtier kann das Aussterben des Gardiners Seychellenfrosches bedeuten. Die IUCN stuft ihn deshalb auf der Roten Liste der bedrohten Arten, auch ohne aktuelle direkte Bedrohung, als stark gefährdet ein.

Neben dem Gardiners Seychellenfrosch existieren auf den Seychellen noch viele andere endemische Arten, darunter 13 weitere Amphibienarten.

Bekannter als die Froschlurche der Seychellen ist hingegen die endemische Aldabra-Riesenschildkröte (*Aldabrachelys gigantea),* die nach dem unbewohnten Aldabra-Atoll benannt ist, auf dem fast 100 % aller heute noch freilebenden Aldabra-Riesenschildkröten vorkommen. Männchen können etwa 1,22 Meter groß und bis zu 250 Kilogramm schwer werden. In Gefangenschaft lebende Tiere lassen vermuten, dass sie weit über 200 Jahre alt werden können.

Ein weiterer Gigant und die vielleicht berühmteste endemische Art der Erde ist eine Pflanze: die Seychellenpalme (*Lodoicea maldivica*). Die riesige Kokosnuss wächst bis zu 50 Zentimeter Größe heran. Die Samen, die sie enthält, wiegen zwischen 10 und 25 Kilogramm. Keine andere Pflanze der Erde bildet größere aus. Dafür kann die Reifung der Frucht bis zu sieben Jahre dauern. Größe und Gewicht könnten in Zukunft auch der Untergang für diese faszinierende Pflanze sein. Im Gegensatz zu ihren kleinen Kokosnussverwandten schwimmt die schwere Nuss nicht. Im Naturschutzgebiet „Vallee de Mai" auf Praslin befindet sich der größte Seychellenpalmenwald der Inseln. Kleinere Vorkommen gibt es noch auf den Inseln Curieuse und Silhouette.

Inseln sind Artenschmieden, denn ihre *„Abgeschiedenheit fördert die Vielfalt ..."* so der britische Genetiker Steve Jones.[2] Das ist kein Wunder, denn Inseln bieten geradezu perfekte Bedingungen für die sogenannte „allopatrische" Artbildung, die Entstehung von Arten durch räumliche Trennung. Die Ozeane isolieren Inseln von den Einflüssen des Festlandes. Und je weiter sie vom Festland entfernt sind, je länger die Isolation, umso größer die Wahrscheinlichkeit für das Entstehen neuer und endemischer Arten.

Zudem kommt es auf Inseln oft zu faszinierenden evolutionären Entwicklungen. So ist schon seit langem bekannt, dass auf Inseln Tiere entweder größer (Inselgigantismus) oder erheblich kleiner werden (Inselverzwergung) als ihre Verwandten auf dem Festland. Eine Studie[3] über 1166 inselbewohnende Arten bestätigte diese evolutionäre „Inselregel". Auch scheint die Evolution auf Inseln bis zu dreimal schneller vonstattenzugehen als auf dem Festland.[4] Untersucht wurden 88 Insel-Säugetiere. Auch Charles Darwin konnte auf Inseln wichtige Beobachtungen machen, die ihm bei der Entwicklung seiner Evolutionstheorie halfen. Ihm zu Ehren befindet sich heute auf den Galapagosinseln eine Forschungsstation, die seinen Namen trägt. Zwei-

**Das Risiko auszusterben ist bei endemischen Arten besonders hoch.**

— **Ferne Verwandte**
Lemuren gehören wie wir zu den Primaten. Ihr Name bedeutet „Schattengeister der Verstorbenen". Insgesamt existieren auf Madagaskar noch etwa 103 endemische Arten, die alle gefährdet sind. Ein Weibchen der Art *Propithecus verreauxi* mit Jungtier.

fellos tragen Inseln viel zur faszinierenden Artenvielfalt unseres Planeten bei. Madagaskar, etwa 1200 Kilometer südlich der Seychellen gelegen und eine der größten Inseln der Welt, besitzt eine so hohe Artenvielfalt, dass sie zu den Megadiversitätsgebieten der Erde gezählt wird. Von den etwa 12 000 Blütenpflanzen und den 109 Säugetierarten sind 80 % endemisch. Von den 260 Reptilienarten 95 % und von den 150 Froscharten 100 %.

Die Schattenseite dieser enormen evolutionären Produktivität: Endemische Lebewesen auf allen Inseln der Erde tragen ein höheres Aussterberisiko als endemische Arten auf dem Festland und ganz besonders gegenüber nicht-endemischen Arten. Steve Jones: *„Inseln sind gefährdet, weil sie klein sind und allen Zufälligkeiten unterliegen. Jeder Verlust, für den es andernorts Ersatz gäbe, ist hier endgültig. Auf einem kleinen Stück Land wird öfter etwas schiefgehen als auf einer* *großen Fläche; und man kann sich nirgendwo vor der Katastrophe in Sicherheit bringen.*"[5] Diese besondere Gefährdung drückt sich auch in den Listen über vom Aussterben bedrohte Lebewesen der IUCN (International Union for Conservation of Nature) aus. Im Dezember 2022 veröffentlichte die IUCN die aktuellen Zahlen über die etwa 1200 endemischen Baumarten Papua-Neuguineas: 460 gelten demnach als bedroht, davon 143 als sehr stark gefährdet.

In Zukunft kommt zu diesem Risiko noch der Klimawandel hinzu. In einer aktuellen Studie[6] aus dem Jahre 2021 stellten Wissenschaftler Folgendes fest: Bis 1,5 Grad bleibt das zusätzliche Aussterberisiko der endemischen Arten mit 2 % noch im Rahmen. Bei 2 Grad Erwärmung steigt das Risiko langsam auf 4 % an. Ab 3 Grad jedoch wird die Situation kritisch. Dieses eine Grad mehr erhöht die Rate bei landlebenden endemischen Arten auf den Kontinenten auf 34 %, im Ozean auf 46 %. Bei endemischen Arten auf Inseln erreichen wir 100 %. Der Gardiners Seychellenfrosch wäre Geschichte.

Je wärmer, umso einsamer wird das Leben auf den Inseln.

## PLANET DER INSELN

Heute ist die Erde, was ursprüngliche Landschaften betrifft, ein Planet der Inseln. Weitgehend unberührte Ökosysteme existieren nur noch in kleinen Gebieten, die von einem Meer aus landwirtschaftlichen Nutzflächen, Dörfern und Städten und Verkehrswegen umgeben sind. Etwa 75 % der Landfläche haben wir umgestaltet, um unsere Bedürfnisse zu erfüllen. Die Vielfalt der Ökosysteme aus Feuchtgebieten, Wäldern, Mooren oder Wiesen wich der Einfalt von Wohn-, Industrie- und Landwirtschaftsgebieten. Rohstoffabbau wiederum riss gigantische Wunden in die Landschaft. Was einst die Regel war, ist heute die Ausnahme. Mit verheerenden Folgen für die Tier- und Pflanzenvielfalt. Der Verlust der Ökosysteme führte oft unweigerlich zum endgültigen, noch häufiger jedoch zum lokalen Aussterben vieler Arten, und in großer Breite zur erheblichen Reduzierung der Populationsgrößen.

**Verkleinern sich Populationen, vergrößert sich das Aussterberisiko.**

Im Wesentlichen fristen diese Restpopulationen ein Inseldasein in von uns gering genutzten Biotopen und Naturschutzgebieten. Nicht im positiven Sinne einer evolutionären Entwicklung neuer Arten durch Isolation, sondern in Bezug auf die großen Risikofaktoren für das Aussterben: kleine Population mit Anfälligkeit für Krankheiten, Naturkatastrophen oder Jagd und genetischer Verarmung.

Dieses globale neue Inseldasein hat unzählige Arten dem Aussterben viele Schritte nähergebracht. Die IUCN (International Union for Conservation of Nature) verfolgt diese Entwicklung täglich und die aktuellen Zahlen zu den bedrohten Arten, Tier- und Pflanzengruppen findet man auf deren Webseite.[7] Auf dem Festland gelten global zum Beispiel 41 % der Amphibien, 27 % der Säugetiere, 13 % der Vögel, und 21 % der Reptilien als vom Aussterben bedroht. In den Ozeanen 37 % der Haie, 36 % der Riffkorallen. Unter

### — Tödliche Abhängigkeit

Das Pygmäenseepferdchen (*Hippocampus bargibanti*) ist etwa zwei Zentimeter groß und braucht zum Über eben die Gorgonienarten *Muricella plectana* und *Muricella paraplectana*. Würden diese beiden Arten aussterben würde auch eines der faszinierendsten Seepferdchen der Ozeane nicht überleben können.

— **Blick in eine ungewisse Zukunft**
Das kleine zwei Jahre alte Gorillamädchen lebt auf einer kleinen Insel,
dem Bwindi-Wald Schutzgebiet, das von Feldern und Dörfern
umgeben ist. Ein weiteres Schutzgebiet existiert bei den Virunga-
Vulkanen, in dem eine zweite Berggorilla Population lebt. Insgesamt
gibt es nur noch etwa 1000 Berggorillas in freier Wildbahn.

den Pflanzen teilen dieses Schicksal 34% der Nadel-
hölzer und 69% der Palmfarne.

Auch Zahlen zu Tiergruppen einzelner Regionen
sind zu finden. Eine recht neue Studie vom Oktober
2022 verdeutlicht das große Problem des Insekten-
rückganges in Europa. 37% der europäischen Schweb-
fliegen sind bedroht und damit eine ganz wichtige
Gruppe von Bestäubern.

Ein genauerer Blick hinter die Zahlen bringt uns
weitere Erkenntnisse. Neben dem Verlust des Lebensraumes bestehen weitere Risiken. Dazu gehört die
Abhängigkeit von anderen Arten, zum Beispiel als
Teil des Lebenszyklus, wie es bei vielen parasitär lebenden Wespen der Fall ist, sei es als Nahrungsspezialist oder Symbiosepartner. Diese koevolutionären
Beziehungen haben sich über lange Zeiträume entwi-

ckelt und betroffene Arten sterben aus, wenn der notwendige Partner fehlt. Seegurken zum Beispiel sind kleine Lebensräume am Meeresboden. Eingeweidefische dringen über den Anus in sie ein und leben in ihrem Inneren. Mehrere Arten kleiner Garnelen und mindestens eine Wurmart leben auf ihrer Oberfläche. Da Seegurken in der asiatischen Küche sehr beliebt sind, wurden sie stark überfischt und sind in einigen Regionen fast ausgestorben. Mit ihnen verschwanden auch die Eingeweidefische, Garnelen und Würmer.

Das in Süd- und Mitteleuropa vorkommende Thymian-Widderchen wiederum ist ein Nahrungsspezialist. Die Raupen dieses Nachtfalters fressen überwiegend wilde Thymian-Arten. Da es weniger Nahrungspflanzen gibt, gingen auch die Bestände zurück.

Große Tiere mit viel Platzbedarf tragen ebenfalls ein erhöhtes Aussterberisiko. Die Konkurrenz um Lebensraum zwischen uns Menschen und ihnen betrifft sie viel stärker als kleinere Arten. Hierzu gehören zum Beispiel Tiere, die an der Spitze der Nahrungskette stehen, wie die großen Raubkatzen. Von den einstmals großen Populationen des Westafrika-Löwen (*Panthera leo leo*) zählte man Anfang 2023 nur noch knapp 400 Exemplare in freier Wildbahn, die sich auf vier isolierte Restbestände in Nigeria, Senegal und dem Schutzgebiet W-Arly-Pendjari im Dreiländereck Burkina Faso, Niger und Benin verteilen. Nur im Senegal nimmt die Population aktuell zu.

Auch das größte noch lebende Landtier, der bis zu 3,7 Meter hohe und 6,6 Tonnen schwere Afrikanische Elefant (*Loxodonta africana*) ist betroffen. Er lebt in Gruppen und jedes Tier benötigt etwa 150 Kilogramm pflanzliche Nahrung pro Tag. Konflikte mit den Menschen sind somit trotz großer Schutzgebiete unvermeidlich. Insbesondere Bauern im Umland von Schutzgebieten sind betroffen und oft endet der Konflikt mit den Menschen tödlich. Allein in Kenia töten Elefanten etwa 10 Menschen pro Jahr und Bauern töten Elefanten, um sich und ihre Felder zu verteidigen.

Möglicherweise hatten Elefanten und Menschen schon vor 2 Millionen Jahren Konflikte. Zu dieser Zeit tauchten in Ostafrika die ersten Menschen auf,

**Dass der Mensch den größten Teil der nutzbaren Landfläche ganz für sich in Anspruch nimmt, ist einer der Hauptgründe für das Artensterben.**

deren Nachfahren später globalen Einfluss auf das Leben ausüben würden. *Homo erectus* machte den Anfang. Er ging schon auf zwei Beinen und nutzte Distanzwaffen zur Jagd. Vor etwa 300 000 Jahren betraten dann wir, die *Homo sapiens*, die Bühne des Lebens. Im Laufe unserer Geschichte sollten wir uns zu einer der erfolgreichsten invasiven Arten aller Zeiten entwickeln. Eine kleine Population von vermutlich wenigen zehntausenden Individuen, die innerhalb von 60 000 Jahren die gesamte Erde eroberte und bis heute auf mehr als 8 Milliarden Individuen angewachsen ist. Die Zahl von 10 Milliarden, so die Prognose der Wissenschaft, werden wir noch erreichen. Überwiegend durch das Bevölkerungswachstum auf unserem Ursprungskontinent Afrika. Sind die 10 Milliarden überschritten, so die Prognosen, haben wir den Zenit erreicht und die Erdbevölkerung wird wieder sinken. In Nordamerika und Europa ist dies schon der Fall und auch in China zeichnet sich eine Wende ab. Möglicherweise halbiert sich die chinesische Bevölkerung schon bis zum Ende des 21. Jahrhunderts. Eine gute Nachricht für die Natur. Eine schlechte für die soziale Absicherung und Ökonomie. Die Zukunft unserer Art wird wieder mehr von Afrika geprägt sein, genau wie einst in unserer fernen Vergangenheit.

## DIE INVASION

Betrachtet man mit dem heutigen Wissen die Geschichte der menschlichen Ausbreitung auf der Erde, fällt es schwer zu entscheiden, was für die Lebewesen und Ökosysteme gefährlicher war: Die Menschen, die plötzlich auftauchten, oder die Arten, die als blinde Passagiere oder gewollt mit ihnen reisten.

Die Eroberung der Erde durch den Menschen erfolgte in mehreren Wellen.[8] Die Fossilienfunde zeigen aktuell folgendes Bild: Der erste Mensch, der Afrika verließ, war vor vermutlich 1,8 Millionen Jahren oder früher der *Homo erectus*. Erfolgreich siedelte er sich in Ost- und Südasien und Europa an. Aus ihm entwickelten sich unter anderem die an die Kälte Nordeuropas angepassten Neandertaler, der im tropischen Indonesien lebende kleine Frühmensch und scherzhaft „Hob-

— **Vergiftet**
Zwei Ranger des Kenya Wildlife Service (KWS)
entfernen den Kadaver eines jungen männlichen
Löwen (*Panthera leo*). Maasai-Hirten haben ihn
vergiftet, um ihre Viehherden zu schützen.

bit" genannte *Homo florensis* oder der *Denisova-Mensch*, der seinen Namen nach einem Fundort von Überresten im Altai verdankt. Aus der *Homo erectus* Population, die in Afrika blieb, entwickelte sich unsere Art. Insgesamt existierte der *Homo erectus* etwa 2 Millionen Jahre. Damit ist er die bis dahin evolutionär erfolgreichste Menschenart, die wir kennen, und die erste, die die Welt eroberte.

Wir, die *Homo sapiens*, kamen erst danach und in mehreren Wellen. Vermutlich breiteten wir uns als Erstes über Asien bis nach Australien aus. Eine zweite Auswanderungswelle aus Afrika erreichte dann vor etwa 45 000 Jahren Europa. Spät erfolgte die Besiedlung von Inseln. Hawaii zum Beispiel erreichten wir erst vor 2000 Jahren. Ein Hinweis, dass die Erfindung von Navigation und Techniken der Seefahrt erst später in unserer Geschichte erfolgte. Umstritten ist das Datum der ersten Besiedlung Amerikas. Sicher belegt ist es erst für einen Zeitpunkt von vor 20 000 Jahren.

Mit der Erfolgsgeschichte der Menschen beginnt auch die Geschichte des Artensterbens als Folge unseres Handelns. Mit die ersten, die es betraf, waren andere Menschenarten. Unstrittig ist nicht, *dass* sie wegen uns Ausstarben, sondern das *Warum*. Ist die Geschichte der Menschheit von Anfang an auch eine Geschichte des „Genozid"[9] wie der berühmte Evolutionsbiologe Ernst Mayr schrieb? Haben wir andere Menschenarten getötet, ihnen das Wild vor der Nase weggejagt oder sie in nahrungsarme Gebiete vertrieben? Oder ist alles viel friedlicher verlaufen? Seit den bahnbrechenden Arbeiten des Paläogenetikers und Nobelpreisträgers Svante Pääbo wissen wir zumindest, dass Neandertaler und *Homo sapiens* miteinander fortpflanzungsfähige Kinder gezeugt haben. Etwa 2 % der Gene der Europäer sind Neandertalergene.[10] Ging die kleine Neandertaler-Population einfach in der größeren des *Homo sapiens* auf? Vermutlich gab es nicht die *eine* Ursache, sondern alle drei wirkten zusammen und führten letztendlich zum Untergang der anderen Menschenarten. Trotz unseres stets wachsenden Wissens sind viele Detailfragen noch offen.

**Erfolgreiche invasive Arten bedrohen die Vielfalt. Handelt es sich um Raubtiere wird ihr Magen zum Artenfriedhof. Erfolgreiche Pflanzen wiederum verdrängen einheimischen Arten.**

Neben den anderen Menschenarten traf es auch fast alle Tiere, die zur Megafauna des Quartären Zeitalters (2,588 Millionen Jahre bis heute) gehörten. Insbesondere auf den von Änderungen des Klimas wenig betroffenen Kontinenten und Inseln der Tropen korreliert die Ankunft des Menschen verdächtig mit dem Aussterben der großen Tiere. In Australien starben kurz nach der Ankunft der Menschen unter anderem folgende Tiere aus: Megalania (*Varanus priscus*), ein bis zu 7 Metern langer und eine Tonne schwerer Waran. Sämtliche Riesenkängurus, wie zum Beispiel das zwei Meter hohe Protemnodon. Insgesamt wurden mehr als zehn Tiergattungen Opfer der ersten Aussterbewelle vor etwa 50 000 – 40 000 Jahren. Dass der Mensch maßgeblich für das Aussterben vieler Arten der ehemaligen Megafauna verantwortlich sein könnte, hat in den 1960er Jahren der amerikanische Paläontologe Paul Schultz Martin[11] im Rahmen seiner „Overkill-Hypothese" ausgearbeitet.

Wie viele Arten wiederum in neuerer Zeit ausgestorben sind, dokumentiert die IUCN. Seit 1500 n. Chr. bis heute dokumentiert sind mindestens 680 ausgestorbene Arten[12] wildlebender Wirbeltiere. Selbst 9 % der Säugetierrassen, die der Nahrungsmittelproduktion des Menschen dienten, starben in diesem Zeitraum aus. Der Anteil Australiens und Tasmaniens in diesem Zeitraum beträgt 28 ausgestorbene Arten. Darunter der Beutelwolf (*Thylacinus cynocephalus*). In Tasmanien lebte Anfang 1800 noch eine große Population. Da er verdächtig wurde, für die Tötung von Schafen verantwortlich zu sein, wurde 1830 von der australischen Regierung ein Kopfgeld ausgesetzt. Es war der Anfang vom Ende. Genau 100 Jahre später erschoss ein Jäger das letzte wilde Exemplar. Der letzte Beutelwolf in Gefangenschaft verstarb 1936 im Zoo von Hobart.

Auch in den kälteren Regionen wie den Norden Europas, Asiens und Amerikas starben fast alle Arten der Megafauna aus.[13] Da unsere damaligen Vorfahren diese Tiere nachweislich bejagten, haben sie mit Sicherheit ihren Anteil daran. Umstritten ist jedoch, ob sie der Grund für das endgültige Aussterben waren.

Die meisten Arten verschwanden in dem Zeitraum nach etwa 13 000 v. Chr., als sich das Klima und damit die Lebensräume extrem veränderten. Mit dem Beginn des Holozäns endete die letzte Kaltzeit. Die durchschnittliche globale Temperatur stieg innerhalb von 5000 Jahren um etwa 7 Grad. Die massiven Gletscher, die zum Beispiel ganz Nordeuropa bis zu den Alpen bedeckten, verschwanden.

Zu den bekannteren Tieren im Norden Europas und Asiens, die im Laufe des Klimawechsels aussterben, gehören die Höhlenhyäne (*Crocuta crocuta spelaea*), die wir am Anfang dieses Buches schon kennengelernt haben, und als weiteres Raubtier der Höhlenlöwe (*Panthera spelaea*). Von den großen Pflanzenfressern überlebten weder der Riesenhirsch (*Megaloceros giganteus*), der mit 1,5 Tonnen gut doppelt so schwer wurde wie ein Elch, noch das an Kälte angepasste Wollnashorn (*Coelodonta antiquitatis*). Auch das vom Menschen gejagte Wollhaarmammut (*Mammuthus primigenius*) starb aus. Sein Fleisch wurde gegessen, die Knochen dienten als Baumaterial für Unterkünfte und die Stoßzähne als Rohstoffe für Werkzeuge und Waffen. Die letzten Exemplare zogen sich auf die entlegene Wrangelinsel im arktischen Ozean zurück. Vor etwa 4000 Jahren starben sie auch dort endgültig aus. Lange standen wir Menschen im Verdacht, dafür verantwortlich zu sein, aber eine recht aktuelle Studie von 2021[14] entlastet uns und sieht den Klimawandel und die damit veränderte Vegetation als Ursache: Sie fanden nicht mehr genug zu fressen.

Die dritte und bedeutendste Welle des Aussterbens, die unsere heutige Situation prägte, fand erst vor wenigen Jahrhunderten statt. Historiker sehen den Zeitpunkt um das 15. und 16. Jahrhundert auch als Beginn der Globalisierung. Damals begann aus europäischer Perspektive die Erschließung der Welt. Das Paradoxe daran: Unsere Art hatte schon seit Jahrtausenden

**Ausgestopft** Das Museum für Naturkunde Berlin zeigt einen 1936 ausgestorbenen Beutelwolf. Das Präperat sieht so lebensecht aus, dass man fast meinen könnte, er springt gleich aus der Glasvitrine.

die Erde in Besitz genommen, doch die verschiedenen *Homo sapiens*-Populationen waren mindestens ebenso lange voneinander getrennt. Man kannte weder die anderen Populationen noch hatte man eine Vorstellung von ihrem Leben oder den Lebensräumen, die sie bewohnten. Wissen über die Geografie war nur bruchstückhaft vorhanden. Fast alles außerhalb Europas war eine Black Box.

Das sollte sich schnell ändern. Als Nebenprodukt der Suche nach kostbaren Waren, Reichtum und Handelswegen stieg das Wissen über die Erde an. Aber nicht nur Waren wurden transportiert, sondern auch Pflanzen und Tiere. Die europäischen Eroberer brachten ihre Fauna, mit und was nützlich und interessant erschien, transportierten sie nach Europa.

Schafe und Ziegen lebten plötzlich auf Inseln und Kontinenten, die sie aus eigener Kraft nie hätten erreichen können. Pflanzen aus China und Japan blühten in europäischen Gärten. Blinde Passagiere wie Ratten, Bakterien und Viren reisten in Schiffen um die Welt. Alle Ökosysteme der Erde tauschten plötzlich unbekannte und neue Arten aus. Einen derartig umfassenden, globalen Artenaustausch hatte es in der Biologiegeschichte noch nie gegeben.

Ein bisher unbekannter Kontinent erwies sich als besonders bedeutend. Charles C. Mann: *„Die Entdeckung Amerikas war für das Leben auf unserem Planeten das folgenreichste Ereignis seit dem Aussterben der Dinosaurier.“*[15] Sicher ist diese Aussage zu sehr auf den Kontinent Amerika fokussiert, aber sie hat durchaus ihre Berechtigung. Während Europa, Asien und Afrika immerhin über Land verbunden waren, war die Flora und Fauna Amerikas über Jahrmillionen fast vollständig von den anderen Kontinenten isoliert.

Kaum hatte Kolumbus den neuen Kontinent entdeckt, stiegen die Opferzahlen, und wieder waren auch Menschen die Leidtragenden. Doch nicht die Brutalität der spanischen Kolonisten kosteten die meisten Opfer, sondern winzige blinde Passagiere, die in ihren Körpern reisten: Grippe-, Masern- oder Pockenviren, Bakterien, die Cholera, Tuberkulose und zahlreiche andere epidemische Krankheiten auslösen. Das Immunsystem der amerikanischen Ureinwohner war den unbekannten Erregern hilflos ausgeliefert. Innerhalb von etwa zwei Jahrhunderten dezimierten die Krankheiten die Bevölkerung auf ein Viertel ihrer ursprünglichen Größe. Auch Charles Darwin ahnte die Katastrophe. Während der Reise der Beagle notierte er in sein Tagebuch über die Feuerländer in Südamerika: *„Der Kontakt mit der Zivilisation wird dieses Volk auslöschen."* Er sollte recht behalten.

Wie viele Opfer die von den Europäern nach Amerika und die im Gegenzug nach Europa verschleppten Arten unter der jeweils heimischen Flora und Fauna forderten, kann nur in etwa geschätzt werden. Denn oft sind auch andere Ursachen mit im Spiel. Neobiota, wie vom Menschen eingeschleppte Arten genannt werden, stellen eine große globale Bedrohung für die Artenvielfalt dar. Beispiele finden wir auf allen Kontinenten.

Als der Nilbarsch in den 1960er Jahren zur Förderung der Fischerei im afrikanischen Viktoriasee ausgesetzt wurde, dezimierte er die faszinierende Fischvielfalt in diesem See um über 400 überwiegend endemische Arten. Kein Wunder, dass er es auf die Liste der 100 gefährlichsten invasiven Arten[16] der IUCN geschafft hat. Auf dieser Liste finden sich für uns auch sehr vertraute Arten wie das Wildkaninchen (*Oryctolagus cuniculus*), die Gemeine Wespe (*Vespula vulgaris*) und der Rotfuchs (*Vulpes vulpes*). Letzterer wurde von den Engländern in Australien und Tasmanien ausgesetzt und entwickelte sich dort zu einer großen Gefährdung für die einheimische Fauna. Die Behörden versuchen gegenzusteuern und der Fuchs wird in Tasmanien gnadenlos gejagt. Artenschutz durch Ausrotten. Ob das klappen wird, ist offen. Versuche, erfolgreiche invasive Arten wieder aus einem Ökosystem zu entfernen, sind schwierig, langwierig und leider oft erfolglos.

**Globalisiert wurde nicht nur die Ökonomie, sondern auch die Biologie.**

— **Killerpilz**
Noch ein tödlicher blinder Passagier. Der aus Afrika eingeschleppten Pilzerkrankung *Chytridiomykose* fielen in Mittelamerika 90 Amphibienarten seit den 1980er Jahren zum Opfer. Die Populationen von 400 weiteren Amphibienarten reduzierten sich um 90%. Als Folge stiegen die Malariaerkrankungen um das bis zu Fünffache an. Der abgebildete Rotaugenlaubfrosch (*Agalychnis callidryas*) überlebte die Pandemie.

Der Austausch von Arten durch den Menschen über alle geografischen Grenzen hinweg führte zu einer nie dagewesenen Mischung an Arten in allen Ökosystemen. Generalisten, die gut mit unterschiedlichsten Bedingungen zurechtkommen, profitierten. Spezialisten, zu denen viele endemische Arten gehören, verloren. Weltweit gleichen sich Flora und Fauna immer mehr an. Wir leben nicht nur im Anthropozän, sondern auch im „Homogenozän".

## VERDAUT UND AUSGESTOPFT

„Tigerpenis-Suppe" gehört zu den teuersten Gerichten Chinas. Nicht weniger kostspielig: in Schnaps

**— Nahrungskonkurrenten**
Seit ihrer Einführung im 18. Jahrhundert auf
Galapagos fressen Hausziegen (*Capra aegagrus
hircus*) Galapagos-Riesenschildkröten das Futter
weg. Versuche, die Ziegen wieder auszurotten,
verliefen bisher erfolglos.

eingelegter Tigerpenis. Helfen soll der Penis dieser starken Raubkatze, wie unschwer zu erraten ist, gegen Impotenz. Und nicht nur er, so gut wie alles, was irgendwie vom Aussehen und Kraft an dieses männliche Körperteil erinnert, wird in der traditionellen Medizin Chinas als Mittel gegen Impotenz empfohlen. Nur tierischen Ursprungs muss es sein. Salatgurken gehören nicht dazu.

Wohl aber – wen wundert es – das Horn der verschiedenen Nashornarten. Zu Pulver zermahlen ist es fast überall zu bekommen. Dass es absolut wirkungslos ist, wurde schon lange bewiesen. Genauso gut könnte man Fingernägel kauen, denn Horn und Nägel bestehen aus dem gleichen Stoff: Keratin. Ebenso Abhilfe bei Erektionsstörungen versprechen Gerichte mit Seegurken oder die Penisse anderer Arten, wie Schlangen oder Stiere. Auch die Kombination in der chinesischen „Fünf Penis-Suppe" im Pekinger Restaurant Guo Li Zhuang verhilft nicht zum Liebesglück. Das Essen von Geschlechtsteilen beeinflusst den Testosterongehalt Gehalt nicht im Geringsten.

Bleiben noch andere medizinische Anwendungen von Tiger & Co. Mit Tigerkot behandelt man Hämorrhoiden und Pulver aus Tigerknochen hilft angeblich gegen Arthritis. Und weil das Schuppentier so gut Löcher graben kann, hilft es natürlich auch gegen Verstopfungen jeder Art. Man könnte diese auf Aberglauben beruhende Verknüpfung von Form, Verhalten etc. und medizinische Wirkung nun als besondere Schrulligkeit abtun und sich darüber abends bei einem Glas Wein köstlich amüsieren, würde sich nicht die chinesische Speisekarte lesen wie die Rote Liste bedrohter Arten. Und die Bedrohung wird immer größer, denn bedingt durch den Wirtschaftsaufschwung gibt es immer mehr wohlhabende Chinesen, die sich zweifelhafte Tierprodukte leisten können. Und sie zeigen diesen Reichtum auch gerne: Als Symbole von Macht und Geld dienen Schmuckstücke aus Tigerzähnen.

Nashornpulver kostet bis zu 14 000 Euro das Kilo. Etwas Brühe der Tigerpenis-Suppe 300 US-Dollar. Und die Preise steigen immer weiter, da die Produkte und der Handel inzwischen in vielen Ländern, darunter auch in China selbst, verboten wurde und die Tiere immer seltener werden. Gewinne wie im Drogenhandel sind inzwischen möglich und so wundert es nicht, dass kriminelle Organisationen eine Rolle spielen. Auf dem Schwarzmarkt bekommt man in China alles. Illegaler Handel und Wilderei sorgen für reichlich Nachschub und entwickelten sich zu einem großen globalen Problem. Ein Teufelskreislauf, denn werden die Tiere gejagt und immer seltener, steigt der Preis weiter und die Wilderei wird noch lohnender. Inzwischen haben die illegalen Händler Chinas auch Südamerika entdeckt. Da Tiger immer seltener werden, dienen Jaguare als Ersatz. Selbst vor den Resten toter Tiere machen Kriminelle nicht halt. 2011 wurden Rhinozeros-Hörner aus fünf Museen in Europa gestohlen. Müssen wir bald hinter die Namen ausgestorbener Tiere schreiben: Eaten by China?[17]

Wilderei gefährdet in hohem Maße Schutzmaßnahmen und Abkommen auf politischer Ebene. Wilderer halten sich nicht an Schutzgebiete und Schonzeiten und sie nutzen besonders grausame und schädliche Fangmethoden. Um den Druck durch Wilderei zu mildern, gibt es inzwischen auch Farmen, um Tiger zu züchten und ausgewachsen zu schlachten. Doch es ist wichtig festzuhalten: Die überwiegende Mehrheit der chinesischen Bürger konsumiert die geschilderten Wildereiprodukte seltener Tiere nicht. Sie können sich weder Penis- noch Nashornpulver leisten. Und der steigende Bedarf in China setzte erst ein, als die Populationen von wilden Tigern & Co. sich schon längst in einer tödlichen Abwärtsspirale befand. Wer Tiger tötete, galt seit jeher als besonders männlich und tapfer. Anfang des 20. Jahrhunderts waren Tiger noch nicht bedroht. Insgesamt etwa 50 000 lebten damals allein in Indien. Als die Briten die Kolonie aufgaben, existierten nur noch 1800.

Reisen wir aus China in die USA und gleichzeitig 600 Jahre zurück. Wir schreiben das Jahr 1423. Auf dem nordamerikanischen Kontinent findet sich kein einziger europäischer Siedler. Dafür etwa 30 Millionen amerikanische Bisons (*Bos bison*) und zahlreiche Indianerstämme, die von den Bisons leben.

### 1 — Illegaler Handel in Afrika

Das tote Gorillababy (*Gorilla gorilla*) ist Opfer des illegalen Buschfleisch- und Haustierhandels in Zentralafrika. Fast alle Gorillawaisen, die dem Tierhandel lebend zum Opfer fallen, sterben an Dehydrierung, Krankheit oder Kummer.

### 2 — Lebender Proviant

Schildkröten dienten in der Vergangenheit als lebender Frischfleischproviant bei Schiffsreisen. Diese grünen Meeresschildkröten verbrachten ihre letzten Tage ohne Fressen übereinandergestapelt im dunklen, dreckigen Laderaum eines Schiffs. Wenn sie geschlachtet wurden, war es eine Erlösung von ihren Qualen.

### 3 — Gnadenlos

Wi derer erlegten wegen der Hörner dieses weibliche Breitmaulnashorn im Kruger Nationalpark in Südafrika. Das Jungtier lag ebenfalls tot unweit der Mutter. Aufgeschnitten wurde das Nashorn, um die genaue Todesursache zu finden.

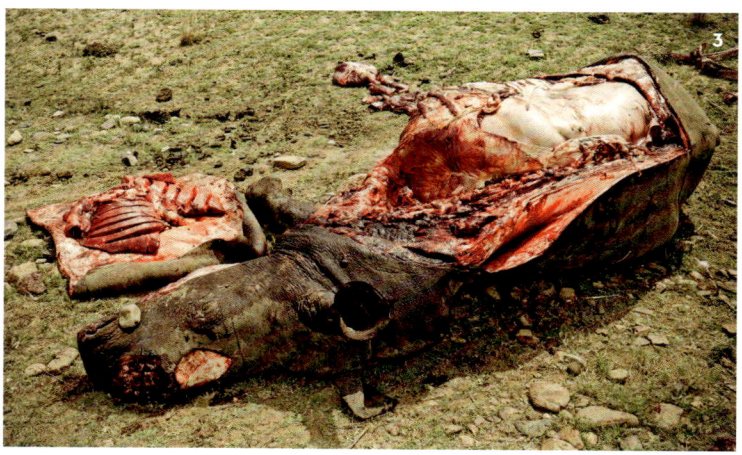

1492 entdeckte Kolumbus Amerika und der neue Kontinent wurde nach und nach besiedelt. Doch es sollte noch bis fast 1870 dauern, bis die große Ausrottungsjagd auf die Bisons begann. Am Anfang ging es um die Gewinnung von Leder, der Millionen Tiere zum Opfer fielen. Dann störten die Tiere bei der Rinderzucht und dem Anbau von landwirtschaftlichen Produkten. Schließlich wurden sie im Laufe der Indianerkriege ein Teil der Kriegsführung der weißen Siedler. Philip Henry Sheridan, einer der Kommandeure der amerikanischen Regierungstruppen: Die Bisonjäger *„haben in den letzten zwei Jahren mehr getan und sie werden im nächsten Jahr mehr tun, um die leidige Indianerfrage zu lösen, als die gesamte reguläre Armee in den letzten dreißig Jahren getan hat. Sie zerstören die Vorräte der Indianer [...] Um eines dauerhaften Friedens willen, lasst sie töten, häuten und verkaufen, bis die Büffel ausgerottet sind. Dann können eure Prärien mit gefleckten Rindern besetzt werden und mit dem zu feiernden Cowboy, der auf den Jäger folgt, als zweiter Wegbereiter einer fortschrittlichen Zivilisation."*[18] Hunger als Waffe gab es in Kriegen schon oft und wird es auch immer geben. Aber die Ausrottung einer Tierart, um einen Genozid an Menschen in die Wege zu leiten, war neu. Etwa 1000 Bisons überlebten und wurden ab Ende des 19. Jahrhunderts geschützt. Sie bildeten den Grundstock für die heutige Population, die in den USA und Kanada etwa 450 000 Tiere umfasst.

Weniger Glück hatte die Wandertaube (*Ectopistes migratorius*). Um das Jahr 1800 noch mit bis zu 5 Milliarden Individuen eine der häufigsten Vogelarten der Welt, überlebte sie in freier Wildbahn gerade noch 100 Jahre. Die riesigen Schwärme, die auch 1 Milliarde Tiere enthalten konnten, mussten ein unvorstellbarer Anblick gewesen sein. Unvorstellbar auch, dass eine Tierart von dieser Populationsgröße auszurotten war. Lehrreich die Erfahrung, dass dies wirklich möglich ist, um solche Fehler zu vermeiden. Die erwachsenen Tiere wurden so gut wie alle erschossen. Die Jungvögel und die Eier aus den Nestern geplündert. Am 24. März 1900 erschoss ein Jäger das letzte Exemplar. Am 1. September 2014 starb die letzte Wandertaube

in Gefangenschaft. Jetzt hält sie einen traurigen Rekord: der häufigste ausgestopfte Vogel in den zahlreichen Museen der Welt.

Die traurige Welt des Aussterbens ist voller ähnlicher Geschichten, doch die traurigste folgt jetzt: Die Großwildjagd – sinnentleertes Töten „just for fun". Das Internet ist voller aktueller Angebote, insbesondere aus dem südlichen Afrika. Hat man Zehntausende von Euro übrig, kann man sie alle töten: Breitmaulnashörner, Leoparden, Giraffen, Elefanten, Löwen, was eben die afrikanische Savanne so hergibt und bedroht ist. Die Jagd findet meistens auf privaten Farmen statt. Die Tiere werden dort ausgesetzt, damit die Jäger sie im abgesperrten Gelände auch finden können und ihre Erfolgserlebnisse haben. Was treibt diese Menschen an? Was ist schön an einem ausgestopften Nashornkopf, der zu Hause im Wohnzimmer an der Wand hängt? Warum muss man einen ausgestopften Leoparden besitzen? Gerne posieren die Jäger stolz für ein Foto vor den getöteten Tieren. Sie fühlen sich offensichtlich groß, mächtig und stolz. Sie glauben die Wildnis mit ihrem Gewehr besiegt zu haben.

## STUMMER FRÜHLING

Mehr als ein halbes Jahrhundert ist es schon her, als das Buch „Der stumme Frühling" der Biologin Rachel Carson erschien. Es ist eines der einflussreichsten Bücher des letzten Jahrhunderts. Sie thematisierte zum ersten Mal die Folgen der industriellen Landwirtschaft, insbesondere die Folgen des Einsatzes von Pestiziden, auf die gesamte Nahrungskette. Sie legte dar, dass Pestizide vermeintlich nicht nur die Insekten schädigen, sondern auch andere Tiergruppen wie Vögel, und letztendlich auch uns Menschen. Zum ersten Mal wurde formuliert: Industrielle Landwirtschaft ist eine Gefahr für die Artenvielfalt.

Die Schädigungen durch DDT[19], die Rachel Carlson nachwies, führten zum Verbot von DDT, das zur damaligen Zeit, über Jahrzehnte, das weltweit verbreitetste Insektizid war. Klingt nach Erfolg. War es auch, aber nur in Bezug auf DDT. Frustrierend, aber leider Realität: Mehr als ein halbes Jahrhundert später füh-

**Noch nie wurden in der Landwirtschaft weltweit so viele Pestizide eingesetzt wie heute.**

**— Stolze Männer!**
Ein Neandertaler, der unter Einsatz seines
Lebens ein Mammut jagte, um sich zu ernähren
und von dem es kein Foto gibt. Respekt!
Gefahrlos mit dem Gewehr töten, um sich was
Ausgestopftes an die Wand zu hängen...

**— Kleines und ein großes Raubtier**
Mit dem Aussterben der Dinosaurier begann der evolutionäre Aufstieg der Säugetiere. Ihr Tod ermöglichte unsere Entwicklung. Wenn wir als Art ähnlich erfolgreich sein wollen wie dieser Tyrannosaurus, müssen wir noch etwa 2 Millionen Jahre durchhalten.

ren wir noch immer die gleiche Diskussion, nur die Namen der Insektizide und Pestizide haben sich geändert. Heute sprechen wir über Glyphosat, die Neonicotinoide, Captan, Fungizide und andere. Und fast schon kriminell: Pestizide, die in der EU zu Recht verboten sind, werden in die Länder des globalen Südens exportiert. Dort gibt es wenig regulierende Gesetze.

Die Folgen sind bekannt und sind weltweit dieselben: Sinkende Insektenpopulationen und lokales Aussterben derselben. Schädlinge und Nützlinge wie Bienen sind gleichermaßen betroffen. Ihnen folgen insektenfressende Tiere; Reptilien, Amphibien, Vögel sind die nächsten Opfer. Überdüngung und Pestizide führen in vielen Gewässern auch zur Reduzierung der wasserlebenden Weich- und Wirbeltiere. Und über allem steht die gesundheitliche Gefährdung der Bau-

ern und der Konsumenten. Viele Pestizide stehen unter Verdacht, Krebs zu verursachen.

## KEIN PLATZ FÜR TIERE

Überdüngung und der Einsatz von Pestiziden sind leider nicht die einzigen Gründe für die Bestandsrückgänge zahlreicher Arten. Noch gravierender fällt die Fläche ins Gewicht, die wir benötigen, um uns zu ernähren. Mehr als 33 % der weltweiten Landfläche und etwa 75 % der Süßwasserressourcen benutzen wir zur Lebensmittelerzeugung. Ziehen wir ungeeignete Flächen wie Wüsten etc. ab, nutzen wir mehr als die Hälfte der weltweiten Landfläche, zuzüglich Städten, Industriegebieten, Bergbaugebieten, Verkehrswegen und ähnliches. Hinzu kommt, dass sich der überwiegende Teil dieser landwirtschaftlichen Nutzflächen in den Tropen, Subtropen und der kühl gemäßigten Klimazone befindet. Die Tropen und Subtropen sind aber auch die Regionen der Erde, die die größte Artenvielfalt beherbergen. Damit konkurrieren wir mit dem Großteil aller Lebewesen direkt um die lebensnotwendigen Flächen. Wir gehen gegen sie immer rücksichtsloser vor. Die moderne Agrarlandschaft ist heute eine eintönige Wüste voller Giftstoffe. Geschaffen für wenige hochgezüchtete Pflanzenarten. Alles andere hat hier keinen Platz.

So verwundert es nicht, dass am 6. Mai 2019 in der Zeitschrift „Nature" eine wissenschaftliche Studie erschien, die feststellt, dass *„die Landwirtschaft eine der größten Bedrohungen für die Ökosysteme der Erde darstellt"*[20], mit dem Potential, unzählige Arten auszurotten.

## ÖKOLOGISCHE NISCHE DES MENSCHEN

99,9 % aller Arten, die jemals auf der Erde existiert haben, sind heute ausgestorben. Alle, die heute noch leben und mit denen wir den Planeten teilen, gehören inklusive uns Menschen zu der kleinen Minderheit von 0,1 %. Innerhalb der Gruppe der Hominiden, sind wir, der *Homo sapiens*, wiederum der letzte Überlebende. Wie wird also das Schicksal unserer Art in Zukunft aussehen?

— **Das „Schwiegermuttergift"**
Das in Deutschland 1944 von Gerhard Schrader
erfundene und in der Landwirtschaft eingesetzte
Biozid tötete nicht nur Insekten, sondern auch
Säugetiere. Auch Morde und Suizide mit E 605 sind
dokumentiert. Seit 2002 ist Parathion, wie es auch
genannt wird, in Deutschland verboten.

Eine weitere Menschart wird sich auf natürliche
Art und Weise nicht entwickeln. Alle Evolutionsbio-
logen schließen diese Möglichkeit aus. Hierzu müsste
eine Gruppe von Menschen über Hunderttausende
von Jahren oder länger von allen anderen isoliert sein
und sich genetisch soweit verändern, dass sie sich
nicht mehr mit den anderen paaren könnten. Möglich
könnte jedoch sein, dass die weiteren Fortschritte in

der Genetik und fallende gesetzliche Einschränkun-
gen irgendwann dazu führen, dass wir selbst unsere
Gene verändern. Ein gefährliches Experiment mit un-
gewissem Ausgang.

Aus der Sicht der Biologie wird es nur eine Zukunft geben: Wir werden aussterben. Wir sind eine
Art wie jede andere und es gibt keinen Grund anzu-
nehmen, dass wir eine Ausnahme sein sollten. Dann
wird der evolutionäre Zweig der Hominiden erlo-
schen sein. Die Frage ist nur wann?

Genau wie das Individuum nicht den Zeitpunkt
seines Todes weiß, kann man ihn auch nicht für eine
ganze Art vorhersehen. Doch wir haben Anhalts-
punkte. Auswertungen von Fossilien ergaben, dass
wirbellose Arten durchschnittlich 11 Millionen Jahre
existieren. Säugetiere wie wir dagegen im Schnitt nur
1 Million Jahre.[21] Individuell gibt es natürlich große
Abweichungen vom Durchschnitt. So auch bei uns
Hominiden. Von unserem direkten Vorfahr *Homo
erectus* wissen wir, dass er etwa 2 Millionen Jahre existierte. Den Neandertaler gab es, selbst bei optimistischer Interpretation der Fossilienfunde, lediglich
250 000 Jahre. Wir haben ihn mit unseren etwa
300 000 Jahren schon überholt und können optimistisch in die Zukunft schauen. Noch nie hatte eine Art
derlei Fähigkeiten. Unsere Population ist groß und
unser Verbreitungsgebiet erstreckt sich über die ganze
Erde. Wir können in allen Klimazonen aufgrund unserer Technologien existieren. Wir können sogar den
Weltraum überwachen und gefährliche Asteroiden
rechtzeitig erkennen. Ein Experiment, um die von ihrer gefährlichen Umlaufbahn abzubringen, brachten
wir 2022 erfolgreich hinter uns. Die NASA ließen die
Sonde DART mit einem Asteroiden kollidieren und
brachten ihn vom Kurs ab. Ein Schicksal, wie es die
Dinosaurier vor 66 Millionen Jahren ereilt hat, können wir womöglich vermeiden. Was also soll uns ge-
fährden?

Die größte Gefahr für uns sind wir selbst. Immerhin haben wir die Fähigkeit, uns selbst zu vernichten.
Der Ukrainekrieg und die atomaren Drohungen Russlands führten uns die Gefahr wieder einmal vor Au-

gen. Ein Atomkrieg hat das Potential, unsere Art und ein Großteil aller anderen Arten zu vernichten. Das 6. große Massenaussterbeereignis der Erdgeschichte wäre Realität. Das Anthropozän würde in diesem Falle so enden, wie es angefangen hat: Mit der Atombombe und deren Spuren in der Geologie der Erde.

Doch wir wollen nicht mit dem Allerschlimmsten rechnen. Bleiben die Bedrohungen durch den menschengemachten Klimawandel und das Artensterben. Beim Klimawandel, so habe ich es auch in meinem Vorwort ausgeführt, sieht unsere Zukunft nach den neuesten Prognosen optimistischer als noch vor

### — Ideologie versus Biologie

Der chinesische Journalist D. Qing: *„Mao wusste nichts über Tiere. Er wollte seinen Plan nicht diskutieren und er hörte auch nicht auf Experten."*

5–10 Jahren aus. Das heißt nicht, dass es einfach wird. Unsere ökologische Nische in den Tropen könnte sich verkleinern. Hitzewellen könnten das Leben in manchen Regionen unmöglich machen. Bei hoher Luftfeuchtigkeit versagt ab etwa 35 Grad unser körpereigenes Kühlsystem. Schwitzen würde uns nicht mehr vor Überhitzung schützen. Überhitzung wiederum kann zum Kreislaufkollaps und zum Tode führen.

Temperaturen wie 2022 in Pakistan gemessen bei hoher Luftfeuchtigkeit könnten in Zukunft häufiger und länger auftreten. Wir werden mehr Extremwetterereignisse wie Trockenheit usw. erleben. Schwere ökonomische, gesundheitliche und Ernährungsprobleme werden bewältigt werden müssen. Aber all diese Folgen haben nicht das Potential, unsere Art auszulöschen.

Die größte Gefahr für uns ist das Artensterben. Es ist unsere biologische Atombombe. Harald Lesch in seiner Sendung im ZDF über dieses Thema: *„Den Klimawandel in Europa werden wir wohl überleben. Das Artensterben nicht."* Es gibt vier große Organismengruppen, von denen wir direkt abhängen: Die Pflanzen, insbesondere jene, die uns und und unseren Nutztieren als Nahrung dienen. Die Pilze, die wiederum unverzichtbar für die Pflanzen sind. Die Insekten, die etwa 80 % dieser Pflanzen bestäuben und die ohne sie nicht existieren könnten. Die letzte Gruppe sind die Bakterien in unserem Darm. Ohne die Bakterien würden wir sterben oder im besten Fall dahinvegetieren. Alles was diesen Gruppen schadet, bedeutet auch eine große Gefahr für uns. Die Gefahren sind dabei vielfältig und komplex. Die Natur besteht aus sich gegenseitig beeinflussenden und vielfach miteinander vernetzten Akteuren. Ein Experiment aus der Geschichte sollte uns diesbezüglich eine große Warnung sein:

Um den Rückstand zu den westlichen Ländern aufzuholen, beschloss die chinesische Regierung Ende der 1950er Jahre unter Führung von Mao Zedong diverse Maßnahmen, die „Großer Sprung nach vorn" genannt wurden. Ein Teil der Maßnahmen bezog sich auch auf die Landwirtschaft. Um die Produktion von Nahrungsmitteln zu steigern, begann 1958 der Startschuss zur „Ausrottung der vier Plagen". Gemeint waren die als Schädlinge angesehenen Ratten, Stechmücken, Fliegen und Spatzen. Bei den Spatzen gelang die lokale Ausrottung, weshalb die Maßnahme heute auch „Kampagne zur Erschlagung der Spatzen"[22] genannt wird.

In einer beispiellosen Aktion, an der sich die ganze Bevölkerung aller Altersgruppen beteiligte, wurden Milliarden von Spatzen und zahlreiche andere Vogelarten innerhalb weniger Tage getötet. Das eigentliche Ziel, die landwirtschaftliche Produktion zu steigern, wurde jedoch nicht nur verfehlt, die Produktion sank erheblich. Zwar fraßen jetzt die Vögel keine Körner mehr von den Feldern, aber dafür vermehrten sich die Insekten, insbesondere die Heuschrecken, da ihre natürlichen Feinde, die Vögel, fehlten.

Sie sorgten für viel größere Schäden als die Vögel jemals angerichtet hatten. Die Kampagne „Großer Sprung nach vorn" endete in der Gesamtheit ihrer Maßnahmen in der schlimmsten Hungersnot der Geschichte. Die geschätzten Opferzahlen liegen zwischen 15 und 55 Millionen. 1961 wurde die Kampagne abgebrochen. China importierte Spatzen aus der damaligen Sowjetunion und versuchte neue Populationen aufzubauen. Die Insekten wurden mit massivem Einsatz von Pestiziden bekämpft. Mit dem Erfolg, dass auch die Bienen ausstarben. Noch heute haben sich in der Provinz Sichuan weder die Spatzenpopulationen noch die Bienenpopulationen erholt. Die Obstbäume werden mit der Hand bestäubt.

### DAS 6. STERBEN?

Seit dem Kambrium (541–485,4 Millionen Jahre) zählten Paläontologen fünf große und viele kleinere Massenaussterbeereignisse. Schnelle Erderwärmungen von bis zu 10 Grad spielten fast immer eine Rolle. Die Ausnahme: Der Meteorit aus dem All vor 66 Millionen Jahren, der unter anderem die Dinosaurier auslöschte. Doch Aussterbeereignisse gab es auch schon vorher. Einmal vor etwa 2,4 Milliarden Jahren spielten sogar Lebewesen eine Rolle. Vorfahren der heutigen Cyanobakteria hatten die Photosynthese entwickelt

**Einen Krieg gegen die Natur können wir nicht gewinnen, denn er ist immer auch ein Krieg gegen uns selbst.**

und erzeugten über Millionen von Jahren Sauerstoff. Dieser war für die meisten der damals existierenden anaeroben Lebewesen giftig, und als sich die Atmosphäre damit anreicherte, starben sie aus. Das Ereignis ging als die große Sauerstoffkatastrophe in die Erdgeschichte ein. Falls durch unser Handeln das 6. Massenaussterben stattfinden sollte, dann wären wir das zweite Lebewesen, dass für eine solche Katastrophe verantwortlich wäre.

Dass Arten aussterben ist eine recht neue Erkenntnis. Noch vor 200 Jahren glaubte man, dass die Erde und ihre Bewohner von Gott geschaffen und unveränderbar seien. Die Welt im ursprünglichen und göttlichen Zustand. Heute wissen wir, dass Aussterben ein völlig normaler Vorgang ist. Arten passen sich an, entstehen neu oder sterben aus. Der Tod ist einer der Triebkräfte der Evolution.

Der Prozess des natürlichen Aussterbens wird Hintergrundaussterben genannt. Anhand von Meeresfossilien ermittelten Wissenschaftler eine natürliche Aussterberate von etwa 1–10 Arten pro Jahr, wenn wir von etwa 10 Millionen existierenden Arten ausgehen.

Als Basis der Aussterberate von 1–10 dienen häufige Fossilien, darunter viele Leitfossilien. Diese existierten in gigantischen Populationen und waren evolutionär besonders erfolgreiche Gruppen. Aufgrund des höheren Risikos kann man annehmen, dass auch in der Vergangenheit endemische Arten mit kleinen Populationen häufiger ausgestorben sind. Diese dürften aber seltener im Fossilienbericht auftauchen. Es liegt deshalb im Bereich des Möglichen, dass die normale Hintergrundaussterberate in Wirklichkeit höher liegt.

Aber lassen wir diesen Faktor mal außer Acht und gehen von einer Hintergrund-Aussterberate von 1–10 Arten pro Jahr aus. Oft wird kommuniziert, die heutige durch uns Menschen verursachte Aussterberate läge um das 100- vielleicht sogar um das 1000-fache höher als die Hintergrundaussterberate. Das würde bedeuten, dass wir minimal 100–1000 Arten oder maximal 1000–10 000 pro Jahr verlieren würden. Es ist offensichtlich, dass die Abweichungen extrem sind,

**— Vogelkiller**
Seit die Braune Nachtbaumnatter (*Boiga irregularis*)
in den 1950er Jahren durch den Menschen auf der
Pazifikinsel Guam eingeschleppt wurde, hat sie schon
10 Vogelarten ausgerottet.

und je nach Rechenmodel erhalten wir relativ geringe
oder absolut besorgniserregende Zahlen. Die verfügbaren Daten zur Hintergrundaussterberate sind einfach zu ungenau, als dass sie sich zum Vergleich mit
der heutigen Situation eignen würden.

Gelegentlich wird auch die Zahl von 150 ausster-
benden Arten pro Tag als Schätzung genannt. Das
würde bedeuten, dass in 10 Jahren schon mehr als eine
halbe Million Arten ausgestorben und in 100 Jahren
die Erde ein Planet ohne Leben wäre. Das ist offensichtlich Unsinn.

Konkrete Zahlen finden wir auf der Webseite der
IUCN. Hier wird auch die Liste der seit dem Jahre
1500 ausgestorbenen Tiere und Pflanzen regelmäßig
aktualisiert. Mit Datum vom 22.3.2023 befanden sich
auf dieser Liste 918 ausgestorbene Pflanzen- und Tierarten inkl. des Datums, an dem sie als ausgestorben
festgehalten wurden. Eine traurige Liste, denn jede
dieser Pflanzen und jedes Tier wird unwiederbringlich
verloren sein. Doch die Zahl von 918 ausgestorbenen
Lebewesen seit 1500 n. Chr. passt nicht im Geringsten

**Haupt-
grund für
das
bisherige
Artenster-
ben ist
nicht der
Klima-
wandel,
sondern
die
Vernich-
tung von
Lebens-
räumen,
Fischerei
und Jagd,
industrielle
Landwirt-
schaft und
invasive
Arten.**

mit den Schätzungen zur Hintergrundaussterberate
zusammen. Das würde bedeuten, dass im Schnitt seitdem nur knapp zwei Arten pro Jahr ausgestorben sind.
Sie werden deshalb auch als viel zu niedrig und kon-
servativ kritisiert. Zu Recht, denn mit Sicherheit existiert noch eine hohe Dunkelziffer. Arten starben und
sterben aus, bevor wir sie entdeckt haben. Zudem
kann man über die Bewertung des Status CR (vom
Aussterben bedroht) und EN (stark gefährdet) treff-
lich streiten. Viele Wissenschaftler gehen davon aus,
dass Arten mit diesem Status schon ausgestorben oder
nicht mehr zu retten sind.

Wie kann man jetzt all diese doch verwirrenden
Zahlen zum Thema Aussterben interpretieren? Zunächst einmal bleibt ein ungutes Gefühl. Dass wir im
Moment zu diesem überlebenswichtigen Thema so
wenig Greifbares in der Hand haben, trägt nicht gerade zur Beruhigung bei. Wissen wir doch definitiv: Seit
unserem Erscheinen auf der evolutionären Bühne des
Lebens starben viele Arten als Folge unserer Handlun-
gen aus. Populationen wurden nachweislich erheblich
dezimiert. Ebenso die Vielfalt der Ökosysteme. Aus
diesen Daten kann man durchaus für die Zukunft
hohe Aussterberaten prognostizieren.

**— Verlorenes Vogelparadies**
131 endemische Vogelarten lebten vor der Ankunft
der Menschen auf Hawaii. 48 überlebten die Ankunft
der Polynesier vor etwa 2000 Jahren nicht. 23 nicht
die Ankunft der ersten Europäer 1778. 2016 starb auch
der Oahu àkialoa (*Akialoa ellisiana*) aus.

**— Fluch der Karibik**
Der Pazifische Rotfeuerfisch *(Pterois volitans)*
profitiert von der aktuellen Entwicklung.
Ursprünglich nur im tropischen Pazifik heimisch,
gelangte er aus Aquarienbeständen in die Karibik.
Die invasive Art hat in ihrem neuen Verbreitungsgebiet keine Feinde, vermehrt sich prächtig und
bedroht als Raubfisch die karibische Artenvielfalt. Durch den Suezkanal gelangt sie inzwischen
auch ins Mittelmeer und kann dort aufgrund
des wärmeren Klimas auch überleben. Mit
ähnlichen fatalen Folgen für die dortige Fauna.

**— Arche Noah Zoo**
Der Charco-Azul-Wüstenkärpfling (*Cyprinodon veronicae*) lebte in wenigen Süßwasserquellteichen in Mexiko. Diese trockneten in den 1990er Jahren aus. Seitdem existieren Exemplare nur noch in diversen Aquarien und werden dort gezüchtet. Auch im Aquarium Berlin.

Doch es gibt auch positive Hinweise, zumindest bei den Zahlen der IUCN. Es fällt auf, dass die meisten der 918 ausgestorbenen Arten vom 17. bis Ende des 20. Jahrhunderts ausstarben. Danach dünnt sich die Liste aus. Haben wir womöglich den Höhepunkt der Aussterbewelle überschritten?

Einiges spricht dafür. Alle Inseln und Kontinente der Welt sind inzwischen von uns besiedelt. Der Austausch von Arten in Folge der Globalisierung kann kaum noch gesteigert werden. Man versucht inzwischen das Eindringen von Neozoten zu verhindern und sie in Gebieten, in denen sie Fuß gefasst haben, zu bekämpfen. Ein Großteil der ausgestorbenen Arten war endemisch, lebte in kleinen Verbreitungsgebieten. Unser Wissen über die Zusammenhänge, das Funktionieren der Ökosysteme und über die Notwendigkeit des Schutzes der Biodiversität haben erheblich zugenommen. Das wird sich auf den Schutz der Arten in der Zukunft auswirken und wir werden uns mit dem Thema im Kapitel „Bewahrte Wildnis" genauer beschäftigen. Man kann sogar die Behauptung wagen, dass ein Ereignis wie das fast vollständige Ausrotten

des amerikanischen Bisons oder der Wandertaube sich heute so nicht mehr wiederholen könnte. Also doch kein 6. Massenaussterben? Es hängt wirklich von uns ab und es ist kein unabwendbares Schicksal. Noch besteht auf der Erde eine ungeheure Vielfalt an Ökosystemen und Arten. Noch immer haben wir ein Vielfaches mehr zu erhalten, als wir bisher verloren haben. Und es ist machbar. Die Konzepte liegen alle in der Schublade.

Und noch eine wichtige Erkenntnis: Bis auf wenige Ausnahmen wie die Mosaikschwanzratte *(Melomys rubicola)* wurden die ausgestorbenen Arten keine Opfer des Klimawandels. Der Klimawandel wird eine zukünftige Bedrohung darstellen. Auch hier eine gute Nachricht: Viele Indizien, wie ich noch ausführen werde, weisen darauf hin, dass zahlreiche Tier- und Pflanzenarten, insbesondere in den terrestrischen Ökosystemen, besser mit dem Klimawandel zurechtkommen werden als gemeinhin angenommen.

Anders sieht leider die Situation in den Ozeanen aus. Ausgerechnet im sogenannten „kühlen Nass" könnte der Klimawandel zum ersten großen Aussterbeereignis führen. Über die Ozeane der Zukunft geht es im nächsten Kapitel.

**— Ertrunken und verhungert**
Die Bramble-Cay-Mosaikschwanzratte (*Melomys rubicola*) ist die erste Säugetierart, die Opfer des Klimawandels wurde. Endemisch auf einer kleinen Koralleninsel in Australien beheimatet, machte der steigende Meeresspiegel ihre Insel unbewohnbar.

**1** Männchen werden sogar nur 8 mm groß.

**2** Jones, Steve: Wie der Wal zur Flosse kam – Ein neuer Blick auf den Ursprung der Arten, Deutscher Taschenbuch Verlag, 2002, Seite 375

**3** Benítez-López, A., Santini, L., Gallego-Zamorano, J.et al. The island rule explains consistent patterns of body size evolution in terrestrial vertebrates. Nat Ecol Evol5, 768–786 (2021). https://doi.org/10.1038/s41559-021-01426-y, nature ecology & evolution, 15 April 2021

**4** Virginie Millien: Morphological Evolution Is Accelerated among Island Mammals. PLOS Biology 4(11): e384, September 12, 2006, PLOSBIOLOGY

**5** Jones, Steve: Wie der Wal zur Flosse kam – Ein neuer Blick auf den Ursprung der Arten, Deutscher Taschenbuch Verlag, 2002, Seite 375

**6** Endemism increases species' climate change risk in areas of global biodiversity importance. Stella Manes a, Mark J. Costello b j, Heath Beckett c, Anindita Debnath d, Eleanor Devenish-Nelson e k, Kerry-Anne Grey c, Rhosanra Jenkins f, Tasnuva Ming Khan g, Wolfgang Kiessling g, Cristina Krause g, Shobha S. Maharaj h, Guy F. Midgley c, Jeff Price f, Gautam Talukdar d, Mariana M. Vale i, Biological Conversation, Volume 257, May 2021, 109070

**7** https://www.iucnredlist.org/en

**8** Ich betrachte hier die Geschichte der Menschheit im Superzeitraffer und nur auf das Thema der invasiven Art bezogen. Wer sich mit dem spannenden Thema intensiver auseinandersetzen möchte, dem sei u. a. von Y. N. Harari „Eine kurze Geschichte der Menschheit" empfohlen.

**9** „Das ist Evolution", Ernst Mayr, Seite 316

**10** Max-Planck-Gesellschaft für evolutionäre Anthropologie in Leipzig „Nobelpreis 2022 für Svante Pääbo" https://www.mpg.de/19316167/nobelpreis-fuer-svante-paeaebo?c=11968413

**11** Pleistocene extinctions; the search for a cause; Martin, Paul S. (Paul Schultz), 1928- ed; Wright, H. E. (Herbert Edgar), 1917- ed; National Research Council (U.S.); 1967, New Haven, Yale University Press

**12** LN Report / 06 May 2019

**13** Welche Tiere zur Megafauna gehören, ist nicht wirklich genau definiert. Gemeint sind in der Regel recht große und schwere Tiere mit mindestens 100 bis zu weit über 1000 Kilogramm.

**14** Late Quaternary dynamics of Arctic biota from ancient environmental genomics, Yucheng Wang u.a., Nature, published: 20 October 2021, https://www.nature.com/articles/s41586-021-04016-x#auth-Yucheng-Wang

**15** Kolumbus' Erbe: Wie Menschen, Tiere, Pflanzen die Ozeane überquerten und die Welt von heute schufen, Charles C. Mann, Hainer Kober, Kindle Ausgabe Position 6, Rowohlt Verlag GmbH; 1. Edition (20. September 2013)

**16** https://de.wikipedia.org/wiki/100_of_the_World's_Worst_Invasive_Alien_Species

**17** „Eaten by China" als Abwandlung zu „Made in China" ist ein Slogan, den chinesische Tierschützer benutzen, um auf das Artensterben durch traditionelle Gerichte und Aberglauben aufmerksam zu machen.

**18** Siedlerimperialismus und Rassismus: Landnahme, Besiedlung des Westens und Urbanisierung, 1860–1900; © 2019 M. Michaela Hampf, publiziert von De Gruyter. Dieses Werk ist lizenziert unter der Creative Commons Attribution-NonCommercial-NoDerivatives 4.0. https://doi.org/10.1515/9783110657746-006, Seite 211

**19** In Deutschland zum Beispiel seit 1977

**20** Humans are driving one million species to extinction – Landmark United Nations-backed report finds that agriculture is one of the biggest threats to Earth's ecosystems; Jeff Tollefson, Nature 06 May 2019, Nature 569, 06 May 2019, doi: https://doi.org/10.1038/d41586-019-01448-4

**21** Lawton, John H.; May, Robert McCredie (1995-01-01). Extinction Rates. Oxford University Press. ISBN 9780198548294

**22** Im 18. und 19. Jahrhundert gab es auch in Europa Ausrottungsversuche an Sperlingen, die als Schädlinge galten. Es gab Kopfgelder und Tötungsquoten. Die Maßnahmen waren genau so ein Misserfolg wie später in China.

# VOM MEER

71 % der Erdoberfläche bedecken die Ozeane. Die Tiefsee ist die größte Wildnis der Erde.

**Zu warm und zu sauer. Empfindlich und robust. Tief und unbekannt. Plastikwelten.**

**— Klimaschützer**

Dieser große Blauwal (*Balaenoptera musculus*) wird nach seinem Tod den Lebewesen der Tiefsee nicht nur bis zu 200 Tonnen Futter liefern. Er wird auch mindestens 30 Tonnen $CO_2$ mit hinabnehmen und der Atmosphäre entziehen. Zum Vergleich: Würde ein Baum etwa 500 Jahre leben, würde er durchschnittlich etwa 11 Tonnen $CO_2$ speichern.[23]

## K WIE KIPPPUNKT UND KORALLEN

Neonblaue Riffbarsche tummeln sich zwischen prachtvollen Hart- und Weichkorallen. Bunte Lipp-, Kaiser- und Falterfische erfreuen das Auge. In der Ferne können wir sogar ein paar graue Riffhaie erspähen. Für mich ein wunderschöner, aber kein außergewöhnlicher Tauchgang. Nicht dagegen für meinen Begleiter. Kaum aufgetaucht, reißt sich der österreichische Meeresbiologe Pierre Madl den Atemregler aus dem Mund, grinste übers ganze Gesicht und macht seiner Freude mit einem weit hörbaren *„Whoooowww!"* Luft. *„Was ist los? Habe ich was versäumt?"*, frage ich. *„Das*

*Riff hat sich fast vollständig von den Schäden des letzten El Niño erholt!!!"* Ein wundervolles Ergebnis unseres Reefchecks auf den Seychellen im Jahre 2009. Etwa 10 Jahre brauchen Korallenriffe, um sich von Schäden jeder Art zu regenerieren. Unser Riff hatte 11 Jahre Zeit, sich vom „Jahrhundert-El-Niño" von 1997/98 zu erholen. Dieser El Niño hatte weltweit großflächige Korallenbleichen verursacht. Die Riffe der Seychellen traf es besonders hart. Stellenweise bleichten und starben hier 90 % aller Korallen. Das Riff im Ternay Marine National Park vor der Insel Mahé war damals keine Ausnahme, nun hatte es sich erholt.

— **Frust, Hoffnung, Frust**

Das Korallenriff im Ternay Marine National Park starb 1997/89 fast vollständig ab. Erholte sich bis 2009 komplett und wurde 2016 erneut Opfer der Korallenbleiche. Fotografiert 2016 vom Meeresbiologen Christophe Mason-Parker für die Fotoausstellung der Weltkorallenriffkonferenz ICRS 2022 im Haus der Wissenschaft in Bremen.

— **Das bunte Sterben**

Hitzestress kann bei einigen Steinkorallenarten als Schutzmechanismus Fluoreszenz[24] auslösen. Die Korallen strahlen dann in grellen Neonfarben. Bleiben die Wassertemperaturen weiterhin hoch, versagt auch diese Maßnahme. Das Gewebe inklusive der fluoreszierenden Farbpigmente löst sich ab und die Korallen sterben. Diese Aufnahme entstand bei den Dreharbeiten zu der sehenswerten Dokumentation „Chasing Coral" 2016 in Neukaledonien.

Aber nicht überall gelang die Erholung. Nur wenige Kilometer entfernt bei der winzigen Insel Saint-Pierre bietet sich uns immer noch ein trostloses Bild. Nur tote Korallenreste, soweit das Auge reichte. Selbst robuste Erstbesiedler wie die zur Familie *Pocilloporidae* gehörenden Korallen scheinen das zerstörte Riff zu meiden. Ganze fünf kleine Stöcke siedeln auf den toten Korallen. Die Artenvielfalt an Rifffischen und Wirbellosen beträgt nur einen winzigen Bruchteil dessen, was wir im erholten Riff im Ternay National-park gesehen haben.

Doch auch diese Erholung währte nicht lange. Der Meeresbiologe Christophe Mason-Parker, der auf den Seychellen arbeitet, sendete mir 2018 eine E-Mail und ein Foto vom Ternay Nationalpark mit folgendem Text: *„Unglücklicherweise überlebten 95 % der Acropora Kolonien des Parks das weltweite Korallenbleichen von 2016 nicht."*

Im etwa 10 500 Kilometer entfernten Australien ist die Situation noch dramatischer. Der Meeresbiologe Terry Hughes 2020 über die Folgen der dritten Bleiche im Großen Barriere Riff in kurzer Folge (die beiden vorhergehenden fanden 2016 und 2017 statt): *„Wir haben gerade zwei Wochen damit verbracht, das Great Barrier Reef zu untersuchen. Was wir sahen, war eine absolute Tragödie."*[1] Innerhalb von nur drei Jahren hat das Große Barriere Riff etwa 30 % seiner riffbildenden Korallen verloren.

Wird so die Zukunft der tropischen Korallenriffe aussehen? Zyklisches Ausbleichen und Erholen bis die

Hitzewellen so häufig auftreten, dass die Zeit zum Regenerieren nicht mehr ausreicht und die Ökosysteme der Korallenriffe bis spätestens Ende des Jahrhunderts verschwunden sind? Gelingt die Rettung der Korallenriffe nicht, würden wir das erste große, direkt durch den Klimawandel verursachte Massenaussterben erleben. In den Korallenriffen leben etwa 30 % aller Fischarten der Ozeane und ein ähnlich hoher Prozentsatz an Wirbellosen. All diese Arten sind so eng mit der Existenz eines funktionierenden Korallenriffes verknüpft, dass ein Großteil mit den Steinkorallen aussterben würde.

Zahlreiche wissenschaftliche Studien sagen genau dieses Szenario voraus und definieren für die tropischen Korallenriffe weltweit 1,5 Grad Erderwärmung als Kipppunkt.[2] Aktuell liegen noch etwa 84 % aller Korallenriffe in Regionen, die durch starke Strömungen, aufsteigendes kälteres Tiefenwasser oder tiefem Wuchs klimatische Bedingungen bieten, dass sie zwischen den Bleichereignissen mehr als 10 Jahre Zeit zum Erholen haben. Bei 1,5 Grad schrumpfen die 84 % auf 0,2 % und bei 2 Grad auf 0 % zusammen. Prof. Dr. Christian Wild[3], Leiter der Abteilung Marine Ökologie der Universität Bremen und Vorsitzender der beiden großen Weltkorallenriffkonferenzen, dem 14. ICRS 2021 Virtual und dem 15. ICRS 2022 Bremen: *„Wir befinden uns mitten in einer weltweiten und bedrohlichen Korallenriffkrise."* Und er weist uns auf ein weiteres Problem hin: *„Die Erwärmung, die die gefürchtete Korallenbleiche auslöst, ist nicht das einzige Problem. Der Ausstoß von $CO_2$ und anderen Treibhausgasen führt zur Ansäuerung des Meerwassers, was die Bildung von Riffstrukturen aus Kalk durch Steinkorallen stark erschwert."* Es besteht dringender Handlungsbedarf, um die Korallenriffe zu retten.

Prof. Dr. Christian Wild: *„Neben dem wissenschaftlichen Austausch auf den Konferenzen war deshalb die Erarbeitung eines lösungsorientierten Strategiepapieres zur Riffkrise von großer Bedeutung."* Es wurde von einem internationalen Wissenschaftlerteam und der Internationalen Korallenriffgesellschaft erarbeitet und auf den Weltkorallenriffkonferenzen in Bremen

**Das kommende „Jahrzehnt bietet wahrscheinlich die letzte Chance", die „Entwicklung der Korallenriffe von einem weltweiten Zusammenbruch hin zu einer langsamen, aber stetigen, Erholung zu verändern."[25]**

der Öffentlichkeit vorgestellt. Es richtet sich an Entscheidungträger aus Politik, Wirtschaft und Zivilgesellschaft. Es bietet eine klare Bestandsaufnahme der weltweiten Situation und zeigt Lösungsmöglichkeiten auf. Im Wesentlichen stehen drei Maßnahmen im Mittelpunkt von „REBUILDING CORAL REEFS, *A Decadal Grand Challenge*"[4]: 1. Verringerung der globalen Bedrohungen durch den Klimawandel. 2. Vermeidung von lokalen Stressfaktoren. 3. Aktive Wiederherstellung von Korallenriffen, unter anderem mit Hilfe von Aufforstungsmaßnahmen, wenn möglich mit besonders wärmeresistenten Arten.

Der Klimawandel wird am schwierigsten zu lösen sein, und alles deutete darauf hin, dass der Kipppunkt von 1,5 Grad leider überschritten wird. Besser stehen die Chancen bei den lokalen Stressfaktoren. Die weitaus meisten Korallenriffe sind direkter menschlicher Beeinflussung wie Baumaßnahmen, Verschmutzung

— **Tote Karibik**

In der Karibik sind in den letzten 40 Jahren 80 % der Korallenbestände durch menschliche Einflüsse verloren gegangen. Der Klimawandel spielte dabei kaum eine Rolle. Tote Riffwand aus Geweihkorallen. August 2016. Karibik, Amerikanische Jungferninseln, Buck Island Reef.

**— Einmal im Jahr**
Wenn die Korallen laichen, herrscht bei den Teams von SECORE International Hochbetrieb. Mit speziellen Netzen und Auffangbehältern sammeln sie Eier- und Samenpakete. Diese werden im Labor gemischt, um die Befruchtung zu gewährleisten. Sind die Korallenlarven geschlüpft, wachsen sie auf speziellen Siedlungselementen unter geschützten Bedingungen heran. Sind sie groß genug, werden sie zur Aufforstung von Riffen wieder an geeigneten Plätzen im Meer angesiedelt.

oder Überfischung ausgesetzt. Dies kann zum Absterben der Riffe führen und schwächt die Widerstandsfähigkeit der Korallenriffe gegen den Klimawandel. Aber es betrifft im Gegensatz zur Lösung der $CO_2$-Emissionen nur wenige lokale Akteure, die leichter von Schutzmaßnahmen zu überzeugen sind. Die Aufforstung von Riffen wiederrum kann auch nur einen Teil der Folgen des Riffsterbens abmildern.

Dies ist auch die Sichtweise von Dr. Carin Jantzen und Dr. Dirk Petersen von SECORE International. Sie haben erfolgreiche Methoden zur Aufforstung von Riffen entwickelt, die auf der sexuellen Fortpflanzung von Korallen basieren, um die genetische Vielfalt zu erhalten. Dr. Dirk Petersen: *„Ich bin optimistisch, dass Korallenriffe zumindest einen abgemilderten Klimawandel überleben können. Die Riffe der Zukunft werden jedoch anders aussehen, weniger artenreich."* Und er führt weiter aus: *„Sie werden Wäldern in Deutschland und anderen westlichen Ländern sehr ähnlich*

**Studien über fossile und aktuelle Riffe legen nahe: Die Ökosysteme der Korallenriffe wandern in die kühleren Gewässer der Subtropen.**

*sein. So wird es kaum noch ursprüngliche Riffe geben, sondern vor allem in bevölkerungsstarken Küstenregionen „Kultur-Riffe", die ähnlich wie unsere Wälder ihre ökologische und wirtschaftliche Funktion ausüben und beständig kultiviert werden."* Das Korallenriff als Kulturlandschaft.

Mit Sicherheit werden wir dieses Szenario erleben, und zukünftigen Generationen werden ursprüngliche, „wilde" Riffe vielleicht nicht mehr vertraut sein. So wie wir heute durch unseren geliebten Wald laufen, der durch und durch eine Kulturlandschaft ist, uns jedoch natürlich vorkommt, so schnorchelt man in Zukunft in gepflegten Korallengärten.

Dies wäre eine mögliche Zukunftsversion. Eine andere bietet ein Blick in die Vergangenheit. Eine sehr interessante Studie, an der der Paläontologe Wolfgang Kiesling[5] federführend beteiligt war, untersuchte die Entwicklung der Korallenriffe während der Eem-Warmzeit vor 126 000–115 000 Jahren. In dieser Zwischeneiszeit erreichten die Temperaturen höhere Werte als heute. Auch der Meeresspiegel lag etwa sechs bis neun Meter höher. Die Spuren dieses hohen Meeresspiegels sind in Form fossiler Korallen an der Küste des Roten Meeres und der Karibik in Stein gemeißelt. Während dieser Zeit nahmen die Riffe in Äquatornähe stark ab, während sie vor allem im Norden in kühleren Regionen zunahmen. Auch heute können wir in der Tat eine Wanderung der Korallen als Überlebensstrategie in Richtung der Pole beobachten. Am südöstlichen Ende der Bucht von Tokyo in den Gewässern um das Fischerdorf Kyonan kann man heute beim Tauchen Steinkorallen und die mit ihnen eingewanderten tropischen Fischarten Rotfeuerfische, Langnasenbüschelbarsche, Anemonenfische und andere Arten bewundern. Sehr zum Leidwesen der dortigen Fischer, denn ihre ehemaligen Brot- und Butterfische, die Abalonen und Sardinen, wanderten in den kühleren Norden ab. Weiter südlich in der Tatsukushi-Bucht auf der Insel Shikoku befindet sich inzwischen ein Korallenriff auf fast 33 Grad nördlicher Breite. In wenigen Jahren stieg der Bewuchs auf 60 % und 70 Arten an.

— **Hoffnung aus dem Roten Meer**

Im Roten Meer blieben katastrophale, großflächige Korallenbleichen
wie im Großen Barriere Riff bisher aus. Korallen sind aufgrund
der schon seit etwa 15 000 Jahren hohen Temperaturschwankungen
im Roten Meer viel besser an thermischen Stress angepasst als
die Steinkorallen im restlichen tropischen Pazifik. Diese bleichen
oft schon bei einer Überschreitung von 1–2 Grad.

Diese Entwicklungen sind keine Einzelfälle, wie eine großangelegte wissenschaftliche Studie[6] über fünf Kontinente, einem Zeitraum von etwa 40 Jahren und über 1200 Datensätzen nahelegt: Korallenriffe wandern in kühlere Regionen ab. Die Tropikalisierung der Subtropen ist in vollem Gang. Um 78 % haben die Ansiedlungen von Korallenlarven in den Subtropen zugenommen, während sie in den Tropen um 85 % sanken.

Die Migration kann jedoch nur in Regionen erfolgreich sein, in denen es warmen Süd-Nord oder Nord-Süd-Strömungen gibt. Für die tropischen Korallen und Fische im gesamten Süden Japans bis zur Bucht von Tokyo zeichnet der Kurishio-Strom verantwortlich, der Larven aus den zum artenreichen Korallendreieck gehörenden Philippinen nach Norden verdriftet.

In der Karibik wiederum erfüllt diese Funktion der Golfstrom, der karibische Elchhornkorallen an der Atlantikküste Richtung Norden bringt. Am Großen Barriere Riff in Australien wandern Korallen und Rifffische Richtung Sydney. Durch den Suezkanal wandern Arten ins östliche Mittelmeer.

Das macht Hoffnung, dass uns die ursprüngliche „Korallenwildnis" erhalten bleiben könnte, wenn auch an anderen Orten. Gut für die Korallen und Rifffische, aber oft problematisch für die dort ursprünglich vorhandenen Ökosysteme. Jagende Rotfeuerfische vor Zypern sind keine Bereicherung für die Fische des Mittelmeeres. Ganz im Gegenteil.

Auch die Größenordnung wird nicht die gleiche sein wie heute. In den Tropen werden wir mehr Korallenriffe verlieren, als in den kühleren Regionen entstehen werden.

Und noch etwas wird von großer Bedeutung sein: Dem negativen Effekt der Ansäuerung der Ozeane auf die Kalkbildung der Steinkorallen kann man nicht durch Flucht ins kühlere Wasser entgehen. Die Kalkbildung der Steinkorallen wird auch in der neuen Heimat erschwert sein. Für mehr als 100 Länder in den Tropen wird das Absterben und Abwandern der Korallenriffe fatale Folgen haben. Korallenriffe reduzieren die Energie der Wellen um 97 %, die durchschnittliche Wellenhöhe um 84 %. Korallenriffe sind der mit großem Abstand effektivste Küstenschutz, der sich zudem durch ständiges Wachstum immer wieder erneuert. Verschwinden die Korallen, können auch die Bewohner der flachen tropischen Küstenlandstriche und Inseln nicht mehr bleiben. Klingt ungewohnt, entspricht aber den Tatsachen. Steinkorallen brauchen uns nicht, aber wir brauchen die Steinkorallen.

## MEHR MEER

Die winzige Insel Gardi Sugdub gehört zur Inselkette der San-Blas-Inseln und liegt mitten im traumhaften Karibischen Meer von Panama. Etwa 1500 Menschen leben hier dicht an dicht und die Insel ist bis zum Rand bebaut. Um Land zu gewinnen, haben die Bewohner in der Vergangenheit Korallen aus dem Riff gebrochen und damit die Insel vergrößert. Dieser Raubbau rächt sich jetzt, denn das zerstörte Riff schützt nun nicht mehr vor den Wellen und dem steigenden Meerwasser. Nur noch 40 Zentimeter liegt die Insel aktuell über dem Meeresspiegel. Schon der kleinste Sturm treibt das Meerwasser in jede Hütte. Ganz zu schweigen von den immer häufigeren und heftigeren, vom Klimawandel angeheizten, Wirbelstürmen. Es geht einfach nichts mehr. Die Bewohner müssen auf das Festland

fliehen. Der Umzug ist in vollem Gange. Das Schicksal der Bewohner zeigt beispielhaft, was uns erwartet und wie große globale und kleine lokale Probleme zusammenwirken.

71 % der Erde werden aktuell von Ozeanen bedeckt. In Zukunft wird es mehr sein. Die Ozeane prägen nicht nur das Antlitz der Erde, sie enthalten auch 97 % des gesamten Wassers unseres Planeten. Lediglich 3 % des Wassers der Erde ist Süßwasser. Diese wenigen Prozente ermöglichen das Leben an Land und teilen sich wie folgt auf: Etwa 30 % lagert als Grundwasser unter der Erde, etwa 1,2 % befindet sich in den Gletschern, den Hochgebirgen, Flüssen, Sümpfen und Seen und als extrem winziger Prozentsatz in allen Lebewesen, und das, obwohl sie zwischen 60–90 % aus Wasser bestehen. Jetzt fehlen noch 68,7 % des Süßwassers der Erde. Wir finden es in Form von Eis an den Polen. 90% davon in der Antarktis und etwa 10% am Nordpol, überwiegend im Eisschild der größten Insel der Welt: Grönland. Dieses gefrorene Süßwasser schmilzt gerade in hohem Tempo und verschwindet in den Ozeanen.

Würde rein theoretisch das gesamte Eis der Arktis und Grönlands schmelzen, würde der Meeresspiegel um etwa 6 Meter steigen. Käme das Eis des riesigen Kontinents Antarktis dazu, stiege er noch einmal um 60 Meter. Dieser Fall wird aber nicht durch den von uns verursachten Klimawandel eintreten. Unsere Fähigkeiten, das Klima zu destabilisieren, sind zwar groß, aber das Känozoische Eiszeitalter, in dem wir aktuell leben, rückgängig und damit beide Pole eisfrei zu machen, übersteigt bei weitem unsere Möglichkeiten. Eisfrei dagegen werden in wenigen Jahrzehnten unsere Alpen bis zu einer Höhe von 4000 Meter sein. Es wäre nicht das erste Mal im Holozän. In der Warmzeit vor etwa 5900 Jahren gab es schon einmal fast gletscherfreie Alpen. Das wenige in den Gletschern gespeicherte Süßwasser wird aber keinen Einfluss auf den steigenden Meeresspiegel haben. Entscheidend ist die Frage: Wie viel Eis schmilzt durch den Klimawandel an den Polen und wie hoch wird der Meeresspiegel voraussichtlich deshalb steigen?

**Die Messungen an den Polen zeigen, dass der Temperaturanstieg durch den Klimawandel sich regional sehr unterschiedlich auswirken wird. Vorhersagemodelle müssen dies berücksichtigen.**

**— Profiteure**

Während alle kalkbildenden Arten die Verlierer der Ozeanversauerung sein werden, können andere profitieren. Höherer $CO_2$-Gehalt fördert das Wachstum von Seegras. Seegraswiesen sind auch Klimaschützer. Sie speichern Kohlenstoff 30–50 mal schneller als unsere Wälder an Land.

### 1 — Thermische Ausdehnung

Nicht nur schmelzendes Eis ist für den Meeresspiegelanstieg verantwortlich. Das Volumen von Wasser nimmt bei Erwärmung zu und kann bis zu 50% des Meeresspiegelanstieges ausmachen. Die Ausdehnung ist die Folge sinkender Anziehungskraft zwischen den Atomen des Wassers bei Erwärmung.

### 2 — Unbekannte Ökosysteme

Der Meeresboden unter dem Eis ist bisher weitgehend unerforscht. Dieses Foto wurde mit einer ferngesteuerten Kamera am McMurdo-Sund in der Antarktis gemacht und per Funk übertragen.

### 3 — Einmalige Chance

Am 26.2.2021 bricht in der Westantarktis ein Eisberg von der doppelten Größe Berlins vom Brunt-Schelfeis ab. Die „Polarstern" vom Alfred-Wegener-Institut war als einziges Forschungsschiff vor Ort. Der Abbruch gab den Blick auf den bisher unzugänglichen Meeresboden mit all seinen Lebewesen preis.

Um diese Frage zu beantworten, müssen wir uns noch einmal vor Augen führen, welches Eis es gibt. Im Großen können wir drei Eisarten unterscheiden. Das Meereis, das zum Beispiel das Nordpolarmeer bedeckt und unter dem sich der Nordpol befindet. Das Schelfeis, unter dem sich ebenfalls Meerwasser befindet, das aber mit dem Festland verbunden ist. Das Eis, dass sich auf einer Landmasse wie der Insel Grönland oder dem Kontinent Antarktis bildet. Eis auf Landmassen gilt als recht stabiles Eis, während Eis auf dem Meer anfälliger gegen Klimaerwärmung ist. Der Grund liegt darin, dass die Ozeane nicht nur $CO_2$ aus der Atmosphäre aufnehmen, sondern auch Wärme. Meeresströmungen transportieren dieses erwärmte Wasser an die Pole, wo sie unter den Eismassen wie eine Fußbodenheizung wirken. Hinzu kommt ein weiterer Effekt, der

## — Thermohaline Zirkulation

Das globale Förderband wird im Atlantik durch das Absinken des durch die Eisbildung kalten und salzreichen Wassers angetrieben. Diese kalte Tiefenströmung fließt über den Südatlantik in den Pazifik. Im Gegenzug bringt der Golfstrom warmes Wasser bis hoch in den europäischen Norden. Realistisch ist, dass es durch den Klimawandel zu einer Abschwächung, aber nicht zu einem Zusammenbruch kommt.

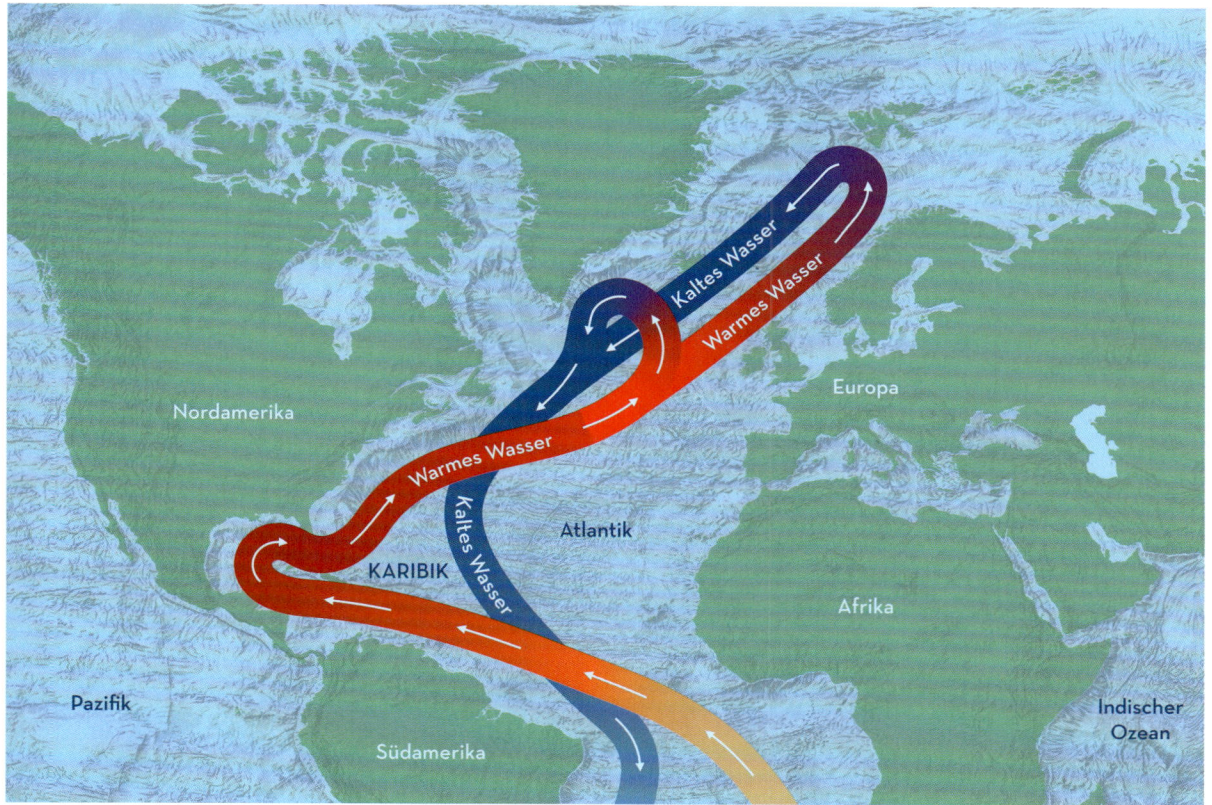

als „Polare Verstärkung" bezeichnet wird und zu der auch die Eis-Albedo-Rückkopplung gehört. Gemeint ist damit, dass normalerweise weiße Eis- oder Schneeflächen die Sonnenenergie bis zu 90 % reflektieren, während schnee- und eisfreie dunkle Flächen die Sonnenenergie aufnehmen und sich erwärmen. Da immer mehr Eis taut, nehmen die dunklen Flächen in der Arktis zu. In Folge stieg die Durchschnittstemperatur der Arktis in den letzten 50 Jahren um 3,1 Grad, während die Erderwärmung global durchschnittlich bei 1,1 Grad liegt. Sollten wir wirklich die durchschnittliche Erderwärmung erst bei 2,5 bis 3 Grad stoppen können, müssen wir an den Polen mit durchschnittlich 7,5 bis 10 Grad höheren Temperaturen rechnen. Was das bedeuten könnte, zeigten auch die 2020 gemessenen Temperaturrekorde. Auf 18 Grad plus stieg das Thermometer auf der antarktischen Halbinsel. In der Arktis wurden sogar 38 Grad gemessen. Die Meeresbiologin und Direktorin des Alfred-Wegner-Instituts Antje Boetius: *„Wir sind die erste Generation, die wahrscheinlich in der Arktis einen eisfreien Sommer erleben wird."*[7]

Gemäß dieser Situation beobachtet man im Moment vor allem die Abnahme des vom warmen Meerwasser unterspülten Meereises und des Schelfeises in der Arktis und Westantarktis. Die große und überwiegend auf Land befindliche Eismasse der Ostantarktis zeigt nach wie vor eine stabile Situation. Das Grönländische Eisschild dagegen nimmt ebenfalls ab. Wie viel wirklich bis zum Ende des Jahrhunderts abschmelzen wird, hängt davon ab, wie schnell wir jetzt die Klimawende schaffen. Wenn wir die Erderwärmung auf 2 bis 3 Grad begrenzen können, ist das wahrscheinlichste Szenario, dass die Arktis inklusive Grönland und die Westantarktis mindestens im Sommer eisfrei werden.

Der Weltklimarat (IPCC) geht in seinem letzten Zustandsbericht vom 4. April 2023[8] davon aus, dass der Meeresspiegel bei den günstigsten Szenarien zwischen 28–101 Zentimeter bis zum Jahr 2100 steigt. Er macht aber auch deutlich, dass auch mit einem Stopp der $CO_2$ Emissionen der Meeresspiegel weiter ansteigen wird. Die als Wärmespeicher agierenden

**Große Mengen an Eis verschwinden im Meer und mit ihnen die flachen Inseln der Ozeane und alle flachen Küstenzonen der Kontinente.**

— **Bedrohte Schönheit**
Die Tage des Mississippi-Deltas in Louisiana (USA) sind gezählt. Louisiana verliert etwa jede Stunde Land von der Größe eines Fußballfeldes, und aus dem südlichen Bundesstaat stammen die ersten Klimaflüchtlinge der USA. Neuere Studien zeigen, dass auch unter Wasser Erosion stattfindet. Der Meeresboden löst sich auf.

Ozeane geben die Wärme erst nach und nach wieder ab, sodass wir davon ausgehen müssen, dass der Meeresspiegel über Jahrhunderte bis Jahrtausende nur eine Richtung kennt: nach oben. Wir haben also was das Abschmelzen des Eises betrifft, schon längst einen Kipppunkt überschritten. Die Prognose lautet 2–3 Meter in den nächsten 2000 Jahren bei 1,5 Grad Erwärmung und 2–6 Meter bei 2 Grad Erwärmung. Die aktuellen Klimamodelle weisen also noch immer große Schwankungen auf, scheinen jedoch bei einem Blick in die Vergangenheit realistisch. Zwischen 1901 bis 1971 stieg der Meerspiegel im Durchschnitt um 1,3 mm und seit 1993 um 3,4 mm pro Jahr. Mit zunehmender Erwärmung steigt er also immer schneller. Von den schnellen Erwärmungen der Eem-Warmzeit vor etwa 126 000 – 115 000 Jahren und dem Beginn der aktuellen Warmzeit vor etwa 10 000 Jahren wissen wir, dass der Meeresspiegel um etwa 1,6 Meter pro Jahrhundert gestiegen ist. In der Eem-Warmzeit lag die durchschnittliche Temperatur 1–2 Grad höher als heute und der Meeresspiegel war 6–9 Meter höher.

Wie auch immer der Meeresspiegelanstieg im Detail aussehen wird, wir werden viele unserer heutigen Küstenlandschaften verlieren. Die Lebewesen an Land werden die Verlierer dieser Entwicklung sein. Dazu gehören auch wir. Insbesondere die Bevölkerung der ärmeren Länder in den Tropen, die am wenigsten zum Klimawandel beigetragen haben, werden die größten Verluste erleiden. Sie haben wenige finanzielle Möglichkeiten, um Küstenschutzmaßnahmen umzusetzen. Etwa 1 Milliarde Menschen leben in Küstennähe oder auf Inseln. Treffen wird es auch viele andere Lebewesen in den betroffenen Gebieten, denn die Konkurrenz um den schrumpfenden Platz an Land zwischen ihnen und uns wird zunehmen.

Der Landverlust wird nur ein Aspekt des Anstiegs des Meeresspiegels sein. Bedingt durch den Klimawandel nehmen die Wirbelstürme an Anzahl und Stärke zu. Sie werden auch an Orten schwere Lücken reißen, die ein gestiegener Meeresspiegel nicht hätte erreichen können. Wo sich heute Touristen am Strand in der Sonne bräunen, werden in Zukunft Fische, Wirbellose, Meeres-Mikroben und Algen leben. Das Gleiche gilt für viele Häuser in Strandnähe sowie für viele Metropolen. In Alexandria in Ägypten erreicht das Mittelmeer schon die Fassaden der ersten Hochhäuser. Der ehemalige Strand ist schon Vergangenheit. Schwer angeschlagen ist die Stadt New Orleans in der Nähe des Mississippi-Deltas.

Jakarta, die Hauptstadt Indonesiens, wird nicht mehr zu retten sein. Die 30-Millionen-Stadt sinkt ab, da sie auf sumpfigem Gelände gebaut wurde. Bedroht sind auch Ho-Chi-Minh-Stadt und Hanoi in Vietnam, Tianjin, Macau, Shenzhen in China, Bangkok in Thailand, Mumbai in Indien, Basra im Irak und trotz Küstenschutz auch die großen Städte Hollands, um einige große Metropolen und Gebiete zu nennen. Die Gestalt sämtlicher Flussdeltas der Erde wird sich verändern. Das niedrig gelegene Bangladesch könnte 25 % seines Landes an den Indischen Ozean verlieren. Überall schrumpft das Land und die Ozeane wachsen. Viele Landkarten müssen in naher Zukunft neu gezeichnet werden.

Unser blauer Planet wird noch blauer werden.

## VON ALGEN, GIGANTEN, WINZLINGEN, FROSTSCHUTZMITTELN UND METHUSALEMS

Zurück zu den Polen. Das Schmelzen des Eises bis Ende 2100 und darüber hinaus wird auch die Ökosysteme über und unter Wasser in der Arktis und Antarktis verändern. Doch welche Folgen werden diese Änderungen für das Leben unter Wasser in diesen Regionen haben?

— **Faszination Antarktis**
Die Antarktis existiert seit mindestens 20 Millionen Jahren und ist artenreicher als das 2 Millionen Jahre junge Nordpolarmeer. In der Antarktis leben viele endemische Arten wie zum Beispiel dieser Krokodileisfisch. Er ist das einzige Wirbeltier, das kein Hämoglobin besitzt, um Sauerstoff im Blut zu transportieren. Stattdessen wird der Sauerstoff im Blutplasma gespeichert. Extreme Lebensverhältnisse erfordern besondere Anpassungen.

Trotz Klimawandel sind der Arktische Ozean und das Südpolarmeer noch immer die kältesten Ozeane der Erde. Die meiste Zeit des Jahres steigt die Wassertemperatur nicht über 0 Grad. Jahreszeiten mit monatelangen dunklen Wintern und ebenso langen Sommern ohne Dunkelheit gibt es nur hier. Die Folgen für das Leben: Die Primärproduktion der Algen, die Licht zur Photosynthese benötigen, findet nur im Sommer statt. Im Winter herrscht Nahrungsmittelknappheit. Extreme Lebensräume, denen sich die dort lebenden Arten auf faszinierende Art und Weise angepasst haben. Manche Fische entwickelten eine Art „Frostschutzmittel", das ihr Gewebe schützt. Andere Organismen reagierten auf die Bedingungen mit niedrigem Stoffwechsel. Wachstum, Fortpflanzung, alles benötigt mehr Zeit. Kein Wunder, dass viele Tiere wesentlich älter werden als ihre Verwandten in wärmeren Breiten. Der Grönlandhai (*Somniosus microcephalus*) gilt mit einem Alter von über 500 Jahren als das älteste Wirbeltier. Mit 150 Jahren wird er erst geschlechtsreif. Ein ähnliches Alter erreicht die Islandmuschel (*Arctica islandica*). Ein 507 Jahre altes Exemplar wurde schon gefunden. In der Antarktis lebt der Glasschwamm (*Anoxycalyx joubini*). Mit vermuteten 10 000 Jahren gilt er als das älteste bekannte Lebewesen.

Das Leben im Kalten kann aber auch kurz und schnell zu Ende sein. Besonders für die am Meeresboden lebenden Arten in den Zonen, in denen die Gletscher die Eisberge kalben. Schiebt sich ein solcher Gigant über den Meeresboden, tötet er mehr als 99 % aller größeren Tiere, und selbst 90 % Organismen zwischen 1 und 0,3 mm fallen ihm zum Opfer. In diesem Fall hilft keine evolutionäre Anpassung. Ansonsten jedoch sind alle Lebewesen, die sich unter den extremen Bedingungen bei den Polen behaupten, hart im Nehmen. Doch gilt diese Widerstandskraft auch

**Seafood**

„Kommen Rentiere wegen des Klimawandels nicht an ihre gewohnte Nahrung, fressen sie Algen[26] in der Gezeitenzone. Eine Anpassung an neue Bedingungen, die ich so noch nie beobachtet habe."
Dr. Simon Jungblut

für die Folgen der $CO_2$-Emissionen, also Erwärmung und Ozeanversauerung?

Es gibt wissenschaftliche Studien, insbesondere zum Nahrungsnetz, da dies einen Großteil der Arten betreffen würde. Eine der Schlüsselarten für die Nahrungskette in der Arktis sind der Ruderfußkrebs (*Calanus finmarchicus*)[9] und in der Antarktis die Leuchtgarnele (*Euphausia superba*), bekannt unter dem Namen Antarktischer Krill. Beide ernähren sich von winzigen Algen, sogenannten Mikroalgen, und stellen im Arktischen Ozean, dem Südpolarmeer und seinen Randmeeren das Bindeglied zwischen der auf Photosynthese aufbauenden Primärproduktion und den Räubern dar. Ihr massenhaftes Auftreten sichert die Nahrungsgrundlage für sämtliche Fisch-, Wal-, Robben- und Vogelarten der Pole. Die Ergebnisse der Studien überraschen.

Die Studie der Meeresbiologin Devi Veytia[10] glich empirische Daten über den Antarktischen Krill (*Euphausia superba*) mit Vorhersagen des Weltklimarates IPCC über den wahrscheinlichen Eisverlust in der Antarktis bis zum Jahr 2100 ab. Das Ergebnis: Die Verteilung der Tiere im Südpolarmeer wird sich ändern, aber die zukünftigen Lebensbedingungen werden das Vorkommen des Krill lediglich um maximal 20 % beeinflussen. Eine gute Nachricht, denn die gigantischen Krillschwärme, die das Wasser dunkelorange einfärben, gelten als die wichtigste Nahrungsgrundlage für die Wale am Südpol.

Positiv auch das Ergebnis der Studie über die Schlüsselart für die Nahrungskette in der Arktis, dem Ruderfußkrebs (*Calanus finmarchicus*). Er gehört zwar zu den kleineren Ruderfußkrebsen, und der mit etwa 7 mm Körperlänge etwa dreimal größere Ruderfußkrebs *(Calanus hyperboreus)* dagegen wäre ein nahrhafterer Brocken für viele Tiere. Aber dafür gilt die Art generell als extrem flexibel gegenüber zahlreichen

**— Trübe Aussichten**

Der Sedimenteintrag durch das Schmelzwasser der Gletscher
verändert die Lebensbedingungen im Fjord fundamental. Am Anfang
(oben) sammeln sich die Sedimente zunächst am Ufer. Schließlich
verteilen sie sich über den ganzen Fjord (unten).

— **Driftende Gewinner?**
Es wird auch vermutet, dass Quallen vom Klimawandel profitieren könnten. Eine wissenschaftliche Studie wie zu den Kopffüßern hierzu existiert jedoch nicht.

dingungen fördern sogar sein Wachstum. Er wird fetter, größer und somit für Wale, Makrelen, Kabeljau & Co. nahrhafter. Die einzigen Wermutstropfen an dieser Studie sind die Laborbedingungen, denn Tiere interagieren in ihrem Ökosystem mit weit mehr Faktoren, als unter Laborbedingungen simulierbar sind. Dr. Simon Jungblut von der Universität Bremen: *Es wird wahrscheinlich so sein, dass das Phytoplankton, das den Ruderfußkrebsen als Nahrung dient, unter den Bedingungen des Klimawandels früher blüht und die Larven der Ruderfußkrebse diese Nahrung noch nicht aufnehmen können und damit den richtigen Zeitpunkt der Nahrungsverfügbarkeit verpassen.* Für den größeren und also ergiebigeren Ruderfußkrebs *Calanus hyperboreus* liegen jedoch aktuell keine Studien bezüglich des Klimawandels vor.

Dieses Zusammenspiel der Faktoren wiederum lässt sich am besten vor Ort in den jeweiligen Ökosystemen untersuchen. Diesen Ansatz und viele weitere verfolgt das von der EU finanzierte Projekt „FACE-IT" (The Future of Arctic Coastal Ecosystems – Identifying Transitions in fjord systems and adjacent coastal areas), geleitet von der Abteilung Meeresbotanik der Universität Bremen. Die Wissenschaftler untersuchen unter anderem die Veränderungen, die der Klimawandel in den sozial-ökologischen Fjordsystemen der Nordpolarregion zur Folge hat. Insbesondere im Kongsfjord an der Westküste Spitzbergens fanden zahlreiche Forschungen statt. Er gilt als der am besten untersuchte Fjord der Arktis.

Zum gesamtheitlichen Konzept des Projekts gehören auch Untersuchungen über die Auswirkungen auf die Bewohner, den Tourismus, die Veränderungen an Land und im Wasser und wie sich alle Veränderungen gegenseitig beeinflussen. Den Aspekt der schmelzenden Gletscher möchte ich gerne kurz darstellen, denn er zeigt, dass schmelzendes Eis nicht nur steigende Meeresspiegel bedeutet. Der Schmelzvorgang hat direkte Auswirkungen auf das Meeresökosystem der Fjorde selbst.

Professor Kai Bischof, Leiter der Abteilung Meeresbotanik der Universität Bremen: *Ursprünglich*

Parametern. Sie können sowohl an der Wasseroberfläche als auch in der Tiefe bis 4000 Metern vorkommen. Die Temperaturtoleranz liegt zwischen −2 Grad und +22 Grad. Im Labor konnte nun festgestellt werden, dass der Ruderfußkrebs die sauren Bedingungen im zukünftigen Ozean nicht nur toleriert. Die sauren Bereichten die Gletscher in den Fjorden bis ins Meerwasser. Im Laufe der Erwärmung der letzten Jahrzehnte verloren viele dermaßen viel Eismasse, dass sie inzwischen an Land enden. Im Gegensatz zu früher fließt aber nun kein klares Schmelzwasser mehr in den Meeresarm, sondern eine braune Brühe voller Sedimente."

Auf seinem Weg vom tauenden Gletscher bis zum Meer reißt das Schmelzwasser jede Menge Sediment mit. Die Farbe des Meeres im Fjord verändert sich zwischenzeitlich von blau zu braun. Da der Wasseraustausch der Fjorde mit dem offenen Meer begrenzt ist, hat das auch Folgen für das Leben in diesem Meeresarm. Vor Ort konnte nachgewiesen werden, dass sich innerhalb von etwa 25 Jahren der Bewuchs der großen Braunalgen, des Kelps, stark veränderte. Wuchsen sie noch 1996/98 in Tiefen von 2,5–10 Metern, wächst heute der überwiegende Teil nur noch im flachen Bereich. Die Sedimente im Wasser rauben den Pflanzen das Licht. Photosynthese im tieferen Wasser ist dadurch zunehmend schwieriger. Dr. Simon Jungblut, Manager des Projektes FACE-IT: *„Gleichzeitig ist der flache Wasserbereich und der Gezeitenbereich des Fjordes allerdings auch nicht mehr so von vorbeischrammenden Eisbergen beeinflusst wie früher. Algen, die sich früher in diesem Bereich nicht etablieren konnten, können nun ausgeprägte Unterwasserwälder formen. Und mit ihnen siedeln sich wirbellose Tiere an. Hier entsteht ein Ökosystem, was es vorher nicht gegeben hat. Eine spannende Entwicklung."*

Die Fjorde sind nur ein Ökosystem von vielen in der Arktis. Auch stellt die Forschung in dieser kalten und unwirtlichen Umgebung die Wissenschaftler vor große Herausforderungen. Dies gilt in noch größerem Umfang für die Antarktis, die wesentlich größer und kälter ist und in der es viele regionale Unterschiede gibt. Das komplexe Beziehungsgefüge zwischen Arten, klimatischen und chemischen Veränderungen wie Sauerstoffgehalt, Geologie und Nährstoff oder Beuteverfügbarkeit erschwert Prognosen. Obwohl die Polargebiete zu den Ökosystemen gehören, die schon unmittelbar und erheblich vom Klimawandel betroffen sind, deutet vieles darauf hin, dass unsere Mitbewohner im Kalten besser für die Zukunft gerüstet scheinen als in vielen anderen Ökosystemen.

**Folge des Klimawandels: Innerhalb von etwa 100 Jahren veränderte sich die Landschaft im Kongsfjord dramatisch. Kaum noch ein Gletscher reicht im Sommer bis zum Meer.**

## VON WANDERERN UND PLASTIKWELTEN

Der niederländische Fischer Anton Dekker sieht im Gegensatz zu vielen Kollegen trotz Fangquoten für diverse Fischarten seine Zukunft gesichert. Dem Klimawandel sei Dank und natürlich seiner Weitsicht. Als ihm nach den 2000er Jahren immer wieder und immer mehr Tintenfische ins Netz gingen, schloss er daraus, dass diese aufgrund des Klimawandel nach Norden wandern. Und er hatte recht. Heute fängt er mehr als er in den Niederlanden verkaufen kann und exportiert nach Frankreich.

Auch auf den britischen Inseln entdeckten die Fischer inzwischen die Tintenfische für sich. John Pinnegar von der CEFAS, dem britischen Fischerei-Forschungszentrum, bestätigt das. Insbesondere in Schottland lohnt sich der Fang des Gemeinen Kalmar (*Loligo vulgaris*). John Pinnegar über die Veränderungen: *„Über die letzten Jahre hat es Sieger und Verlierer gegeben… Einer der größten Gewinner aber sind Tintenfische."*

Doch nicht nur in der Nordsee gehören die Tintenfische zu den großen Gewinnern, sondern weltweit. Eine wissenschaftliche Studie von Zoë A. Doubleday von der Universität in Adelaide, Australien, in der sie alle greifbaren Daten über Kopffüßerpopulationen aus dem Zeitraum von 1953 bis 2013 verglich, ergab eindeutig, dass *die Häufigkeit von Kopffüßern in den letzten sechs Jahrzehnten zugenommen hat.*"[11] Die Kopffüßer profitieren als wechselwarme Tiere von den höheren Wassertemperaturen. Sie wachsen und vermehren sich schneller. Und sie profitieren von der Überfischung. Ihre Fressfeinde landeten schon längst in unseren Mägen. Die Ozeanversauerung wiederum tangiert sie kaum. Kalk müssen sie nicht bilden.

Die Ozeane sind im Umbruch. Die große Klimawanderung hat längst begonnen. In der Nordsee wandern die Wärme liebenden Fischarten etwa 20 Kilometer pro Jahrzehnt nach Norden. Arten aus dem Mittelmeer und der Biskaya, wie die Europäische Sardelle, Sardinen, Petersfische und Gestreifte Meerbarben, leben jetzt zusammen mit Dorschen. Einheimische Arten wie die Makrelen wanderten ins kühlere Gebiet zwischen Schottland und Island.

Große Veränderungen finden gerade auch im östlichen Mittelmeer statt. Eine der ersten Arten, die den Suezkanal durchquerte, war die kleine Muschel *Brachidontes pharaonis*. Sie kommt heute an der gesamten

— **Per Anhalter durch den Ozean**
Dieses kleine Papierboot benutzt das Plastikstück als Unterwassersegel und Schutz. Das kostet weniger Energie.

östlichen Mittelmeerküste von Ägypten, Libanon, Syrien und der Türkei vor. Ebenso in Teilen der griechischen Küste, in Sizilien und als nördlichster Stützpunkt die Adriaküste in Istrien. Insgesamt schätzt man die Anzahl der bereits ins Mittelmeer eingewanderten Arten auf etwa 500.

Dass Steinkorallen und mit ihnen assoziierte Fische, Wirbellose und Mikroben weltweit nach Norden und Süden polwärts wandern, habe ich im ersten Abschnitt dieses Kapitels schon erwähnt. Die Nordsee und das Mittelmeer stehen hier nur beispielhaft für die Veränderungen in allen Ozeanen. Zusammengefasst kann man sagen: Kalte Meere wie die Nordsee werden immer subtropischer. Gemäßigte immer tropischer. Die Populationen und die Artenvielfalt in den Tropen nahe dem Äquator verringern sich.

Wandern, um neue Ökosysteme zu besiedeln oder zum Überleben, ist in den Ozeanen eine weit verbreitete Strategie. Eine kaum erfassbare, da gigantische Anzahl von Lebewesen ist in den Ozeanen jede Sekunde unterwegs, ohne zu wissen, wohin sie letztendlich verdriftet werden. Alle diese Organismen kennen wir unter dem Begriff Plankton. An Land gibt es nichts Vergleichbares.

Gemeinsam ist allen planktonischen Lebewesen, dass sie nicht über die Kraft verfügen, sich Strömungen entgegenzusetzen. Einige Organismengruppen leben nur zeitweise auf diese Art. Larven von Muscheln, Korallen, Krebsen und Fischen beispielsweise. Phytoplankton dagegen lebt immer als Plankton, ist winzig klein, aber umso bedeutender. Genau wie die Pflanzen an Land, verfügt das Phytoplankton über die Fähigkeit, durch Photosynthese Zucker zu erzeugen. Ihre Primärproduktion macht den Larven von Fischen usw., die als Zooplankton leben, und anderen Konsumenten die Energie aus Sonnenlicht und $CO_2$ erst verfügbar. Und sie produzieren etwa die Hälfte des im Meerwasser gelösten Sauerstoffs. Ohne sie sähe es schlecht aus für die Artenvielfalt in den Ozeanen. Einer der wichtigsten Organismen wird gerade einmal einen fünf Tausendstel Millimeter groß und trägt den Namen eines berühmten britischen Biologen: die

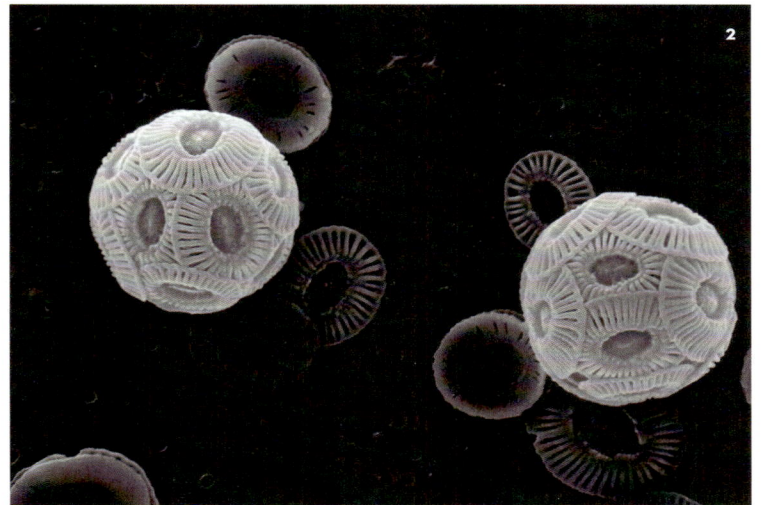

**1 —— Super winzig und super bedeutend**
Die Phytoplankton-Art *Emiliania huxleyi* wird gerade einmal fünf Tausendstel Millimeter groß. Nur ein Elektronenmikroskop kann uns seine Schönheit zeigen. Seine Primärproduktion ist für die Ozeane unverzichtbar.

**2 —— Futter für alle**
Mikroplankton ernährt direkt und indirekt die Ozeane. Die Plankton-Imaging-Group des Geomar in Kiel entwickelte neue bildgebende Verfahren, die Plankton in der natürlichen Umgebung ohne Störung der Organismen fotografieren und bestimmen können.

**— Plastik statt Alge**
Normalerweise lebt der Sargassum-Anglerfisch
(*Histrio histrio*) in der an der Wasseroberfläche
treibenden Makroalge Sargassum. Offensichtlich
kommt er auch ganz gut zwischen dem Plastikmüll zurecht.

*Coccolithophoren*-Art *Emiliania huxleyi*. Diese Phytoplankton-Art kann in einem Temperaturbereich von
1–30 Grad existieren, hält den Wasserdruck bis in
200 Meter Tiefe aus und braucht dabei kaum Licht.
Aus diesem Grunde kommt sie in allen Ozeanen außer
direkt an den Polen vor und stellt bei allen Proben
zwischen 20–50 % aller *Coccolithophoren*-Arten. Mit
anderen Worten: *Emiliania huxleyi* gehört zu den

bedeutendsten Arten des Phytoplanktons und der
Ozeane.

Der Anblick einer Aufnahme mit dem Elektronenmikroskop treibt einem jedoch die Sorgenfalten
auf die Stirn. *Emiliania huxleyi* baut ein Kalkgerüst.
In Zeiten einer Ozeanversauerung ein Problem? Wie
*Emiliania huxleyi* reagieren wird, ist noch nicht rich-
tig verstanden. Grundsätzlich reagiert die *Coccolithophoren*-Art auf saurere Bedingungen mit geringerer
Kalkbildung. Unter Laborbedingungen konnte jedoch festgestellt werden, dass sich die schnell vermeh-
rende Art über 500 Generationen an die saureren Bedingungen anpassen konnte.[12]

Nicht alle Bewohner der Ozeane können als
Plankton mit den Strömungen reisen. Manche benötigen dazu ein Hilfsmittel, an dem sie sich festhalten
oder in dem sie sich verstecken können. Die Hochsee
ist ein an Nahrung armer und gefährlicher Platz. Ein
leckerer Happen ist gleich entdeckt. Früher reisten die
Lebewesen vorwiegend mit Treibgut pflanzlichen Ursprungs wie Holz, Kokosnüssen oder sonstigen pflanzlichen Überresten. Seltene Mitfahrgelegenheiten.

Heute dagegen schwimmt an der Meeresoberflä-
che reichlich Plastik, und bei Naturkatastrophen ergeben sich zusätzliche Möglichkeiten. Als nach dem
schrecklichen Tōhoku-Erdbeben am 11. März 2011
in Japan ein großer Tsunami die japanische Küste bei
Fukushima erreichte, starben etwa 22 000 Japaner.
Die Welle zerstörte einen großen Küstenabschnitt
und das Kernkraftwerk. Es kam zur Kernschmelze.
Als die Welle sich zurückzog, nahm sie Unmengen
von Müll, der überwiegend aus Kunststoffen bestand,
mit ins Meer und riss zahlreiche Organismen, wie zum
Beispiel Muscheln und Krebse, die die Küste bewohnten, mit sich. Auf den Trümmerteilen, die über 6000
Kilometer über den Pazifik, vorbei an Hawaii, schließlich an der nordamerikanischen Pazifikküste anlan-
deten, fanden sich mehrere lebende Tierarten. Diese
küstennahen Arten überlebten jedoch nicht nur die
jahrelange Reise. Sie konnten sich offensichtlich auch
im neuen Habitat Hochsee ernähren und einige
pflanzten sich sogar fort. Eine Reise dieser Art auf

vom Menschen produziertem Müll konnten Wissenschaftler noch nie beobachten. Sie brachte die Erkenntnis, dass Küstenorganismen, anders als bisher gedacht, auch im offenen Ozean überleben können.

Eine bedeutende Menge des Plastikmülls in den Ozeanen wird jedoch nirgendwo angeschwemmt, sondern sammelt sich zunächst in fünf großen sogenannten Müllstrudeln. Alle in der Nähe des Äquators, da hier Strömungen vom Norden und Süden zusammentreffen und den Müll bündeln. Drei Müllstrudel existieren im Pazifik und zwei im Atlantik. Als größter

gilt mit geschätzten 1,6 Millionen Quadratkilometer und damit der vierfachen Größe Deutschlands der Nordpazifische Müllstrudel in der Nähe Hawaiis. Die Müllstrudel sind jedoch nicht nur Ansammlungen von hunderttausenden Tonnen Müll, sondern ein neuer Lebensraum, der „Plastisphäre"[13] genannt wird. Hier entstand eine dauerhafte neue pelagische Organismengemeinschaft. Darunter neben schon immer pelagisch lebenden Arten wie der Schwanenhals-Seepocke (*Lepas anatifera*), der Treibgutkrabbe (*Planes major*) oder dem Moostierchen (*Jellyella tuberculata*)

— **Tödliche Verwechslung**
Viele Tiere verwechseln Plastik mit Futter. Darunter auch Meeresschildkröten, die durchsichtige Plastiktüten mit Quallen verwechseln. Aber auch der Geruch des Biofilms aus Mikroorganismen auf den Tüten täuscht die Meerestiere. Nach dem Verzehr sterben sie oft qualvoll.

**Lebensraum Schiff**
Auch ein Wrack wie das Frachtschiff
„Chrioula K." im Roten Meer ist nichts
anderes als Müll im Ozean. Die Erfahrung
zeigt, dass diese Art von Müll schnell als
Lebensräume angenommen wird. Sie bietet
Siedlungsfläche für Korallen, Schwämme oder
Algen. Fische finden hier Schutz.

auch Arten, die bisher nur von den Küsten bekannt sind, wie die Asiatische Anemone (*Anthopleura* sp.) oder der Flohkrebs (*Stenothoe gallensis*).[14]

Die überwiegende Mehrheit der Neusiedler auf dem Plastikmüll stellen Mikroorganismen dar. Sie überziehen neu ins Meer gelangtes Plastik sehr schnell mit einem Biofilm, in dem Bakterien, Diatomeen, Algen, Cyanobakterien, räuberische Wimpertierchen und Pilze leben. Durch diese Besiedlung steigt das Gewicht des Plastikmülls, und wenn durch die UV-Strahlung der Sonne die Zersetzung einsetzt, zieht das Lebendgewicht kleinere Teile nach unten.

Dort trifft die Plastikgemeinschaft auf die Bodengemeinschaft der Mikroorganismen und beeinflusst diese auf eine uns noch nicht bekannte Weise. Die französische Meeresbiologin Anne-Leïla Meistertzheim, die sich ebenfalls mit der Plastisphäre beschäftigt: *„Da ist wahrscheinlich ein neuer Evolutionsprozess im Gange“*. Besonders bedeutsam die Frage, inwieweit Bakterien die Fähigkeit entwickeln können, Plastik abzubauen. 2015 wurde die Forscherin Maaike Goudriaan des Royal Netherlands Institute for Sea Research[15] im Labor fündig. Das im Meer vorkommende Bakterium *Rhodococcus ruber* kann bestimmte Plastikverbindungen verdauen. Auch wenn dies ein hoffnungsvolles Zeichen ist, können Bakterien unser Plastikproblem nicht lösen. Das müssen wir durch Müllvermeidung schon selbst. Aber sie können uns helfen, den Plastikmüll, den wir nicht mehr aus der Biosphäre bergen können, langfristig wieder loszuwerden.

## TODESZONEN

„Gehen Sie am besten heute nicht an den Strand“, lautete die Antwort der Rezeptionistin im Hotel in Eckernförde auf meine Frage nach dem kürzesten Weg dorthin. „Wieso?“ „Alles voller toter Fische.“ Ich packte meine Kamera ein und nichts wie hin. Es war schon

**Plastikwohnung**
Dieser kleine Einsiedlerkrebs wohnt in einer ehemaligen thailändischen Zahnpastatube.

17:30 Uhr und ich wollte das Sterben noch bei Tageslicht dokumentieren. Schon von weitem sah ich zahlreiche Seevögel. Vor Ort konnte ich sehen, warum: Sie schlugen sich den Bauch voll. Alles, was die Eckernförder Bucht für sie zu bieten hatte, und sonst mühsam mit großem Aufwand an Energie erbeutet musste, lag jetzt massenhaft tot am Strand oder trieb an der Wasseroberfläche: Dorsche, Meerforellen, Krebse, Heringe, Sprotten, Grundeln, Schollen und Flundern. Von letzteren lebten einige noch. Sie bewegten extrem schnell die Kiemen hin und her, bekamen aber trotzdem selbst an der Wasseroberfläche, an der die Wellen etwas Sauerstoff ins Wasser bringen, zu wenig Luft. Sie zeigten ansonsten keine weiteren Aktivitäten wie Fluchtreflexe. Schienen eher wie betäubt. Warum?

Eine Antwort fand ich bei Professor Jacob Carstensen von der Universität Aarhus in Dänemark.[16] Er erforscht die Sauerstoffsättigung in den Ozeanen und insbesondere in der Ostsee, die besonders anfällig für Sauerstoffmangel ist. Einen Grund findet man in den geologischen Gegebenheiten. Die Ostsee ist ein Binnenmeer und es bestehen nur zwei kleine Verbindungen ganz im Westen zur Nordsee. In Dänemark bei Odense der Große Belt und bei Kopenhagen der Öresund. Hierüber findet der einzige nennenswerte Wasseraustausch statt, der überwiegend nur die westliche Ostsee betrifft. Die Ostsee muss ihren Sauerstoffbedarf selbst decken. Was ihr über Jahrtausende seit ihrer Entstehung vor etwa 12 000 Jahren gelang, fällt ihr zunehmend schwer. Aufgrund des Klimawandels stieg die Temperatur der Ostsee seit 1980 um etwa 2 Grad an. Je wärmer jedoch das Wasser, umso weniger Sauerstoff kann sich in ihm lösen. Gleichzeitig steigert die Wärme den Stoffwechsel der Tiere, die dadurch wiederum mehr Sauerstoff verbrauchen. Die aktuell größte Gefahr für die Sauerstoffversorgung lauert an Land. Die in der Agrarindustrie zur Düngung eingesetzten Stoffe Nitrat und Phosphat gelangen durch die Flüsse und den Regen in die Ostsee. Hier haben sie den gleichen Effekt. Die reichlichen Nährstoffe führen zu großflächigen Algenblüten. Sterben die Algen ab, sinken sie in die Tiefe und werden von Bakterien zersetzt. Diese verbrauchen den ganzen Sauerstoff und Schwefelwasserstoff entsteht. Es bilden sich Todeszonen, in denen nur noch anaerobe Bakterien leben können.

Die Folge: In der Ostsee existiert eine der größten sauerstofffreien Zonen der Erde. Die sogenannte „Todeszone" vergrößerte sich im Zeitraum von etwa 100 Jahren von 5000 Quadratkilometer auf über 60 000 Quadratkilometer. Etwa 15 % der gesamten Ostsee besteht heute aus lebensfeindlichen Zonen. Kein Lebewesen, das Sauerstoff benötigt, kann in dieser Zone leben, und Fische oder Wirbellose, die in die Zone geraten, ersticken. Da die Todeszonen sich im tieferen Wasser ausbreiten, findet das Sterben unbemerkt vor unserer Haustür statt. Nur ganz selten, wenn bestimmte Strömungs- und Windverhältnisse das sauerstofflose Tiefenwasser der Todeszonen nach oben bringen, wird die Katastrophe auch an der Oberfläche sichtbar. Dies war am 12.9.2017 der Fall, als das tödli-

— **Erstickt**
Diese jungen Dorsche in der Ostsee erstickten, als Strömungen Wasser ohne Sauerstoff aus einer „Todeszone" in der Tiefe ins flache Wasser trieb. Ohne Todeszonen könnte das größte Brackwassermeer der Erde um mindestens 30 % produktiver sein.

che Tiefenwasser in die Bucht von Eckernförde getrieben wurde und das komplette Leben der Bucht innerhalb eines Tages auslöschte.

Auch das Marmarameer bei Istanbul und das Schwarze Meer mit den Anreinerstaaten Türkei, Georgien, Russland, Ukraine, Rumänien und Bulgarien sind geologisch isolierte Meere und damit ähnelt ihre Situation derjenigen der Ostsee. Im Schwarzen Meer kommt noch eine Schichtung des Wassers hinzu, die keinen Wasseraustausch zwischen dem sauerstoffreichen Oberflächenwasser und dem Tiefenwasser möglich macht. Wie ein undurchdringlicher Deckel liegt das salzarme Oberflächenwasser auf dem salzigeren Tiefenwasser. Aufgrund dieser Bedingungen entstand auf natürliche Weise die Todeszone, die das ganze Meeresbecken in der Tiefe ausfüllt. Wegen des Klimawandels und der Überdüngung weitet sie sich inzwischen nach oben aus. Im Marmarameer kommen noch die Abwässer der 20-Millionen-Metropole Istanbul hinzu. Dieser Eintrag plus die Überdüngung der Landwirtschaft führt zu einer Algenplage, die „Meeresschleim" genannt wird. Diese Entwicklung führte zum Verschwinden von 80 % der ursprünglich 170 Fischarten.

Auch wenn wir mit der Ostsee, dem Marmarameer und dem Schwarzen Meer drei kleinere europäische Meere betrachteten, entwickelte sich der Rückgang von Sauerstoff in den Ozeanen seit Mitte des 20. Jahrhunderts zum globalen Problem. Wasser besitzt eine viel höhere Wärmekapazität als Luft. Hinzu kommt, dass die Gesamtmasse des Wassers der Ozeane die der Atmosphäre um mehr als das Tausendfache übersteigt. Die Wissenschaftler vermuten deshalb, dass die Ozeane über 90 % der durch den Klimawandel erzeugten zusätzlichen Wärme aufgenommen haben.

Diese Erwärmung gehört neben der Versauerung zu den bedrohlichsten menschengemachten Veränderungen der Ozeane.

Ein verringerter Sauerstoffgehalt beeinflusst die Produktivität, die Artenvielfalt und reguliert die globalen Kreisläufe der wichtigsten Nährstoffe und des

Kohlenstoffs. *„Der offene Ozean verlor in den letzten 50 Jahren etwa 2 % und damit 77 Milliarden Tonnen seines Sauerstoffs."*[17], so das Ergebnis einer Studie, die 2018 im Wissenschaftsmagazin „Science" erschien. Als eine der Folgen steigt die Anzahl der Todeszonen weltweit an. Bestehende vergrößern sich. In ihrem zweiten „World Ocean Assessment"[18] nahm sich auch die UNO diesem Thema an. Von 2008 bis 2019 stieg die Zahl der sauerstoffarmen Gebiete von 400 auf etwa 700 an. Auffällig viele Todeszonen entstehen in küstennahen Gebieten, insbesondere in der Nähe von Flussmündungen. Die Ursache hierfür befindet sich oft hunderte bis tausende von Kilometern entfernt. Die Nitrate und Phosphate zur Düngung der landwirtschaftlichen Felder sowie die Gülle aus der Nutz-

tiermast sammeln sich in den Flüssen und letztendlich im Meer. Unsere Art der Ertragssteigerung in der Landwirtschaft reduziert erheblich die Produktivität der Ozeane. Unter Berücksichtigung, dass der überwiegende Teil der pflanzlichen Produktion für Mastfutter verwendet wird, können wir folgende Gleichung aufstellen: Mehr Fleisch = weniger Fisch. Eine ungesunde Entwicklung für die Ozeane und für uns.

Die gute Nachricht: Das Problem ist erkannt und lässt sich lösen. Wir müssen es auch lösen, denn wenn etwas das Leben in den Ozeanen auslöschen kann, dann nur die Kombination von Sauerstoffreduzierung und Versauerung. Das zeigen die Daten der Massenaussterbeereignisse der Vergangenheit. Beim größten Massenaussterbeereignis der Erdgeschichte an der

— **Tödliche Schönheit**
Was aus dem All aussieht wie ein Gemälde abstrakter Kunst, erweist sich als Algenblüte in der Ostsee. Sterben die Algen und sinken in die Tiefe, verursacht ihre Zersetzung Sauerstoffmangel.

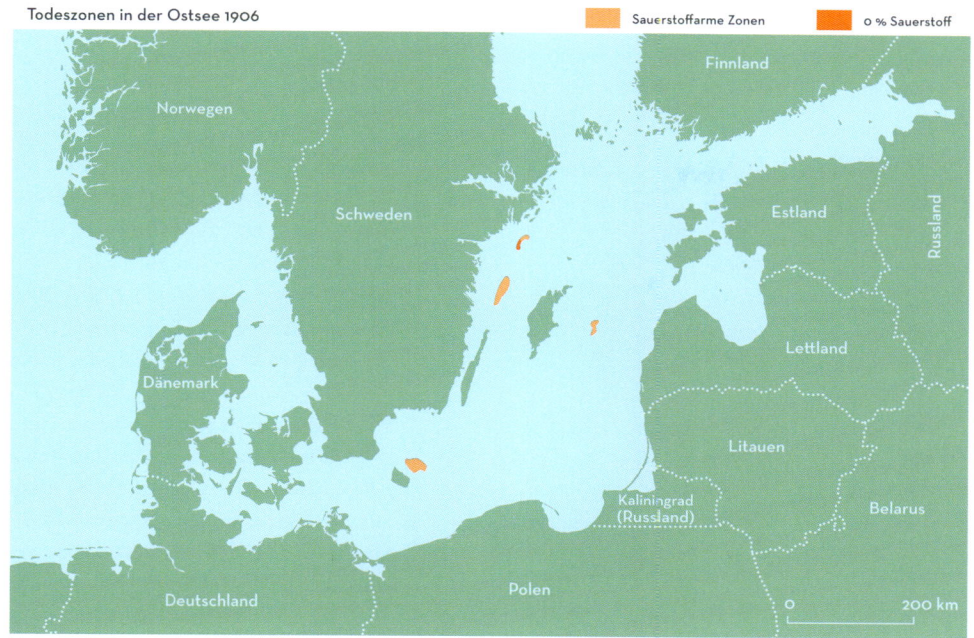

Todeszonen in der Ostsee 1906

Sauerstoffarme Zonen     0 % Sauerstoff

Norwegen
Finnland
Schweden
Estland
Russland
Lettland
Dänemark
Litauen
Kaliningrad (Russland)
Belarus
Deutschland
Polen

0        200 km

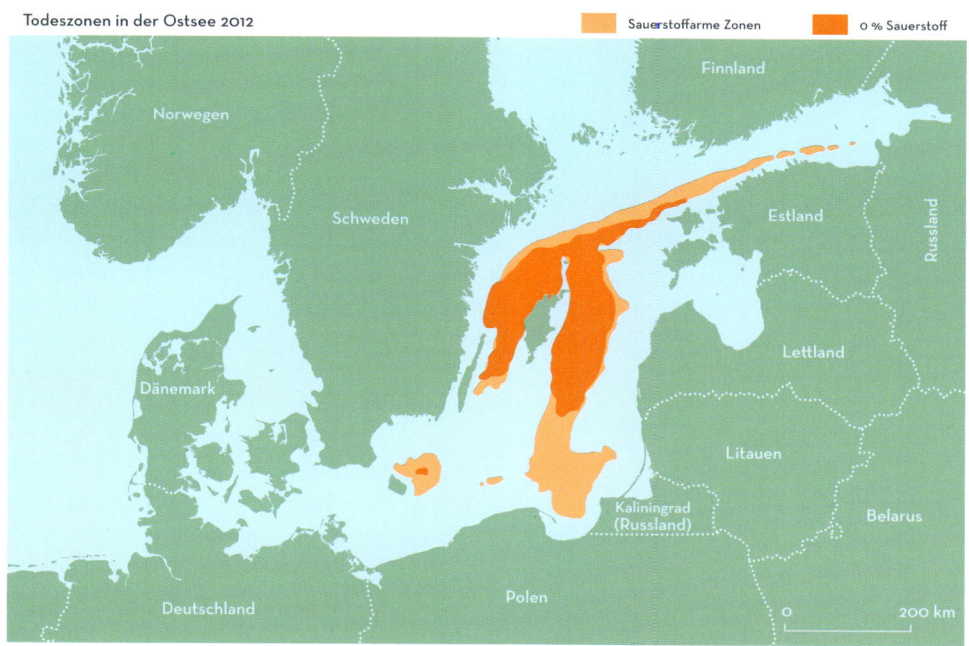

Todeszonen in der Ostsee 2012

Sauerstoffarme Zonen     0 % Sauerstoff

Norwegen
Finnland
Schweden
Estland
Russland
Lettland
Dänemark
Litauen
Kaliningrad (Russland)
Belarus
Deutschland
Polen

0        200 km

— **Die tödlichen Drei**

Klimawandel, Überdüngung und geologische Isolation, und
damit geringer Wasseraustausch mit der Nordsee, führten seit
1906 in der Ostsee zu einer extremen Ausweitung der Todeszonen. Die Karten beruhen auf Daten von Professor Jacob
Carstensen von der Universität Aarhus.

**— Das Todeszonen-Paradoxon**
Über Todeszonen in der Tiefe kann es extrem reiche Fischgründe geben. Möglicherweise fördern diese die Entstehung der Todeszonen zusätzlich durch die vielen Ausscheidungen, die in die Tiefe sinken und dort von Bakterien abgebaut werden, was zu Sauerstoffmangel führt.

Perm-Trias-Grenze vor etwa 252 Millionen Jahren starben 95 % aller Wirbellosen der Ozeane aufgrund von Sauerstoffmangel und Versauerung aus. Von solch einer Situation sind wir weit entfernt. Aber wir sollten uns der Ursachen und Gefahr bewusst sein, um jetzt die richtigen Maßnahmen zu ergreifen.

### LEERE MEERE

Fischfang gehört mit zu den ältesten Jagdtechniken des Menschen. Archäologische Spuren weisen 500 000 Jahre in die Vergangenheit. Doch anders als an Land, führte Fischfang nicht zum Aussterben von Arten. Die Meere hielt man lange für unerschöpflich. Noch vor etwas mehr als 130 Jahren fasste der Biologe Thomas Henry Huxley diese allgemeine akzeptierte Einschätzung in folgenden Worten zusammen: *„Ich glaube..., dass wahrscheinlich alle großen Seefischereien unerschöpflich sind, d. h. nichts was wir tun, kann die Zahl der Fische tiefgreifend beeinflussen. Und daher erscheinen alle Versuche Fischfang auf See zu regulieren,*

**Klima-wandel und Über-düngung wirken in den Ozeanen auf tödliche Weise zusammen.**

*wegen der Natur der Sache sinnlos.“*[19] Und so begann die gnadenlose Ausbeutung der Ozeane um 1900 mit etwa 4 Millionen Tonnen und steigerte sich in den 1940er Jahren auf 20 Millionen Tonnen. Seit den 1990ern holt die Fischereiindustrie 90–95 Millionen Tonnen Fisch offiziell jährlich aus den Weltmeeren. Nachhaltig ist das nicht.

Auch wenn zu vielen der 1500 befischten Bestände oft Daten fehlen, kann man aufgrund der Rückgänge der Fangquoten davon ausgehen, dass etwa die Hälfte aller Arten überfischt sind und die Bestände zurückgehen. Dass die gefangene Fischmenge trotzdem in etwa gleichblieb, liegt daran, dass immer ausgefeiltere Technologien auch den letzten Fischschwarm aufspüren und Ressourcen aus der Tiefsee erschlossen werden können. Doch eines zeigte die Entwicklung eindeutig. Von *„unerschöpflich“* und *„Überfluss“* spricht heute niemand mehr. Wir machten inzwischen sogar die Erfahrung, dass einstmals gigantische Fischbestände zusammenbrechen können. Das bekannteste Beispiel sind die Kabeljaupopulationen an der Ostküste Kanadas und den USA. Da trotz Warnungen keine rechtzeitigen und wirkungsvollen Fangbeschränkungen erlassen wurden, brachen die Bestände unter dem Fischereidruck endgültig zusammen. Kanada musste den Kabeljaufang verbieten. 1994 folgten die USA. Zehntausende Fischer standen vor dem Nichts. Die Hoffnung, dass das Fangverbot die Bestände wieder wachsen ließ, erfüllte sich nicht. Das Ökosystem hatte sich schon längst verändert. Die Nahrung des Kabeljaus war ebenfalls verschwunden. Die ökologische Nische des Kabeljaus wurde von anderen Arten übernommen.

Diese und andere Erfahrungen führten zu einem Umdenken, und viele Nationen, aber auch Staatenverbünde wie die Europäische Union, versuchen die Entnahmemengen innerhalb ihrer Hoheitszonen von 200 Seemeilen zu regulieren. Die Verhandlungen um Fangquoten gestalten sich jedes Mal zäh. Die Fischer stehen wegen zurückgegangener Fischbestände und geringen Fangmengen unter Druck, Wissenschaftler und Umweltverbände fordern eine weitere Reduzierung, um Nachhaltigkeit zu erreichen. Die politisch Verantwortlichen üben sich im Spagat zwischen wirtschaftlichen und sozialen Interessen auf der einen Seite, und Schutz der natürlichen Ressourcen auf der anderen. Die Kompromisse sind meistens für beide Seiten unbefriedigend. Doch das Problem wurde erkannt und eine grenzenlose Ausbeutung konnte gestoppt werden. Wie nachhaltige Fischerei aussehen kann, zeigt das Beispiel Alaska. Die Lachspopulationen werden hier nachhaltig bewirtschaftet und die Laichflüsse befinden sich noch immer in ihrem natürlichen Zustand. Aquakulturen ersetzten zudem zunehmend den Wildfisch. Seit 2013 produzieren die Aquakulturen mehr Fisch als den Ozeanen entnommen wurden. Tendenz steigend.

Doch der Weg zu flächendeckendem, weltweit nachhaltigem Fischfang ist noch weit. Auf Hoher See außerhalb von Hoheitszonen gibt es bisher kaum Regulierungen. Der illegale Fischfang ist ein weiteres großes Problem, insbesondere in Ländern, die sich eine Überwachung kaum leisten können. Auf bis zu 26 Millionen Tonnen und 20 Milliarden US-Dollar schätzen Experten die illegal gefischten Mengen. Ein Anteil von 22 % und 29 % der legal gefangenen Menge. Doch nicht nur die Menge ist ein Problem. Illegale Fischerei nimmt weder Rücksicht auf bedrohte Arten noch auf Schutz- oder Hoheitsgebiete. Die Fangmethoden sind oft brutal.

Im Gegenteil, die bedrohten Arten sind besonders begehrt. Es ist ein Teufelskreis. Je seltener eine Art, umso höher der Preis. Ein gutes Beispiel ist der vom Aussterben bedrohte Rote Thun (*Thunnus thynnus*). Bei einer Versteigerung auf dem berühmten Tokioer Tsukij-Fischmarkt liegt der Rekord für ein Exemplar bei 1,3 Mio. Euro. Je höher der Preis, umso gnadenloser und rücksichtsloser wird das Meer geplündert. Bei Gewinnspannen wie im Drogenhandel können Schutzmaßnahmen diese Entwicklung kaum bremsen.

— **Todesfalle Geisternetze**
Verlorene Fischernetze treiben zu Tausenden in den Ozeanen. Sie werden für viele Tiere zum Verhängnis, die sich in ihnen verfangen und dann grausam ersticken oder verhungern.

— **Neuer Lebensraum**
Zwischen den Offshore Windanlagen wird nicht gefischt und es entstand zusätzlich ein neuer Lebensraum. Die Steinaufschüttungen werden von Taschenkrebsen, Miesmuscheln und der Europäischen Auster gut angenommen. Auch der Kabeljau nahm in der Nordsee das neue Habitat an und laicht im neuen Ökosystem.

Leider spielt China legal, halblegal und illegal ganz vorne mit. 20 % des weltweiten Fischfanges landen chinesische Fischerboote an. Sie operieren in allen Ozeanen. 2017 kontrollierte die Küstenwache Ecuadors das Mutterschiff einer chinesischen Fischfangflotte und beschlagnahmte 6600 Haie, die in Ecuadors Wirtschaftszone bei den Galapagosinseln gefangen wurden. Die chinesische Crew kam in Haft und die Strafe betrug 5 Millionen Dollar. Haifischflossen für die Suppe, die in China ein Statussymbol ist, sind noch immer ein lohnendes Geschäft und der Vorfall ist kein Einzelfall.

Trotz alledem, aufgrund menschlichen Handelns vollständig ausgestorbene Arten finden wir in den Ozeanen nur wenige. Weder durch Beeinflussung der direkten Küstenbereiche noch durch eingeschleppte invasive Arten noch durch exzessiven Fischfang. Eine der wenigen Ausnahmen ist die Stellers Seekuh (*Hydrodamalis gigas*). Das letzte Exemplar wurde 1768 bei den Kommandeurinseln in der Beringsee getötet und gegessen.

Vermutlich wären die Verluste in den Ozeanen größer, wären sie nicht so riesig und einfach nicht un-

**„Die Lage ist ernst, aber nicht hoffnungslos. In vielen Regionen ist die ungehemmte Jagd auf den Fisch vorbei."**[27]

ser Lebensraum. Die meisten von uns können gerade einmal eine Minute unter Wasser aushalten, bevor Luftnot ausbricht. Lange im Wasser zu schwimmen ist auch nicht unsere beste Begabung. Noch immer bie-

— **Grausam**
Haien werden bei lebendigem Leib die Flossen abgeschnitten und der Körper einfach wieder ins Meer geworfen. Exzessive Fischerei bedroht inzwischen viele Haiarten. Die Weltartenkonferenz reagierte und stellte 60 Haiarten im November 2022 unter Schutz.

ten diese beiden Tatsachen einen gewissen Schutz für alle Lebewesen der Ozeane. Würden Wale oder Haie an Land leben, hätten wir sie wohl schon ausgerottet.

## DER ANDERE PLANET

Temperaturen zwischen −1 und 4 Grad, totale Dunkelheit, ein Druck, der mit jedem Meter zunimmt und uns schon bei 1000 Meter Tiefe zu zerquetschen droht, kein Sauerstoff für Lungenatmer. Der Mond oder Mars wäre für uns Menschen einfacher zu besiedeln als die Tiefsee. Der größte Lebensraum der Erde ist uns so fremd wie ein Lebensraum nur sein kann. Setzen wir den Beginn der Tiefsee bei 200 Metern an, bedeckt sie 2/3 der Erdoberfläche. Die wahre Dimension zeigt sich jedoch, wenn wir auch die vertikale Ausdehnung betrachten: Eine Wassersäule von durchschnittlich 3500 – 6000 Metern Tiefe über die gigantische Fläche von mehr als der Hälfte der Erde. Noch weiter hinunter geht es in den Tiefseegräben. Im Witjastief 1 des Mariannengrabens bis zu 11 034 Metern, dem tiefsten Punkt der Erde. Die Tiefsee ist mit riesigem Abstand der größte Lebensraum unseres Planeten. Und trotz dieser Tatsache wissen wir kaum etwas über diese Wildnis, die sich für uns lange Zeit unsichtbar und unerreichbar wie ein anderer Planet in unseren Ozeanen verborgen hat. Kein Wunder, denn der Aufwand, in diese Tiefen vorzudringen und zu forschen, ist groß und teuer. Die Technik muss der Raumfahrt vergleichbaren Extrembedingungen standhalten und entsprechend ausgerüstete Forschungsschiffe wie die „Sonne" kosten mindestens 50 000 Euro – am Tag! Probeentnahmen in der Tiefsee sind aufgrund der schwierigen Bedingungen zeitaufwendig. Prof. Dr. Angelika Brandt, Leiterin der Abteilung Marine Zoologie am Senckenberg Forschungszentrum und Naturmuseum Frankfurt: „In 8000 bis 9000 Metern Tiefe kann die Probennahme bis zu 12 Stunden dauern." Insgesamt, so Frau Brandt weiter: „Bisher ist erst etwa 1 % der gesamten Tiefsee erforscht."

Doch über diese 1 % können wir wirklich staunen. Die skurrilsten Tiere unseres Planeten leben hier. Unsere ausgeprägte Fantasie bekommt evolutionäre Kon-

**Große Arten, wie Haie, Thunfische aber auch Säugetierarten wie Seekühe oder Reptilien wie die Meeresschildkröten sind nach wie vor bedroht. Die Chancen stehen jedoch gut, dass sie gerettet werden können.**

kurrenz. Viele der Lebensformen der Tiefe sprengen unsere Vorstellungskraft. Gespensterfische (*Opisthoproctidae*) mit durchsichtigem Kopf und nach oben gerichteten Augen. Riesenasseln (*Bathynomus giganteus*), die mit 45 Zentimetern Länge die Größe einer Hauskatze erreichen.

Besonders artenreich erwiesen sich auch in der Tiefe die Korallenriffe. Im Atlantik wachsen sie in den oberen Zonen der Tiefsee überwiegend am Rand der Kontinentalränder in 400 – 1200 Meter Tiefe. Prof. Dr. André Freiwald, Direktor von Senckenberg am Meer: „*17 Tiefseekorallenarten schaffen dort als Ökosystemingenieure einen Lebensraum, in dem bisher etwa 17 000 Arten entdeckt werden konnten.*"

Und wie viele Arten leben in der Tiefsee? Eine Frage, die im Moment nicht beantwortet werden kann, da unser Wissen noch immer viel zu gering ist. Prof. Dr. Angelika Brandt schätzt, dass das Potential der Tiefsee enorm sein könnte. Rechnet man die bisher erforschte Fläche und die bisher bekannten Arten hoch, kann man leicht in den Bereich von mehreren Millionen Arten kommen. Möglicherweise wird sich die Tiefsee, in der man im 19. Jahrhundert noch Leben für unmöglich hielt, sich in der Zukunft als eines der artenreichsten Lebensräume der Erde erweisen. Ein gewichtiger Grund, die Tiefsee so weit wie möglich zu schützen.

Doch wie sehen die größten Bedrohungen für das Leben in der Tiefsee aus? Die durch die $CO_2$ Emissionen ausgelöste Ozeanversauerung, die in den oberen Wasserschichten starke Auswirkungen hat, könnte für die Tiefsee eine geringere Gefahr darstellen. Das Wasser der Tiefsee ist mit einem pH-Wert zwischen 7.9 bis 7.5 wesentlich ‚saurer' als das Oberflächenwasser, das aktuell etwa einen pH-Wert von 8,1 besitzt. Die Ursachen sind sowohl chemischer wie biologischer Art. Im kalten Wasser löst sich $CO_2$ leichter, und in der tiefen Zone findet keine Photosynthese statt, die dem Wasser $CO_2$ entzieht. Gleichzeitig produzieren die Tiere der Tiefsee $CO_2$ durch ihre Atmung.

Regionale Unterschiede ausgeklammert, beginnt im Atlantik das saure Tiefenwasser, in dem kaum noch

— **Unabhängig vom Rest der Welt**

Um sogenannte „Schwarze Raucher", wie diesem
in 3300 Meter Wassertiefe, leben Bakterien,
Röhrenwürmer, Spinnen- und blinde Yeti-Krabben,
Muscheln und andere. Ein vollkommen vulkanisch
geprägtes Ökosystem. Hier strömt bis zu 464 Grad
heißes Wasser und Schwefelwasserstoff aus. Unser
Einfluss spielt hier nicht die geringste Rolle.

Kalkbildung durch Organismen möglich ist, bei etwa 1000 Metern. Im Pazifik nach nur wenigen hundert Meter. Die saure Zone breitet sich jedoch inzwischen nach oben aus. Bis zu 50 Meter wurden schon gemessen. Sollte der Bereich erreicht werden, in dem die Kaltwasserkorallen wachsen, würde das ihre Kalkbildung erschweren. Das ist das große Bild. Im Detail überraschen erstaunliche Befunde. Die Meeresgeologin Dr. Lydia Beuck, Senckenberg am Meer: *„Bei Island wurden schon auf 4000 Meter Solitärkorallen beobachtet."* Sie dürften in dieser Tiefe eigentlich nicht vorkommen. Auch die Kaltwasserkoralle *Lophelia pertusa*, eine global verbreitete und bedeutende Riffbauerin, erwies sich als tolerant gegenüber einem niedrigen pH-Wert. Meeresbiologen vom GEOMAR Helmholtz-Zentrum für Ozeanforschung Kiel erforschten in einem Langzeitexperiment die Reaktionen der Koralle. Erst wuchs sie wie erwartet langsamer. Nachdem sie sich jedoch an das saurere Wasser gewöhnt hatte, wuchs sie überraschenderweise noch etwas schneller als unter normalen Bedingungen.[20]

Tiefseekorallen zeigen zudem eine größere Temperaturtoleranz als ihre Verwandten in den Flachwasserzonen der Tropen. Zwischen 4–14 Grad können sie gedeihen.

Die aktuell größte Gefahr für die Kaltwasserriffe stellt die Schleppnetzfischerei dar. Als in Norwegen Anfang der 2000er Jahre die Kaltwasserriffgebiete untersucht wurden, stellte man fest, dass die Fischerei mit ihren Walzen der Grundschleppnetze und den nachfolgenden Fangnetzen etwa 50 % der Kaltwasserriffe schon zerstört hatte. Norwegen verbot daraufhin das Fischen in der Nähe von Kaltwasserriffen. Die EU folgte 2014. In Folge wich die Europäische Fischereiflotte nach Mauretanien aus. Gekaufte Fanglizenzen machen 48 % der Einnahmen Mauretaniens aus. Und so werden ganz legal große Teile des mit 580 Kilometer Länge größten Kaltwasserriffes der Welt zerstört.

Ein weiteres ganz großes Problem für die Tiefsee ist der Plastikmüll, der in unseren Ozeanen landet. Etwa 8,3 Milliarden Tonnen produzierten wir seit den 1950er Jahren. Jedes Jahr kommen etwa 400 Millio-

— **Begehrte Rohstoffe**
Die Manganknollen enthalten begehrte Metalle wie Cobalt, Nickel und den Namensgeber Mangan. Dieses Manganfeld befindet sich in der Clarion-Clipperton-Zone im Zentralpazifik. Auf den Rohstoffen die blaue Seegurke (*Psychropotes longicauda*). Tiefseebergbau würde sicher die Population vieler Arten betreffen.

— **Westatlantik in 650 Meter Tiefe**
Um Kaiserbarsche (*Hoplostethus atlanticus*) zu fangen, werden die Kaltwasserriffe zerstört, in denen er lebt. Da in der kalten Tiefsee die Prozesse des Lebens langsamer ablaufen, dauert es Jahrzehnte bis Jahrhunderte, bis die Riffe sich wieder erholen. Auch die Bestände der Kaiserbarsche sind bedroht, da die Fische erst mit 35 Jahren geschlechtsreif werden. Diese Vorgehensweise ist verheerender als Dynamitfischen.

— **Hollywoodstar Phronima**

Das Tiefseeplankton (*Phronima* sp.)
inspirierte Ridley Scott sowohl vom
Aussehen als auch vom Verhalten zu seinem
Kultfilm „Alien". Das Vorbild für das über
zwei Meter große schreckliche Science-
Fiction-Monster wird jedoch nur etwa
15-25 mm groß. Es lebt als Parasit im Körper
von Salpen, die es von innen auffrisst.

nen Tonnen hinzu. Etwa 23 Millionen Tonnen landen im Wasser und letztendlich etwa 10 Millionen Tonnen im Meer. Das entspricht zwei LKW-Ladungen pro Minute. Plastik macht damit etwa 70 % des gesamten Mülls in den Ozeanen aus. Was wir jedoch an der Oberfläche sehen, ist nur ein kleiner Bruchteil. Neuere Daten deuten darauf hin, dass die Tiefsee unser Endlager für all diesen Plastikmüll darstellt.

Der Plastikmüll unterteilt sich in drei große Gruppen: die großen Stücke, das Mikroplastik mit einer Größe von unter 5 mm und das mit 1–1000 nm winzige Nanoplastik. Alle drei konnten im „Mülleimer der Meere", wie die Tiefsee schon genannt wird, nachgewiesen werden. Aktuell auch in erschreckend hohen Konzentrationen. Eine Untersuchung von Se-

dimenten im Kuril-Kamtschatka-Graben in Tiefen zwischen 5143 und 8250 Metern konnte pro Kilogramm Sediment 14–209 Mikroplastikpartikel nachweisen. Der größte Anteil entfiel auf Polypropylen (33,2 %), gefolgt von Acrylaten/Polyurethan/Lack (19 %) und oxidiertem Polypropylen (17,4 %).[21]

Was passiert mit all dem Plastik in der Tiefsee, das sich mehr und mehr ansammelt? Ein Entfernen ist technisch absolut unmöglich. Ein Teil des Nanoplastik im Sediment sowie der freien Wassersäule wird von Lebewesen aufgenommen werden und gelangt so in die Nahrungskette. Für den Rest gibt es im Grunde nur eine einzige Hoffnung: Bakterien. Auch in der Tiefsee bildet Plastik den neuen Lebensraum, die „Plastisphäre". Eine aktuelle Studie untersuchte die

**— Gefährlicher Kreislauf**
Als Raubtier am Ende der Nahrungskette kommen alle Stoffe, die wir in die Umwelt entlassen, am Ende wieder zu uns zurück. In einer aktuellen Studie von 2022 konnten in 76 % der Muttermilch von 34 gesunden Frauen Nanoplastik nachgewiesen werden.

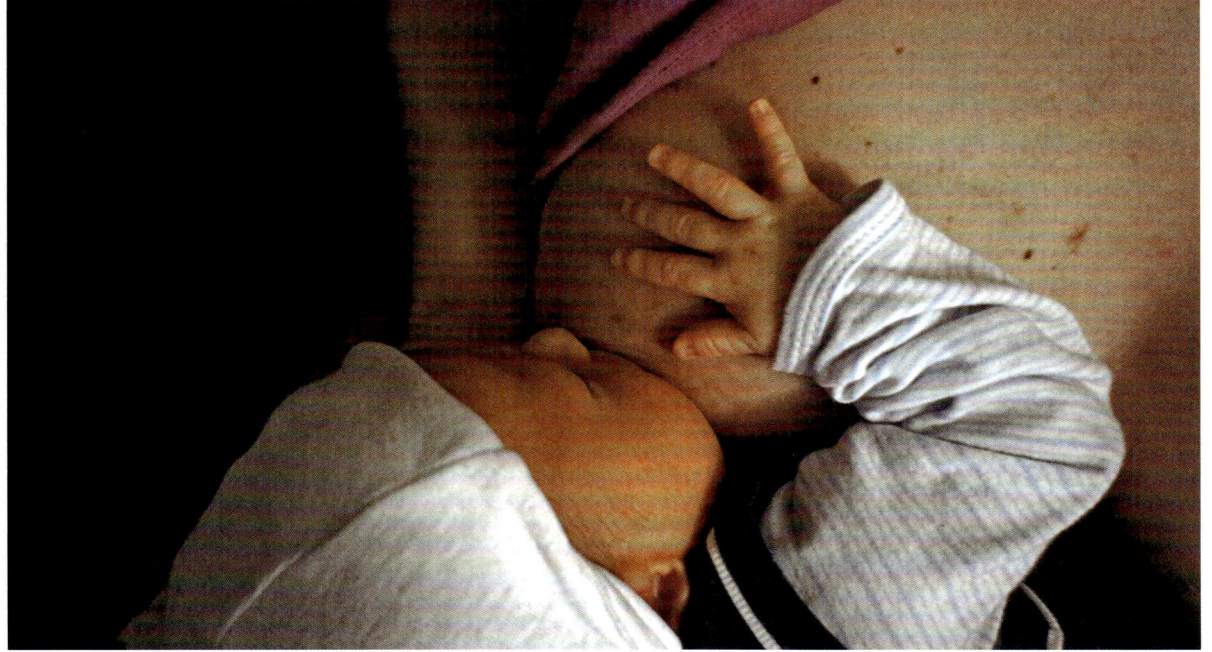

Bakterien, die sich in der Tiefsee auf 1796 Metern ansiedelten.[22] Der überwiegende Teil waren Generalisten, die sich überall ansiedelten. Doch ein kleiner Teil der Bakterien hatte es in sich. So fanden die Wissenschaftler *Pseudoalteromonas*, die Rohöl abbauen können. Ebenso *Novosphingobium*, die am biologischen PE-Abbau beteiligt sind, sowie Enzyme, die ebenfalls Kunststoffe abbauen. Sollte sich diese Entwicklung fortsetzen, wäre dies eine gute Nachricht und wir könnten neben Müllvermeidung auf die Hilfe der Mikroorganismen zählen. Und noch etwas ist sehr bemerkenswert. Prof. Dr. Angelika Brandt: *„Plastik fressende marine Mikroben gibt es ja nur, weil unser Plastikmüll ins Meer gelangt. Die Bakterien haben sich in unglaublichem Tempo an diese neuen Bedingungen angepasst. Der Mensch beeinflusst durch sein Verhalten so nachweislich die Evolution."*

— **Winzig, zahlreich, flexibel**

Die gigantischen Ozeane sind der Herrschaftsbereich der Kleinsten. Mikroorganismen stellen etwa 60 % der gesamten Biomasse der Ozeane. Sie kommen sowohl im Meeresboden als auch im freien Wasser in so unglaublicher Individuenzahl vor, dass eine Zählung unmöglich ist. Manche Arten brauchen keinen Sauerstoff und andere entwickelten in kurzer Zeit die Fähigkeit, Plastik zu fressen. Sie sind einfach unglaublich.

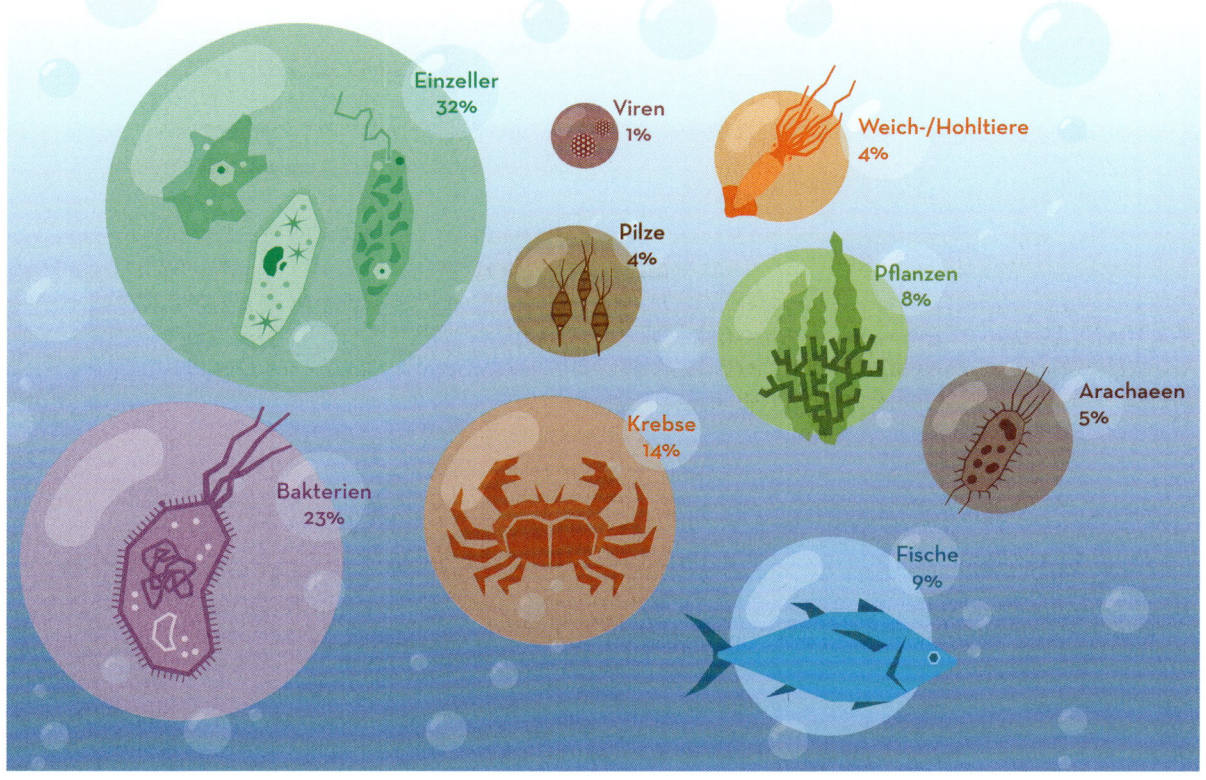

Einzeller 32%
Viren 1%
Weich-/Hohltiere 4%
Pilze 4%
Pflanzen 8%
Arachaeen 5%
Krebse 14%
Bakterien 23%
Fische 9%

**1** The Conversation, April 6, 2020

**2** Future loss of local-scale thermal refugia in coral reef ecosystems, Adele M. Dixon u.a., February 1, 2022, PLOS CLIMATE

**3** Prof. Dr. Christian Wild war auch der Leiter der beiden im fo genden erwähnten Weltkorallenriffkonferenzen ICRS 2021 und ICRS 2022.

**4** Das Dokument kann hier heruntergeladen werden: https://coralreefs.org/publications/rebuilding_coral_reefs/ oder https://www.researchgate.net/publication/362629761_Rebuilding_Coral_Reefs_A_Decadal_Grand_Challenge

**5** Equatorial decline of reef corals during the last Pleistocene interglacial, Wolfgang Kiesslinga[1,2], Carl Simpson[2], Brian Beckb[3], Heike Mewisa, and John M. Pandolfib, PNAS, November 15, 2012

**6** Global biogeography of coral recruitment: tropical decline and subtropical increase, N. N. Price[1,*], S. Muko[2], L. Legendre[3], R. Steneck[4], M. J. H. van Oppen[5,6], R. Albright[5,7,18], P. Ang Jr.[8], R. C. Carpenter[9], A. P. Y. Chui[8], T.-Y. Fan[10], R. D. Gates[11], S. Harii[12], H. Kitano[13], H. Kurihara[14], S. Mitarai[15], J. L. Padilla-Gamiño[16], K. Sakai[12], G. Suzuki[17], P. J. Edmunds[9], MEPS (Marine Ecology Progress Series)

**7** „Die Arktis verliert ihren Schutzschild", Interview mit Antje Boetius, Tagesschau vom 1.2.2023

**8** https://www.ipcc.ch

**9** A positive temperature-dependent effect of elevated $CO_2$ on growth and lipid accumulation in the planktonic copepod, Calanus finmarchicus, David M. Fields u.a. November 2022, Limnology and Oceanography, DOI: 10.1002/lno.12261

**10** Circumpolar projections of Antarctic krill growth potential, Devi Veytia, Stuart Corney, Klaus M. Meiners, So Kawaguchi, Eugene J. Murphy & Sophie Bestley , volume 10, pages568–575 (2020)

**11** Global proliferation of cephalopods, Zoë A. Doubleday, T. A. A. Prowse, A. Arkhipkin, A. Quetglas, W. Sauer, B. M. Gillanders et. al., Current Biology, Volume 26, Issue 10, May 23, 2016, DOI: https://doi.org/10.1016/j.cub.2016.04.002

**12** Adaptive evolution of a key phytoplankton species to ocean acidification,  Kai T. Lohbeck, Ulf Riebesell & Thorsten B. H. Reusch, nature geosciense 08 April 2012

**13** Das neue Ökosystem, das Leben auf dem vom Menschen produzierten Plastikmüll in den Ozeanen beschreibt, wurde zum ersten Mal von den drei Wissenschaftlern Dr. Linda Amaral-Zettler vom Marine Biological Laboratory, Dr. Tracy Mincer vom Woods Hole Oceanographic Institution und Dr. Erik Zettler vom Sea Educaton Association beschrieb/en.

**14** Emergence of a neopelagic community through the establishment of coastal species on the high seas, Linsey E.Haram u. a.; Nature Communications 12, Article number: 6885  02 December 2021

**15** Laboratory experiment shows that bacteria really eat and digest plastic, by Royal Netherlands Institute for Sea Research, https://phys.org/news/2023-01-laboratory-bacteria-digest-plastic.html

**16** Deoxygenation of the Baltic Sea during thelast century Jacob Carstensen', Jesper H. Andersen, Bo G. Gustafsson, and Daniel J. Conley, Edited by David M. Karl, University of Hawaii, Honolulu, HI, and approved March 4, 2014 (received for review December 12, 2013) PNAS| BIOLOGICAL SCIENCES | + March 31, 2014 111 (15) 5628-5633 https://doi.org/10.1073/pnas.1323156111

**17** Declining oxygen in the global ocean and coastal waters, Breitburg et al., Science 359, 5. January 2018

**18** https://ioc.unesco.org/index.php/our-work/second-world-ocean-assessment

**19** „Inaugural Address of the Fischery Conference", Thomas Henry Huxley, Fisheries Exhibition Literatre 4 (1894)

**20** Geomar – Helmholtz-Zentrum für Ozeanforschung Kiel, „Kaltwasserkorallen: Die heimlichen Schönheiten der Tiefe", 28.2.2012, http://www.geomar.de/news/article/kaltwasserkorallen-die-heimlichen-schoenheiten-der-tiefe/

**21** „Systematic identification of microplastics in abyssal and hadal sediments of the Kuril Kamchatka trench", Serena M. Abel, Sebastian Primpke, Ivo Int-Veen, Angelika Brandt, Gunnar Gerdts, Environmental Pollution, 14. November 2020

**22** Bacterial colonisation of plastic in the Rockall Trough, North-East Atlantic: An improved understanding of the deep-sea plastisphere, Max R. Kelly, Paul Whitworth, Alan Jamieson, J. Grant Burgess; Environmental Pollution, Volume 305, 15 July 2022, 119314

**23** Whales in the carbon cycle: can recovery remove carbon dioxide?; Heidi C. Pearson a.o. ; Cell Press; Open AccessPublished: December 15, 2022; DOI: https://doi.org/10.1016/j.tree.2022.10.012

**24** Dieses Phänomen inspirierte den Gründer der NGO „The Ocean Agency" Richard Vevers zu der erfolgreichen Kampagne zum Schutz für Korallenriffe „Glow, Glowing, Gone".

**25** Rebuilding Coral Reefs, A Decadal Grand Challenge, Page 7

**26** Reindeer adapt to climate change by eating seaweed, by Norwegian University of Science and Technology, more information: Brage Bremset Hansen et al, Reindeer turning maritime: Ice-locked tundra triggers changes in dietary niche utilization, Ecosphere (2019). DOI: 10.1002/ecs2.2672

**27** „Fischerei ", world ocean review, 2013, https://worldoceanreview.com/de/wor-2/fischerei/stand-der-welt-fischerei/

# VOM LAND

Das Land macht lediglich 29 % der Erdoberfläche aus, stellt jedoch 86 % aller Arten.

**Zeitreisen und Wanderungen. Waldspaziergänge. Artenarmes Land. Dunkle Welten. Wasserwege. Leben in der Stadt.**

— **Agrarwüste**
Kein Platz für Tiere und Pflanzen und kein Zukunftsmodel. Intensive Landwirtschaft ist weltweit die größte Bedrohung für die Artenvielfalt.

## KALT UND WARM

Gerade als ich diese Zeilen schreibe, erwacht in Berlin der Frühling. Die ersten milden Temperaturen treiben hellgrüne Blätter aus den kahlen Zweigen. Vögel sammeln Nistmaterial. Die ersten Insekten rasten auf der Fensterscheibe meines Büros. Doch vor mehr als 12 000 Jahren eine unvorstellbare Szenerie. Statt Frühling herrschten noch immer Eiseskälte und auch im Sommer würden sich die Temperaturen nicht groß ändern. Mein Büro wäre von um die 200 Meter reinstem Gletschereis bedeckt. Etwa 1000 Kilometer weiter nördlich in Norwegen wäre das Eis sogar 3 Kilometer dick. Willkommen in der Weichseleiszeit, die das Leben auf der Erde von etwa 115 000 v. Chr. bis 11 600 v. Chr. bestimmte. Sie war die letzte Kaltzeit des noch heute andauernden Känozoischen Eiszeitalters. In ihrer kältesten Phase vor 27 000 bis 23 000 Jahren bedeckten gigantische Gletscher den nordamerikanischen Kontinent fast vollständig. In Europa reichten die Gletscher vom Nordpol bis fast zur Elbe. Sie begruben unter sich auch die Gegend des heutigen Berlin, der Stadt, in der ich lebe und arbeite.

Das zweite europäische Gletscherzentrum befand sich bei den Alpen und dehnte sich nach Norden aus. Dazwischen lag, so glaubte man lange, eine artenarme Tundra, ähnlich dem heutigen Sibirien. Doch neuere Erkenntnisse lassen vor unserem geistigen Auge eine artenreiche Savanne mit zahlreichen Blütenpflanzen, Gräsern, Büschen und vereinzelten Baumgruppen entstehen. Begünstigt wurde die Entwicklung der Graslandschaften auch durch die damals herrschende Trockenheit. Damit glich die Landschaft sowohl vom Erscheinungsbild als auch der Pflanzen- und Tierwelt den heutigen Savannen Afrikas. Nur eben kälter. Die Tiere reagierten evolutionär mit viel Fell und großem Wuchs. Der eiszeitlichen Megafauna stand hierfür genügend Nahrung zur Verfügung. Die pflanzliche Primärproduktion der Savanne war hoch genug, um große Populationen von Wollnashörnern, Riesenhirschen, Antilopen, Bären und die berühmten Mammuts zu ernähren. Beute im Überfluss für die Leoparden, Wölfe, Löwen und Hyänen.

**Die eiszeitliche Megafauna von Mammut & Co. gehörte zu den Verlierern der Erderwärmung zu Beginn des Holozäns. Zu den Gewinnern gehörte neben vielen anderen Arten auch der Mensch.**

Sie alle wurden Opfer der dramatischen Veränderungen der globalen Ökosysteme in der jüngeren Erdgeschichte. Zu Beginn des Holozäns vor etwa 11 600 Jahren stiegen die Temperaturen schnell an. Teilweise innerhalb von 20 bis 40 Jahren um 6, in Grönland sogar um bis zu 10 Grad Celsius. Die riesigen Eismassen der Nord-, aber auch der Südhalbkugel schmolzen. Der Meeresspiegel stieg weltweit über 120 Meter. Große Landmassen an den Küsten wurden regelrecht umgestaltet. Der australische Meeresbiologe J.E.N. Veron über die Geschichte des größten Korallenriffs der Erde: *„Für die meiste Zeit der letzten ca. zwei Millionen Jahre sah die Region, die wir heute als das Große Barriere Riff kennen, mehr wie ein Känguruland aus oder, mit heutigen Worten, wie eine Rinderfarm, aber nicht wie ein Korallenriff."*[1] In Afrika füllte sich das Rote Meer mit Wasser aus dem Indischen Ozean. In Nordeuropa entstand nach Rückzug des Eises die Ostsee. Nicht weniger dramatisch die Änderungen an Land. Die Megafauna der Kaltzeit starb auf allen Kontinenten aus. Oft aufgrund von Bejagung durch den Menschen, viele jedoch auch durch den klimabedingten Verlust des Lebensraumes oder durch die Kombination beider Bedrohungen.

Das verschwindende Eis hinterließ zunächst kaum bewohnbare und daher artenarme, von Steinen und Geröll geprägte Landschaften mit kaum fruchtbarer Erde. Aber, anders als die Jahrtausende davor, entstand für das Leben hier im Norden eine neue Siedlungsfläche. Die ersten Arten folgten dem Eis auf dem Fuße.

Die ersten Jahrtausende bis etwa 9000 v. Chr. dominierten die hartgesottenen und kältetoleranten Erstbesiedler wie Birken, die Gemeine Fichte, Zirbel- und Krummholzkiefer, gefolgt von Haselnuss, Efeu und anderen. Immer mehr Erde bildete sich aus den verrotteten Pflanzenresten und stellte den fruchtbaren Boden für weitere Arten bereit. Während des Klimaoptimums des Holozäns von 8000–5000 v. Chr. erreichten schließlich wieder wärmeliebende Baumarten Nordeuropa. Sie hatten die letzte Kaltzeit im Mittelmeerraum überlebt. Darunter die Rotbuche aus

— **Schneller, höher, grüner**
Die aktuelle Baumgrenze in den Alpen liegt bei 1500–1600 Metern.
Bis zum Jahr 2100 wird eine Verschiebung um etwa 350 Meter
nach oben prognostiziert. Zudem wachsen die Bäume schneller.
Unsere Alpen werden grüner.

Südosteuropa, die Eiche, Ulme, Erle, Linde, um die wichtigsten Baumarten zu nennen. Die Rosskastanie, die heute unsere Biergärten schmückt, wanderte ebenfalls aus dem Balkan ein. Eine der wichtigsten Wanderrouten für Pflanzen, Tiere und Menschen führte entlang der Donau durch Südosteuropa, vorbei am heutigen Belgrad, Budapest und Wien. Ein perfekter Verbindungsweg zwischen Süden und Norden unter Umgehung der Alpen.

In den letzten Jahrhunderten kamen noch zahlreiche Arten aus anderen Kontinenten hinzu. Mammutbäume und Douglasien vom amerikanischen Kontinent. Der Ginko aus China usw... Den Pflanzen folgten die Tiere. Wer heute in Belgrad Insekten sammelt, der findet zum großen Teil die gleichen Arten wie in Berlin. Waschbären aus Nordamerika leben heute in ganz Deutschland. Die gesamte Flora und Fauna, die uns heute in Nordeuropa so heimisch vorkommt, besteht aus Einwanderern. Der Biologe Josef H. Reichholf: *„Eigentlich leben wir in einer fremdartigen Natur."*[2] Und er fügt hinzu, dass dies auch einen Großteil unserer Nutzpflanzen betrifft. Kartoffeln stammen aus den Anden Südamerikas, Mais aus Mexiko und unser Getreide stammt aus der Region, in der die Landwirtschaft erfunden wurde: dem Vorderen Orient.

Auf den ersten Blick scheint sich angesichts der Erderwärmung durch den Klimawandel die Geschichte zu wiederholen. Wieder schmilzt das Eis, doch dieses Mal weit im Norden und Süden an den Polen. Wieder wandern die Arten. Die Waldgrenze verschiebt sich nach Norden und im Gebirge wie den Alpen nach oben, wie eine Studie von Rupert Seidel Professor für Ökosystemdynamik und Waldmanagement an der TU München ergab. Und nicht nur das. Im Nationalpark Berchtesgaden wurde schon dokumentiert, dass die Bäume zudem dicker und die Wälder dichter werden.

Aus dem Mittelmeerraum erreichen uns immer mehr wärmeliebende Arten. Die bis zu 7 Zentimeter große Europäische Gottesanbeterin (*Mantis religiosa*) findet man inzwischen sogar in Berlin. Wärmeliebende Einwanderer werden oft als Profiteure des Klimawandels bezeichnet. Die Bezeichnung ist jedoch irreführend. Sie sind Wanderer oder Klimaflüchtlinge, denn auch in ihrer ursprünglichen Heimat ändert sich alles. Die Erwärmung geht schneller voran. Bis zu 5 Grad mehr erwarten Wissenschaftler[3] im östlichen Mittelmeerraum und Nahen Osten bis zum Jahr 2100. Die Länder in der Region erwärmen sich damit doppelt so schnell wie der globale Durchschnitt. Alle Klimazonen der Erde verschieben sich. Nordeuropa wird trockener. Der Mittelmeerraum leidet immer häufiger unter Dürren. Schlagzeilen über austrocknende norditalienische Seen und Dürreschäden in Frankreich werden häufiger werden. Kühle Klimazonen werden gemäßigter, gemäßigte subtropisch und subtropische Klimazonen tropischer. Wie in den Ozeanen wandern Tiere und Ökosysteme polwärts.

Doch zwei große Unterschiede zum Beginn des Holozäns bestehen: Erstens werden die durch den heutigen Klimawandel verursachten Veränderungen nicht so dramatisch sein wie die vor 11 600–8000 Jahren. Zweitens treffen die Veränderungen nur noch auf wenige erhaltene Ökosysteme. Ein Großteil der lebensfreundlichen Landschaften weltweit besteht inzwischen aus vom Menschen umgestalteter Natur. Am weitesten fortgeschritten ist die Umwandlung im dichtbesiedelten Europa. Ursprüngliche Wildnis existiert hier seit über 160 Jahren nicht mehr. Die Natur in Europa ist heute eine einzige Kulturlandschaft. Nur wenige Reste lassen uns erahnen, wie unsere Heimat einst gewesen sein könnte. Überraschenderweise nicht immer besonders artenreich.

**An Land vollzieht sich das gleiche wie in den Ozeanen. Arten und Ökosysteme wandern in kühlere Regionen.**

## WALDSPAZIERGANG

Einer der Waldreste, der uns einen Blick in die wilde Vergangenheit Europas der letzten Jahrtausende und Jahrhunderte gewähren lässt, wächst an der deutschen Ostseeküste im Nationalpark Jasmund. Oberhalb der eindrucksvollen Kreidefelsen stehen dicht an dicht auf fast 30 Quadratkilometern etwa 650 000 Buchen mit spektakulärem Ausblick auf die Ostsee. Die Höhenwanderung von Sassnitz nach Lohme gehört zu den schönsten Küstenwanderungen Europas. Doch so schön der Buchenwald mit seinem Meerblick auch auf uns wirkt, er ist ausgesprochen artenarm. Die Dominanz der Buchen lässt kaum noch andere Vegetation zu. Das dichte Blätterdach raubt ihnen das Licht. Die Buchengemeinschaft verbraucht alle Nährstoffe. Geringe Pflanzenvielfalt wiederum bedeutet geringe Artenvielfalt an Tieren. Wissenschaftler vermuten, dass nach Abschluss der Wiederbesiedlung während der letzten Eiszeit diese Buchenwälder das vorherrschende Waldökosystem in Deutschland gewesen sind. Eine sogenannte „Klimaxvegetation", die sich als stabiler

— **Faszinierend und gefährdet**
Der Hirschkäfer (*Lucanus cervus*) legt seine Eier bevorzugt in Totholz von Eichen. Nur wenn nichts anderes verfügbar ist, nutzt er auch andere Laubbäume. Der mit 8 Zentimeter größte Käfer Europas gilt inzwischen als stark gefährdet, da immer weniger Totholz in unseren Wäldern zu finden ist und viele Fichtenwälder angepflanzt wurden. Wenn wieder mehr Laubwälder mit Eichen entstehen, könnte er davon profitieren.

**— Ökosystemingenieur Wisent**

Der Europäische Bison (*Bos bonasus*) bevölkerte einst in großer Zahl die Wälder Europas. Als großer Pflanzenfresser sorgte er dafür, dass Lichtungen entstanden. Düngte diverse Pflanzen mit seinem Kot und sorgte damit für Artenvielfalt. 1927 erschoss ein Jäger den letzten freilebenden Wisent. Die heute ausgewilderten Tiere stammen alle von zwölf Exemplaren, die in Zoos überlebt hatten.

und dauerhafter Endzustand einer Besiedlung durch Pflanzen einstellt. Auch heute noch gehört die Rotbuche (*Fagus sylvatica*) zu den häufigsten Laubbaumarten in Deutschland. In Europa reicht ihr Verbreitungsgebiet von Sizilien bis Skandinavien, und sie kommt im Mittelmeerraum bis in fast 2000 Meter Höhe vor. Diese heutigen Buchenwälder bringen uns eine wichtige Erkenntnis: Wildnis erzeugt nicht automatisch Artenvielfalt. Wildnis kann auch natürliche Monokulturen wie den Buchenwald erschaffen.

Ein anderes Beispiel für Artenarmut und das Äquivalent zur „wilden Buche" im deutschen Wald geht auf uns Menschen zurück. Ein Blick auf den Boden in Fichtenwälder gestaltet sich ebenfalls langweilig. Nichts als braune Nadeln. Die schnell wachsende Gemeine Fichte (*Picea abies*) ist der Brot- und Butterbaum der deutschen Forstwirtschaft und symbolisiert am deutlichsten, was unsere Wälder heute sind: Landwirtschaft mit Bäumen. Obwohl die gemeine Fichte es eher kühler mag, finden wir sie heute überall. Auch in

Lagen, in denen sie von Natur aus nicht vorkommen würde. Das rächt sich nun in Zeiten des Klimawandels, denn Trockenheit und Wärme schwächen ihre Widerstandskraft und die Borkenkäfer sehen ihre Chance.

Die Buchenwälder kommen mit den klimatischen Veränderungen viel besser zurecht. Ebenso all die anderen Laubbäume wie Eichenarten, Eschen, Berg- und Spitzahorn. Stammen sie doch alle ursprünglich aus dem Mittelmeerraum und sind wärmeres Klima gewohnt. Diese Arten spielen eine Hauptrolle, wenn darüber diskutiert wird, unseren Wald widerstandsfähiger für den Klimawandel zu gestalten. Das Problem dabei, Bäume wachsen langsam. Möglicherweise zu langsam für einen schnellen Wandel, insbesondere wenn Fichtenwälder durch gemischte Laubwälder ersetzt werden sollen. Aus rein forstwirtschaftlichen Gesichtspunkten wäre auch die Gewöhnliche Douglasie (*Pseudotsuga menziesii*) eine gute Alternative. Sie wächst ähnlich schnell und kommt mit Trockenheit und höheren Temperaturen gut zurecht.

Gemischte Laubwälder bedeuten nicht nur Widerstandskraft gegen den Klimawandel, sie bieten auch vielen anderen Pflanzen- und Tierarten einen Lebensraum. Die für die Artenvielfalt wichtigsten Bäume Europas sind Eichen. Sie bieten Lebensraum für etwa 1000 Arten von Insekten, Pilzen und anderem. Etwa die Hälfte davon sind direkt von den Eichen abhängig. Mit einem durchschnittlichen Alter von 500 – 800 Jahren stellen Eichen diese Ökosystemdienstleistung zudem für unzählige Generationen.

Die Tatsache, dass jetzt eine Umgestaltung unserer Wälder notwendig wird, lässt sich als große Chance sehen. Wir können in Zukunft wieder holzwirtschaftlich eher wertlose Bäume wie die Zitterpappel (*Populus tremula*) zulassen. Raupen des seltenen Tagfalters Großer Eisvogel (*Limenitis populi*) sowie diverse andere Schmetterlingsraupen brauchen diesen Baum. Innerhalb des Waldes könnten Lichtungen angelegt und freigehalten werden. Geschützte Zonen für viele Insekten, relativ geschützt vor Pestiziden aus der Landwirtschaft. Alte und tote Bäume zulassen. Alle

**Vor etwa 7500 Jahren bedeckte Wald etwa 90 % Europas. Bis zum 19. Jahrhundert sank der Waldbestand teilweise lokal auf unter 10 %. Heute sind in Deutschland wieder etwa 30 % der Fläche bewaldet.**

Gewässer besonders schützen, selbst vorübergehende, wie Pfützen in Vertiefungen. *„Kleine Fließgewässer im Wald sind Lebensräume schutzwürdiger Libellenarten wie Cordulegaster spec."*[4] An den Waldrändern möglichst 20–30 Meter breite Säume als Übergangszone zur offenen Agrarlandschaft schaffen. Hier können seltene niedrige Bäume wie Wildkirsche oder Mehlbeere gedeihen, sowie Sträucher. Sie bieten Brutplätze und Nahrung für Vögel wie Insekten gleichermaßen.

Und wir brauchen Wälder verschiedenen Alters. Junge sind artenreicher als ältere und auch das Spektrum der Arten verändert sich. Artenvielfalt ist ein Prozess, der die Geschichte eines Biotops begleitet.

Berücksichtigen wir diese Vorgaben, können wir die Artenvielfalt in unseren Wäldern bedeutend fördern. So können wir unserer Rolle als Ökosystemingenieure in Zukunft im positiven Sinne ausfüllen und unsere inzwischen gewonnen Erkenntnisse über die Ökologie des Waldes für die Natur gewinnbringend einsetzen. All diese Maßnahmen schließen eine wirtschaftliche oder Nutzung des Waldes zu Erholungszwecken in keiner Weise aus. Wir brauchen den nachwachsenden Rohstoff Holz. Verbaut bindet er $CO_2$ über Jahrhunderte. Aber ein mehr unter ökologisch gemanagten Aspekten bewirtschafteter Wald wird wesentlich artenreicher sein als heute. Es ist noch nicht einmal erwiesen, ob dadurch die Holzerträge sinken würden, denn dieser Wald der Zukunft wäre wesentlich widerstandsfähiger als der heutige.

Diese Maßnahmen stellen natürlich den ursprünglichen Urwald, der nie vom Menschen beeinflusst wurde, nicht mehr her. Der ist in Deutschland für immer verloren. Nicht viel besser sieht es im restlichen Europa aus. Ein kleines Reststück Urwald findet sich noch in den Bergen von Montenegro. Auch im weißrussischen Teil des Białowieża-Urwaldes existiert einer der letzten Reste des ehemaligen europäischen Urwaldes. Mehr ursprüngliche Waldwildnis hat Europa nicht mehr zu bieten.

Doch den Tieren selbst ist es egal, woher ihre Lebensräume kommen, ob natürlichen Ursprunges oder von Menschenhand gestaltet. Sie leben im Hier und

Jetzt ohne Erinnerung an einen Urwald, von dem noch nicht einmal sicher wäre, ob er wirklich ein besserer Lebensraum gewesen wäre.

## URWALDSPAZIERGANG

Ein völlig anderes Bild zeigt sich auf der anderen Seite des Atlantiks. Während wir in Europa schon seit gut 150 Jahren keine Urwälder mehr haben, erstreckt sich in Amazonien mit etwa 5,29 Millionen Quadratkilometer ein wahrer Gigant. Zum Vergleich: Die Fläche aller 27 Länder der Europäischen Union ist um etwa 1 Million Quadratmeter kleiner. Der überwiegende Teil von 60 % gehört zu Brasilien, 13 % zu Peru, 10 % zu Kolumbien und die restlichen 17 % teilen sich Venezuela, Ecuador, Bolivien, Guyana, Suriname und Französisch-Guyana. Von allen Regenwäldern, die nicht-tropischen eingeschlossen, stellt Amazonien weit mehr als die Hälfte. Und trotz Raubbaus sind noch immer 50 % intakt. 367–733 Gigatonnen $CO_2$ werden hier gespeichert. Würde die im Regenwald gebundene Menge frei werden, wäre das die gesamte Menge $CO_2$, die wir aktuell noch in die Atmosphäre

— **Bedrohte Menschenaffen**
Im Urwald des Kongobeckens lebt unser engster Verwandter:
der Bonobo *(Pan paniscus)*. Die Verwandtschaft hinderte uns
nicht, seinen Lebensraum zu vernichten, ihn zu jagen und aufzuessen.
Heute ist er vom Aussterben bedroht.

**— Regenwald der Zukunft?**
Aufzucht von Setzlingen zur Aufforstung von
gerodeten Flächen im Amazonas-Regenwald in
Mato Grosso. Nachwachsender Regenwald
erhöht die Artenvielfalt. Gegen den Klimawandel
hilft er erst nach zehn Jahren. So lange geben die
frisch aufgeforsteten Flächen noch $CO_2$ an die
Atmosphäre ab.[19]

**Die tropischen Regenwälder der Erde besitzen eine globale Bedeutung, stehen aber unter der Verwaltung weniger Staaten. Unser Einfluss ist begrenzt.**

abgeben könnten, um das 1,5 Grad Ziel einzuhalten.
Amazonien gilt als Kipppunkt für die globale Erderwärmung. Neben seiner globalen Bedeutung beeinflusst der Regenwald auch das lokale Klima. Er erzeugt
gewissermaßen selbst die Regenmengen, die er zum
optimalen Gedeihen braucht.

Den nächsten Giganten von einem Regenwald,
aber im Vergleich zu Amazonien ein Zwerg, finden wir
in der Demokratischen Republik Kongo. Er erstreckt
sich im Kongobecken über 1,7 Millionen Quadratkilometer Fläche und besitzt die vierfache Größe Deutschland. Diese gewaltigen Dimensionen, insbesondere des
Amazonasregenwaldes, führen uns vor Augen, dass
diese Wälder von globaler Bedeutung sind. Ihr Schicksal entscheidet mit, wie sich Klimawandel und Artenvielfalt in Zukunft entwickeln werden.

Initiativen auf globaler und lokaler Ebene zum
Schutz der tropischen Regenwälder gibt es aus diesem

Grund viele. Seit Anfang 2023 versucht die neue brasilianische Regierung, den Raubbau der Vorgängerregie-
rung unter Bolsonaro zu stoppen. Illegale Goldgräber
konnten aus vielen Gebieten vertrieben werden. Die
Unterbindung illegaler Rodungen lief wieder an. Die
deutsche Bundesregierung unterstützt aktuell Brasiliens weitere Schutzbemühungen mit 200 Millionen
Euro. Andere Initiativen kaufen ganze Waldregionen,
um sie vor der Zerstörung zu schützen. Doch letzteres
Engagement, wenn auch wichtig, kann bei dieser Fläche nur ein Tropfen auf den heißen Stein sein.

Die Unterstützung zur Rettung des Amazonas-
Regenwaldes aus den entwickelten Ländern Europas
und den USA hat einen unangenehmen Beigeschmack.
In den betroffenen Ländern weiß man durchaus, wer
die überwiegende Verantwortung für den $CO_2$-Aus-
stoß trägt. Und man sieht, dass sich unsere Anstren-
gung, diesen zu senken, in Grenzen hält. Brasilien dagegen glänzt zusätzlich mit einer sehr guten Energiebi-
lanz. Etwa 50 % der Energie, bei Strom sogar mehr als
80 %, stammen aus erneuerbaren Ressourcen. Davon
können Europa, Japan, China, Südkorea und Nordamerika im Moment nur träumen. Gleichzeitig erwarten wir von Brasilien, die tropischen Regenwälder
nicht als Ressource zu nutzen, um die positive Wirkung auf das Weltklima zu erhalten. Die entwickelten
Länder dagegen haben in der Vergangenheit ohne zu
zögern die eigene Natur geopfert, um wirtschaftlich
voranzukommen. In den tropischen Regenwaldgebie-
ten der Erde dagegen existiert noch immer ein Vielfaches an Ökosystemen und Artenvielfalt.

Doch ob dies in Zukunft so bleibt? Eine aktuelle
wissenschaftliche Studie[5] vom März 2022 zeigt, dass
der Amazonas-Regenwald seit den 2000er Jahren viel
von seiner Widerstandskraft und Regenerierfähigkeit
verloren hat. Die Kombination von Abholzung,
Brandrodungen und längeren Trockenzeiten, so die
Studie, brachten das *Amazonasgebiet möglicherweise
bereits in die Nähe einer kritischen Schwelle für das
Absterben des Regenwaldes"* und sie führt weiter aus:
*„... in Teilen des Regenwaldes, die näher an menschli-
chen Aktivitäten liegen, geht die Widerstandsfähigkeit*

*schnelter verloren.*" Immerhin, ein direkter Einfluss des Klimawandels konnte nicht festgestellt werden.

Dabei gab es hier schon seit etwa 30 000 Jahren menschliche Aktivitäten. So lange schon ist die Wildnis des Amazonas-Regenwaldes die Heimat der indigenen Völker Amazoniens. Sie leben mit und von der tropischen Natur und sind unsere natürlichen Verbündeten, wenn es um ihren Schutz geht. Damit stehen sie an vorderster Front und ziehen den Hass von Goldgräbern, Farmern und Holzfällern auf sich. Morddrohungen und Morde, Überfälle und Schusswechsel wie 2021 im Yanomami-Territorium zwischen Indigenen und Goldsuchern kommen sehr häufig vor. In Munduruku, einem brasilianischen Bundesstaat,

wurden zeitweise mehr Menschen erschossen als in Rio de Janeiro. Immer ging es um Eigentumsrechte an Land.

Dass es die Indigenen in vielen Gebieten noch gibt, verdanken sie auch ihrem Wissen. Keiner kennt den Urwald besser als sie. Ein Vorteil gegenüber den illegalen Eindringlingen. Und sie schätzen am Regenwald, was ihn wirklich einzigartig macht: seine Artenvielfalt und seine scheue, schwer zugängliche Schönheit. Ein ganzes Leben vor Ort gepaart mit reichlich Wissen über das Verhalten der anderen Mitbewohner reicht höchstens, um einen Bruchteil davon zu sehen. Unsichtbar in den Baumgipfeln leben Tausende von winzigen Käfern und andere Insekten. Etwa 1000 Kä-

— **Typisch tropischer Regenwald**
Sieht einförmig aus, strotzt aber vor unglaublicher Vielfalt. Papua-Neuguinea ist der drittgrößte Inselstaat der Welt und gehört zu den zehn artreichsten Regionen unseres Planeten. 55 % aller Arten, die hier Leben, kommen nur hier vor. Die Vielfalt der Arten spiegelt sich auch in der Vielfalt der menschlichen Kulturen wider. Hier werden 839 verschiedene Sprachen und Dialekte gesprochen. Eine einzigartige Insel.

### — Regenwald und kalt

Neben den tropischen Regenwäldern existierten
früher auch zahlreiche gemäßigte Regenwälder wie
der streng geschützte Great Bear Rainforest in
British Columbia in Kanada. Er ist einer der letzten,
größten und unberührtesten seiner Art. Hier wachsen
1000 Jahre alte Rotzedern und 90 Meter hohe
Sitka-Fichten. Pumas, Wölfe, Grizzlybären und
Kermodebären sagen sich hier gute Nacht.

ferarten konnten schon an einem einzigen Urwaldriesen gezählt werden. Kein Baum in einem anderen Teil der Welt schafft diese Zahl. Andere Tiere wiederum, wie Vogelspinnen, diverse Schlangen oder der Jaguar gehen nachts auf Beutejagd. Eine Tageszeit, die auch Indigene lieber in ihrer Unterkunft verbringen. Allein 10 % aller Arten der Erde leben hier und machen Amazonien zu einem Hotspot der Artenvielfalt auf der Erde.

Zentren der Evolution und der Vielfalt sind auch alle anderen tropischen Regenwälder. Den zweitgrößten tropischen Regenwald das Kongobecken haben wir schon erwähnt. Das drittgrößte Gebiet finden wir in Neuguinea und Nordostaustralien. Hier existiert mit einem Alter von etwa 180 Millionen Jahren einer der ältesten Regenwälder der Erde, der Daintree-Regenwald. Zahlreiche kleinere Regenwaldgebiete finden wir auch in den Ländern des tropischen Asiens wie in Indonesien, den Philippinen, Malaysia, Burma und Thailand. Ebenso in den Ländern Mittelamerikas. All diese Gebiete sind die Juwelen der Artenvielfalt und wir müssen alles daransetzten, diese zu erhalten.

Doch wie und wo ansetzten? Die Lösung liegt in der wirtschaftlichen Situation der einzelnen Länder. In Afrika, Asien und ganz besonders in Brasilien gehört die Landwirtschaft zu den wichtigsten Wirtschaftszweigen. Brasilien ist inzwischen der Exportweltmeister von Agrarprodukten. Das Land gilt als die Kornkammer der Welt, der man zutraut, Nahrungsmittel für 1 Milliarde Menschen produzieren zu können. Die Kehrseite der Medaille: Immer mehr Regenwald muss der landwirtschaftlichen Produktion weichen.

Doch wie genau wird die gerodete Fläche genutzt? Etwa 60 % werden zu Viehweiden, 6 % dient dem Anbau von Nahrungsmitteln, 23 % ehemalige Nutzflächen werden schon nicht mehr genutzt und wachsen mit Sekundärvegetation zu. Der Rest verteilt sich auf Siedlungen, Straßen usw. Der Bergbau ist nur für 0,1 % der Waldzerstörung verantwortlich. Eindeutige Zahlen, die belegen, dass gerodete Fläche überwie-

**Die Rodung von tropischem Regenwald, um Agrarfläche zu gewinnen, degradiert das artenreichste Ökosystem des Landes in einen Lebensraum für wenige Arten von Nutzpflanzen oder Weidetieren.**

— **Ökologischer Fußabdruck**
Die NGO „Global Footprint Network"[20] berechnet jedes Jahr global und für einzelne Länder den Erdüberlastungstag. Der Tag zeigt an, wann die Produktivität der Erde, erschöpft wäre, wenn wir nachhaltig wirtschaften würden. 2023 fiel in Deutschland der Tag auf den 4. Mai, global auf den 28. Juli. Die Weltbevölkerung würde demnach 1,75 Erden benötigen. Wäre der Verbrauch in Deutschland der Maßstab sogar drei. Die Daten zeigen wie stark wir mit allen anderen Lebewesen in Konkurrenz um die Nutzung der Ökosysteme der Erde stehe

gend zur Fleischproduktion genutzt wird. Dafür tragen wir auch eine Mitverantwortung.

Etwa 2,5 Millionen Tonnen Soja importieren wir aus Brasilien, um unsere Nutztiere zu füttern. Geschätzt 20 % wurde auf Feldern angebaut, für die illegal Regenwald gerodet wurde. Könnten wir die Entstehung unseres Schnitzels auf dem Teller zurückverfolgen, könnten wir also im tropischen Regenwald Amazoniens landen. Global, so schätzt die EU, gehen in den letzten 30 Jahren etwa 10 % der Rodungen des Regenwaldes auf Importe in die EU zurück. Damit soll jetzt Schluss sein. Am 16.5.2023 beschloss die EU den Import von Produkten, für die Regenwald abgeholzt wurde, zu verbieten. Die Regelung gilt nicht nur für Brasilien, sondern für alle Länder und umfasst eine breite Produktpalette von Kakao, Kaffee, Holz, Palmöl, Kautschuk, Soja bis zu Rindfleisch.

Doch das Problem geht viel tiefer und der Regenwald ist nur ein Teil der globalen Geschichte. Wenn wir über die Bedrohung der Biodiversität sprechen und die Ursachen verstehen wollen, müssen wir die Art von Landwirtschaft, die wir heute praktizieren, ändern. Die Artenvielfalt unseres Planeten droht ansonsten in unseren Mägen zu verschwinden.

### VON RINDERN UND INSEKTEN

Gefühlt gab es schon lange ein Insektensterben. Aber es lagen keine wirklich empirischen Daten vor. Und auf Basis der Erinnerung, dass früher die Wiesen voller und die Schmetterlinge zahlreicher waren, kann man schlecht wissenschaftliche Aussagen aufbauen. Die fehlende Datenlage über den Rückgang der Insektenbiomasse in Deutschland und global war ein bequemes Ruhekissen für die Verantwortlichen in Politik, Industrie und Landwirtschaft. Und wer sollte die Daten erheben? Langzeitstudien von Insektenkundlern über Jahrzehnte kann niemand bezahlen. Und wer interessiert sich überhaupt für diese Tiere, die den meisten eher als Plagegeister denn als nützliche Mitbewohner bekannt sind?

Doch 2017 folgte der Paukenschlag. Im Fachmagazin PLOSONE erschien die Studie, die heute berühmt ist und nur noch die „Krefelder Studie"[6] genannt wird. Hier stand schwarz auf weiß und nicht mehr abstreitbar, denn die Methoden der Datenerhebung waren über jeden Zweifel erhaben: *„Unsere Analyse schätzt, dass die Biomasse der Fluginsekten in den 27 Jahren der Studie saisonal um 76 % und im Hochsommer um 82 % abgenommen hat."* Überwiegend insektenbegeisterte Mitglieder des Entomologischen Vereins Krefeld hatten sich über Jahrzehnte die Arbeit gemacht, diszipliniert an immer den gleichen Stellen Insektenfallen aufzustellen und diese auszuwerten. Alles ehrenamtlich. Ein schöneres und wichtigeres Beispiel für Bürgerengagement und „Citizen Science" in Sachen Naturschutz kann man kaum finden. Den Freiwilligen verdanken wir, dass das Thema plötzlich im Fokus stand. Journalisten und Wissenschaftler pilgerten nach Krefeld. Und weitere Studien auf wissenschaftlicher Ebene folgten. Und dieses Mal nicht nur in Deutschland, sondern auch in Nordamerika und auch global versuchte man an Daten zu kommen.

Wissenschaftler der Universität von Sydney, Australien machten sich unter der Leitung des Ökologen Francisco Sánchez-Bayo auf die Suche. Ihre Studie, die weltweite Berichte über Insektenpopulationen auswertete, kam zu ebenfalls bedrohlichen Zahlen. Doch er geht noch einen entscheidenden Schritt weiter. Er wertet die Daten nach den Ursachen aus. Das Ergebnis: Mit 46 % fast die Hälfte aller Rückgänge geht auf Kosten des Lebensraumverlustes aufgrund landwirtschaftlicher Nutzung und dem großen Einsatz von Düngemitteln,

Pestiziden und Herbiziden. Für lediglich 5 % ist der Klimawandel verantwortlich. Als Besonderheit hebt Francisco Sánchez-Bayo hervor, dass auch viele Insektenarten betroffen sind, die als Generalisten bezeichnet werden. Ein überraschendes Ergebnis, da diese normalerweise widerstandsfähiger und flexibler sind. Bei Veränderungen der Umwelt gehören sie normalerweise zu den Gewinnern.

Und gerade als ich diese Zeilen schreibe, flattert die nächste Studie über den Rückgang der Vogelpopulationen in Europa auf meinen Tisch, die zu folgendem Ergebnis kommt: *„..., dass die Intensivierung der Landwirtschaft, insbesondere der Einsatz von Pestiziden und Düngemitteln, die Hauptursache für den Rückgang der meisten Vogelpopulationen ist, ..."*[7] Nach den Studien über die Insekten nicht wirklich eine Überraschung, denn viele Vogelarten fressen Insekten und sind damit direkt von Insektenpopulationen abhängig.

Doch wie können wir diese verheerenden Entwicklungen stoppen? Ein Blick auf die nackten Zahlen der Landnutzung macht wenig Hoffnung. Laut Statistischem Bundesamt wird in Deutschland 50,5 % der Fläche landwirtschaftlich genutzt. 14,5 % nehmen Siedlungs- und Verkehrsflächen in Anspruch. Die Waldfläche von etwa 29,8 % müssten wir ehrlicherweise auch der Landwirtschaft zuordnen, denn auch sie wird unter dem Gebot der Ertragsmaximierung

**Verantwortlich für das Artensterben ist zu etwa 50 % die intensive Landwirtschaft. Andere Faktoren wie Urbanisierung und Klimawandel spielen eine weit geringere Rolle.**

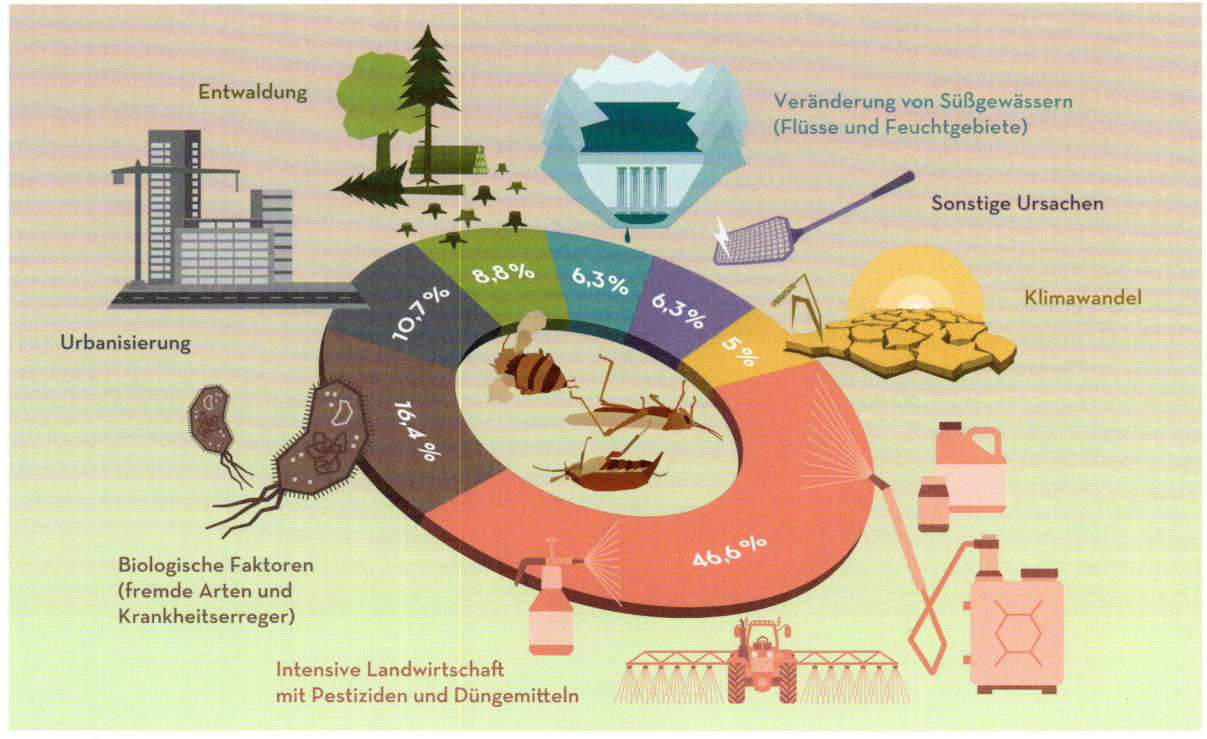

Entwaldung

Veränderung von Süßgewässern
(Flüsse und Feuchtgebiete)

Sonstige Ursachen

Klimawandel

Urbanisierung

**8,8%** **6,3%** **6,3%** **5%**

**10,7%**

**16,4%**

**46,6%**

Biologische Faktoren
(fremde Arten und
Krankheitserreger)

Intensive Landwirtschaft
mit Pestiziden und Düngemitteln

— **Ursachen und Folgen**

Die Auswertung der Studie von Sánchez-Bayo legt die Vermutung
nahe, dass wir das Insektensterben jetzt durch Änderung der
Agrarproduktion stoppen müssen, sonst wird es kaum noch welche
geben, wenn der Klimawandel ab 2100 seine volle Kraft entfaltet.

bewirtschaftet. Die restlichen 5,2 % verteilen sich auf Gewässer und Bergregionen. Da bleibt kaum noch Platz für Schmetterling, Feldlerche & Co. Und wie sieht es mit dem Einsatz von Pestiziden und Herbiziden aus? Besser als noch in den 1970er Jahren, als man zeitweise aufgrund des Chemiegestanks am liebsten mit Gasmaske durch die Weinberge gewandert wäre. Aber immer noch viel zu tödlich für Schäd- und Nützlinge, und das nicht nur auf den Ackerflächen.

Als Alternative bietet sich die ökologische Landwirtschaft an und eine Ausweitung ist erwünscht. Die letzte Agrarreform der EU vom November 2021 sieht vor, dass der ökologische Landbau bis 2030 auf 25 % der Agrarflächen aller 27 Mitgliedsstaaten ausgebaut werden sollte. Über die Vor- und Nachteile der biologischen gegenüber der konventionellen Landwirtschaft wurde schon viel geschrieben, sodass ich mich hier auf die Auswirkungen auf die Artenvielfalt beschränken möchte. Beim Anbau ohne Pestizide und Herbizide liegt sie bis zu 108 % höher als bei konventioneller Landwirtschaft. Doch leider täuscht der erste Eindruck, denn die ökologische Landwirtschaft hat einen großen Nachteil. Die Erträge pro Hektar liegen je nach Produkt bei lediglich etwa 90 % und 60 % des konventionellen Landbaus. Um die gleichen Erträge zu erzeugen, bräuchten wir also mehr Flächen. Mehr Flächen bedeuten unterm Strich weniger Lebensraum für Tiere und Pflanzen. Da der Verlust von Lebensräumen einer der Haupttreiber der sinkenden Biomasse an Tieren und Pflanzen ist, kann die ökologische Landwirtschaft trotz all ihrer Vorteile kein Ausweg aus der Artenkrise sein. Und mit welchen Flächen sollen die 2 Milliarden zusätzliche Menschen ernährt werden, die wir bis 2100 noch erwarten, wenn wir das Maximum von 10 Milliarden erreicht haben, bevor die Erdbevölkerung wieder sinken wird?

Die Situation klingt aussichtslos. Umso verblüffender, dass es zwei recht einfach zu realisierende Möglichkeiten gäbe, sowohl das Ernährungs- als auch das Diversitätsproblem zu lösen.

Eine der Antworten lautet weniger Fleischkonsum. Das bedeutet keineswegs, dass wir alle zu Vegetariern oder Veganern werden sollten. Tierhaltung im Freien kann sich sogar positiv auf die Artenvielfalt auswirken, wie wir noch sehen werden.

#### — Dünger aus der Luft
Pflanzen profitieren vom zunehmenden $CO_2$-Gehalt in der Luft. Forscher prognostizieren, dass dies dazu führt, dass bei 2 Grad Erderwärmung die Weizenerträge bis zu 2 % steigen könnten. Auch wildlebende Pflanzen könnten profitieren.

Herkömmliche Fleischproduktion ist mit großem Abstand für den größten Flächenverbrauch verantwortlich. In Deutschland zum Beispiel dienen 60 % der landwirtschaftlichen Nutzfläche der Futterproduktion für Nutztiere. International sind es sogar 70 %. Davon besteht wiederum die Hälfte aus Acker- und die andere aus Wiese- und Weideflächen, die zum großen Teil auch nicht anders genutzt werden können. Insgesamt 60 % des gesamten in Deutschland genutzten, hier produzierten und importierten Getreides wird für Tierfutter verwendet. Hinzu kommen Soja und andere Produkte. Bei Rindfleisch liegt der Verbrauch besonders hoch. Für ein Kilogramm Rindfleisch benötigt man zwischen 4 – 9,5 Kilogramm Getreide, hinzu kommen 15 400 Liter Wasser, 22 Kilogramm Treibhausgase. Der Verbrauch an Nutzfläche beträgt pro erzeugter Kalorie Rindfleisch in etwa das Zehnfache dessen, was pflanzliche Produkte benötigen. Bedenken wir noch, dass etwa 6,5 % der Nutzfläche nicht zur Erzeugung von Nahrungsmitteln, sondern von Biosprit eingesetzt wird, verfügen wir über gigantische Flächenreserven. Diese Daten werden durch zahlreiche Studien und auch im Wesentlichen vom Ernährungsbericht der UN bestätigt und zeigen in den meisten Ländern ähnliche Verhältnisse.

Schon eine Reduzierung von 50 % des weltweiten Fleischkonsums würde uns ermöglichen, mehr Menschen zu ernähren, mehr Biolandwirtschaft zu betreiben und mehr Flächen zu renaturieren. Ein weiterer positiver Nebeneffekt. Alle wissenschaftlichen Studien belegen, dass mehr vegetarische Produkte einen positiven Effekt auf die Weltgesundheit ausüben würden. Bis zu 10 Millionen frühzeitige Todesfälle könnten verhindert werden.

Die andere Möglichkeit, mit einfachen Mitteln den Verlust von Biomasse, lokalem und großflächigem Aussterben aufzuhalten, gelingt mit der Wiederherstellung von Lebensräumen. Bei der Umsetzung hilft die Erinnerung an die Zeit vor der großen Flurbereinigung. Damals existierten neben Wegen, Gewässern und als Trennung von Eigentum wesentlich mehr Säume aus Gräsern, Blühpflanzen, Sträuchern und

— **Pestizideinsatz in Brasilien**
In vielen Ländern gelten weniger strenge Gesetze als in der EU. Da
in der EU verbotene Pestizide jedoch exportiert werden dürfen, finden
sie in vielen Ländern des globalen Südens Verwendung. In Brasilien
sind fast 30 % der Pestizide hochtoxisch, in Kenia sogar etwa 50 %.

kleinen Gehölzen. Die pflanzliche Artenvielfalt war hier besonders hoch und lud damit auch eine Vielfalt an Nutznießern ein. Spinnen, Wildbienen und Tagfalter fanden hier ein Auskommen, Feldhasen und Rebhühner ein Versteck. Besonders die Säume am Rande von Wegen können bei Wiederherstellung ein Netzwerk bilden, das die gesamte Landschaft wieder verbindet. Der Flächenverbrauch, der der Landwirtschaft dadurch entgehen würde, wäre minimal, selbst wenn die Säume möglichst breit angelegt werden, denn oft sind diese Bereiche sowieso nur eingeschränkt nutzbar. Die Summe der Insektenpopulationen könnte auch durch Blühstreifen und Flächen gefördert werden.

Kleine verbundene Flächen wiederum ergäben als Ganzes ein großes, vernetztes Rückzugs-, Fortpflanzungs- und Nahrungsgebiet für eine Vielzahl von Arten. Wichtig wäre auch, diese vor Pestiziden zu schützen, sollten die angrenzenden Anbauflächen konventionell bewirtschaftet werden. Säume an Gewässern hätten zudem den Vorteil, dass sie durch Verschattung kühlend auf das Wasser wirken und die Verdunstung reduzieren. Eine wichtige Funktion gerade jetzt bei zunehmender Trockenheit durch den Klimawandel.

Diese Konzepte erfordern ein Umdenken. Landwirtschaft sollte nicht mehr nur der Erzeugung von möglichst viel und billigen Lebensmitteln dienen, sondern auch dem Erhalt der Vielfalt durch Landschaftspflege. Landwirte sollten für diese Leistungen einen finanziellen Ausgleich bekommen, so wie er beim Anlegen von Blühstreifen schon gewährt wird. Diese Dienstleistung der Landwirte wäre auch für andere Kulturlandschaften wünschenswert, die als besonders artenreich gelten: die Bergwiesen, entstanden

**— Blühstreifen und Blühflächen**
Beide Maßnahmen finden bei den Landwirten
Zuspruch. Untersuchungen vom Mannheimer Institut
für Agrarökologie kamen zu dem Ergebnis, dass
mehrjährige Blühflächen am wirkungsvollsten sind.

durch Jahrhunderte alte schonende Bewirtschaftung. Mehr als 100 Kräuterarten auf einer Bergwiese sind keine Seltenheit. Immer mehr Landwirte stellen die Bewirtschaftung durch Viehhaltung und Mähen jedoch ein. Die Folge ist, dass Wiesen mit Büschen und Bäumen wie die Bergkiefer (*Pinus mugo*) zuwachsen und Vielfalt der Einfalt weicht. Auch dies ein Beispiel, dass natürliche Prozesse nicht immer ein Vorteil für die Artenvielfalt darstellen.

Auch die Kulturlandschaft der Wiesen und Weiden im Flachland gehört zu den artenreichsten Regionen Deutschlands. Hier leben mehr als die Hälfte aller in Deutschland vorkommenden Pflanzen- und Tierarten. Wiesen, die nicht beweidet, viel gedüngt und mehrmals im Jahr gemäht werden, sind artenärmer als Weiden. Hohe Artenvielfalt dagegen entsteht, wenn nicht überdüngt und nur wenige Tiere wie Kühe, Schafe oder Ziegen weiden. So bleiben immer genug Gräser stehen und können Samen bilden. Der Dung besteht ausschließlich aus Tierkot wie Kuhfladen. Dieser stellt eine beliebte Nahrungsquelle für Insekten dar. Bis zu 4000 Individuen fanden Wissenschaftler schon im Rinderkot. Die Tritte der schweren Weidetiere wiederum schaffen für grabende Insekten wie Wildbienen und andere einen Weg durch die dichte Vegetation. Die Nutztiere erfüllen im Grunde die biologische Funktion der ehemals in Europa existierenden großen freilebenden Pflanzenfresser. Zudem lieben die Nutztiere die Weide. Trotz Domestikation entspricht diese Lebensweise ihren Bedürfnissen. Ihre Produkte kann man ruhigen Klima-Gewissens genießen.

## UNERWÜNSCHTES WASSER

Der Lieblingsplatz meiner Kindheit war ein kleiner versteckter Tümpel zwischen Lauda-Königshofen und Heckfeld in Tauber-Franken. Etwa 30 × 30 Meter auf einer Anhöhe gelegen, umgeben von Feldern, aber ge-

**Lebensraum Weide**
Der Kuhfladen einer einzigen Kuh ernährt so viele Insekten, dass deren Biomasse wiederum ausreicht, um ein Pärchen des großen Brachvogels (*Numenius arquata*) eine Saison zu versorgen.

schützt durch dichte, hohe Hecken. Zwei kleine Pfade führten durch sie hindurch und zu meinem kleinen Paradies. Hier wurde meine Faszination für die Natur geboren. Jedes Jahr fieberte ich dem Frühling entgegen und konnte es kaum erwarten, Hunderte von Kröten, Grasfröschen und Gelbbauchunken beim Paaren und Laichen zu beobachten. Es dauerte nicht lange und das Wasser wimmelte von Kaulquappen. Genug Nahrung für die räuberischen Libellen- und Gelbrandkäferlarven. Dazwischen Berg- und Kammmolche in unglaublicher Zahl. Man musste nur hineingreifen und schon hatte man einen gefangen. Von hier stammten auch meine ersten Wasserproben, die ich in kleinen Glasflaschen mit nach Hause nahm. Unter dem Mikroskop offenbarten die Proben einen Blick in eine weitere unglaubliche Wunderwelt. Noch heute, 50 Jahre später, zieht es mich immer wieder an diesen Ort meiner Kindheit. Doch der Anblick erfüllt mich jedes Mal mit Trauer. Im besten Falle existieren nach dem Winter ein paar leblose Pfützen. Amphibien leben hier schon lange nicht mehr. Die Vielfalt dieses Ortes existiert nur noch in meiner Erinnerung.

Das Schicksal des kleinen Tümpels ereilte inzwischen viele kleine Gewässer in Deutschland.

Entwässerungsgräben durchziehen die Landschaft, um Feuchtgebiete trockenzulegen. Flüsse wurden begradigt, die Ufer einbetoniert. Kleine Bäche oft ganz überbaut. Staudämme verhindern, dass Auenwälder überschwemmt werden. Wir versiegeln mit Straßen und Städten unsere Böden. In den regenreichen Jahreszeiten kann das Wasser so nicht mehr in den Boden eindringen, um das Grundwasser aufzufüllen. Es sammelt sich stattdessen in der Kanalisation, füllt die Flüsse und verschwindet auf Nimmerwiedersehen in den Ozeanen. Der Grundwasserspiegel sinkt und sinkt, da wir trotz mangelndem Nachschub mehr und mehr entnehmen. Wir entwickelten viel Fantasie und

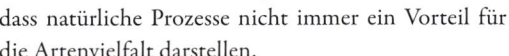

Infrastruktur, um unser Wasser so schnell wie möglich loszuwerden. Unser Lohn: Aus Feuchtgebieten wurden Siedlungsflächen und landwirtschaftlich nutzbare Gebiete. Begradigte und ausgebaggerte Flüsse nutzen der Binnenschifffahrt. Dafür opferten wir unsere natürlichen Wasserspeicher. Zahlreiche Arten, die in Feuchtgebieten einst heimisch und zahlreich waren, wie zum Beispiel Amphibien, fanden ihre neue Heimat auf den Listen der bedrohten Arten.

Deutschland ist hier kein Einzelfall. Weltweit stoßen wir auf die gleichen Probleme. Dabei wäre das Leben an Land ohne Süßwasser verloren. Eindrucksvoll symbolisiert dies ein Flug über den ägyptischen Teil des Nil. Ein breites grünes Band voller Leben begleitet den mit 6650 Kilometern längsten Fluss der Welt. Es folgt jeder Windung, versucht an den Rändern sich in die umgebende wasserlose Wüste auszubreiten, nur

**Die zunehmend trockenen Sommer, die wir in Deutschland erleben, haben wir dem Klimawandel zu verdanken. Unser Wassermangel jedoch ist weitgehend hausgemacht.**

— **Bedrohte Amphibien**
Kaum eine Tiergruppe ist weltweit so bedroht wie die Amphibien. Kleine Populationen und kleine Verbreitungsgebiete, das Aussterberisiko erhöht durch sich ausbreitende Krankheiten, die in vielen Regionen epidemische Ausmaße annahmen. In Ländern wie Deutschland wiederum dominiert die Vernichtung von Lebensräumen. Von den etwa 2500 bekannten Arten gelten über 60% als stark gefährdet oder vom Aussterben bedroht.

um nach wenigen Metern zu scheitern. In der Wüste wächst so gut wie nichts. Nur ganz wenige Tiere, Spezialisten allesamt, finden hier ein Auskommen. So würde unser Planet ohne Süßwasser aussehen, steinig, staubig, trocken, lebensfeindlich und extrem artenarm.

Diese lebensfeindlichen Zonen werden sich ausbreiten, je höher der Klimawandel die Temperatur treibt. Ostafrika leidet schon seit vielen Jahren an einer beispiellosen Dürre. Zudem hat sich die Trockenheit schon Richtung Norden ausgebreitet. Italien, Frankreich, Spanien, sie alle leiden an Wassermangel. Immer häufiger brechen Waldbrände aus, selbst in Kanada und Sibirien, und die Waldbrandsaison wird von Jahrzehnt zu Jahrzehnt länger.

In Mittel- und Nordeuropa lebten wir lange in einem Süßwasserschlaraffenland. Vielleicht dachten wir deshalb, wir könnten unsere Landschaft ohne Probleme trockenlegen. Doch jetzt in Zeiten des Klimawandels erweisen sich die Maßnahmen der Vergangenheit als große Fehler. Was einst im Überfluss zur Verfügung stand, wird nun zur Mangelware. Am fatalsten wirkt sich die Trockenlegung der Moore aus, denn diese waren einst unsere Verbündeten im Kampf gegen den Klimawandel. Ihre Fähigkeiten wieder herzustellen ist ebenso wichtig wie ein Tempolimit, der Ausbau der Solar- und Windkraft sowie alle anderen $CO_2$ reduzierenden Maßnahmen. Kein anderes Ökosystem der Erde speichert so effektiv $CO_2$ wie Moore. Auf den 3 % des terrestrischen Landes, das sie bedecken, speichern sie in ihren Torfböden etwa so viel $CO_2$ wie die gesamte Vegetation der Erde. Zur Erinnerung: Pflanzen stellen 82 % der gesamten Biomasse. Moore sind die Klimaschützer unter den Ökosystemen.

Auch in Deutschland gibt es zahlreiche Moore. Sie sind, was die $CO_2$ Bilanz angeht, die „Regenwälder" vor unserer Haustür, beziehungsweise sie waren es, denn inzwischen wurden in Deutschland mehr als 90 % der Moorflächen trockengelegt, um Torf zu gewinnen und um sie für land- und forstwirtschaftliche Zwecke zu nutzen. Ein trockenes Moor reagiert jedoch wie ein abgeholzter tropischer Regenwald. Es verwandelt sich von einem $CO_2$-Speicher in ein Öko-

— **Gefangen und bald verdaut**
Pflanzliche Nährstoffe sind in Mooren Mangelware.
Die Evolution fand darauf eine innovative Antwort:
fleischfressende Pflanzen.

system, das $CO_2$ an die Atmosphäre abgibt. Unglaubliche 7 % des gesamten $CO_2$-Ausstosses Deutschlands gehen auf das Konto der trockengelegten Moore. Zudem entfällt die Funktion als effektiver Wasserspeicher.

Es wäre ein Leichtes, den Prozess wieder umzukehren. Es müssten lediglich die Entwässerungskanäle blockiert werden. Doch dem steht entgegen, dass viele Landwirte für ihr ehemaliges Moorgebiet entschädigt werden müssten. In Deutschland geht es um etwa 1,2 Millionen Hektar. So werden aktuell nur wenige Moore renaturiert. Das ehemalige Moor auf der Rehwiese in der Nähe von Oranienburg gehört dazu. Seit der Vernässung 2015 wurden bis heute etwa 7000 Tonnen $CO_2$ Emissionen eingespart. „MoorFutures" ist also möglich. Wer sich für die wichtigen Moore engagieren möchte, kann dies schon für 74,00 Euro.[8] Ein Zertifikat entspricht einer Tonne eingespartem $CO_2$, was etwa 5000 Kilometer mit dem PKW entspricht. „MoorFutures" bringt damit Bewegung in die Renaturierung dieses wichtigen Ökosystems, denn trotz Aufnahme in diverse EU-Richtlinien, wie die EU-Strategie zur Erhaltung der biologischen Vielfalt (Europäische Kommission, 2011), die Habitat-Richtlinie

**Der Anteil Deutschlands am gesamten weltweiten $CO_2$-Ausstoss beträgt 2 %. Der Anteil weltweit trockengelegter Moore 5 %.**

(Europäische Union, 1992), die Wasserrahmenrichtlinie (Europäische Union 2000) und die Verpflichtungen gemäß der Resolution XII.11 der Ramsar-Konvention über Feuchtgebiete (Resolution XII.11., 2015), geht die Renaturierung viel zu schleppend voran. Das Potential renaturierter Moore in Sachen Klimaschutz ist jedoch gewaltig.

Reisen wir von Deutschland etwa 6500 Kilometer nach Süden auf den afrikanischen Kontinent in das Kongobecken. Hier ruht in der Senke von Cuvette Centrale ein Gigant, der niemals durch Trockenlegung oder Feuer geweckt werden darf. Hier lagern im Boden, auf einer Fläche größer als England und Wales zusammen, etwa 30 Milliarden Tonnen Kohlenstoff. Das entspricht etwa dem $CO_2$ Ausstoß der USA der letzten 20 Jahre. Bis 2012, als es von einem Team von Greta C. Dargie von der University of Leeds entdeckt wurde, hatten wir keine Ahnung, dass dieses riesige Moor überhaupt existiert. Seine wahre Größe erkannten die Forscher erst 2017. Im Jahr 2022 wurden die Daten erneut nach oben korrigiert. Gut versteckt unter dem dichten Dach undurchdringlichen Regenwaldes konnte sich diese Wildnis lange vor uns verbergen.

Inzwischen kennen wir jedoch ihre Geschichte. Ein Forscherteam der Universität Bremen fand heraus, dass sich der Torf im Kongobecken vor 17 500 Jahren gegen Ende der letzten Kaltzeit aufbaute.[9] Vor 5000 Jahren wurde das Moor jedoch komplett trocken, da der Grundwasserspiegel fiel. Vor etwa 2000 Jahren vernässte das Moor erneut und wuchs auf die heutige Größe heran. Ausgetrocknete Moore können sich also wieder vollständig regenerieren. Eine wirklich gute Nachricht.

## KÜNSTLICHE UND ANDERE SEEN, ALLES IM FLUSS

Während Moore das globale Klima beeinflussen, wirken alle anderen Gewässer lokal. Insbesondere im Sommer erfreuen wir uns zusammen mit allen anderen Lebewesen der Kühlung an den Uferregionen, die durch die Verdunstung entsteht. Diese Art der Kühlung besitzt jedoch einen entscheidenden Nachteil.

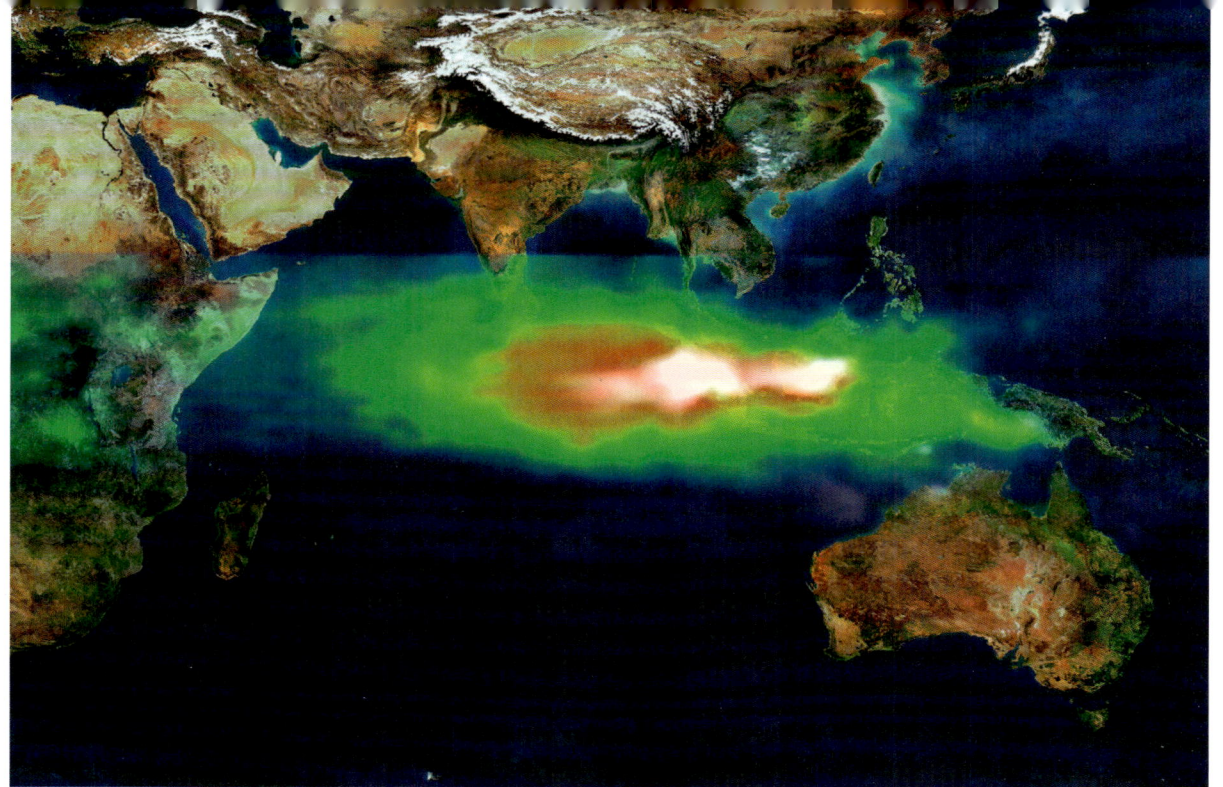

**— Brennende Moore**

Auch in Sumatra und Borneo wächst tropischer Regenwald über
Torfmooren. Brandrodung führt zu Schwelbränden in Mooren, die kaum
zu löschen sind. Sie brennen monatelang und stoßer sehr viel Feinstaub
aus. 2015 erzeugten 86 000 einzelne Brandherde eine dichte Smogwolke,
die sich über etwa 9000 Kilometer erstreckte, wie die Aufnahme
der NASA aus dem Weltraum zeigt. Flüge fielen aus, Schulen schlossen,
120 000 Indonesier erlitten Atemwegserkrankungen.

Das gasförmige kühlende Wasser löst sich im wahrsten Sinne des Wortes in Luft auf und verschwindet. Die Pegelstände der Gewässer sinken. Eine wissenschaftliche Studie vom Mai 2023 untersuchte dieses Phänomen weltweit anhand von Satelliten-Aufnahmen. Alle Seen, Stauseen eingeschlossen, enthalten 87 % des Oberflächenwassers der Erde und sind somit die wichtigsten Wasserspeicher. Das Ergebnis: Innerhalb von 18 Jahren (1992–2020) verloren 53 % der Seen große Mengen Wasser.[10] Die Wissenschaftler sehen als Ursache den Klimawandel, der den Wasserverlust auf zweifache Weise verstärkt. Wärmere Temperaturen führen zu mehr Verdunstung. Trockenheit lässt den Nachschub durch Niederschläge versiegen. Bei Stauseen kommt noch hinzu, dass sich in ihnen die Sedimente sammeln und das Volumen des Wasserkör-

pers verringert. Und zu guter Letzt entnehmen wir zu viel Trink- und Gebrauchswasser für die landwirtschaftliche Produktion.

Auch unsere Flüsse leiden Mangel. Die niedrigen Pegelstände im Juli/August 2022 am Rhein brachten unsere Binnenschifffahrt zum Erliegen. Weniger mobile Arten wie Muscheln und Würmer gehören zu den ersten Opfern einer solchen Entwicklung. Ebenso Fische, denen diese Tiere als Nahrung dienen. Je weniger Volumen ein Gewässer hat, umso größer die Besiedlungsdichte. Die Folge: Die Bedrohung durch Räuber, Krankheiten und der Sauerstoffverbrauch nimmt zu. Besonders fatal, da sich im warmen Wasser grundsätzlich weniger Sauerstoff lösen kann als im kalten. Auch wenn die Tiere nicht ersticken sollten, verursacht die Situation großen Stress, der von Fort-

**Die nasse Seite des Klimawandels**
Extremwetterereignisse wie die starken
Regenfälle, die 2013 zu der zweitschlimmsten
Flutkatastrophe in Passau geführt haben,
werden in Zukunft häufiger auftreten. Auch
in ansonsten eher von Trockenheit betroffenen Gebieten. Eine Renaturierung von
Flussläufen würde in Zukunft auch bei
diesen Ereignissen die Folgen abmildern.

**— Ursprüngliche Flusslandschaft**
Flüsse sind natürliche Wanderwege für im Wasser lebende Arten.
Gegen Ende der letzten Kaltzeit wanderten viele über die Flüsse aus
Südosteuropa wieder nach Mittel- und Nordeuropa ein und verteilten
sich über den ganzen Kontinent. Andere Arten kamen mit den Wasser-
vögeln, an deren Gefieder zum Beispiel Eier oder Larven klebten.

pflanzung bis Wachstum alle Lebensbereiche negativ beeinflusst.

Als wäre das noch nicht genug, bedeutet weniger Wasser eine höhere Schad- und Nährstoffdichte. Verursacher der Nährstoffdichte ist überwiegend die Landwirtschaft. Diese führt zu Algenblüten. Sterben diese ab, werden sie von Bakterien abgebaut, die dafür dem Wasser Sauerstoff entnehmen. Dies führt überwiegend zur Verarmung der Artenvielfalt, die durch wenige mit extremen Bedingungen zurechtkommende Arten verdrängt werden. Im Extremfall kann der Sauerstoffmangel auch zum Massensterben aller Tiere in einem Gewässer führen. Die schlechte Wasserquali-

tät durch zu viel Nitrat und Phosphor führte schon 2017 zu einer Klage der EU gegen Deutschland wegen Verletzung der EU-Nitratrichtlinie. Doch dies scheint, zumindest bei uns, das Ende einer Entwicklung zu sein. Bekommen wir die Überdüngung und die Pestizide noch in den Griff, haben wir viel erreicht.

Es ist nur wenige Jahrzehnte her, da waren auch unsere Flüsse nichts als Müllkippen für Industrie, Landwirtschaft und wachsende Städte. Am Chemiestandort Mannheim-Ludwigshafen konnte man angeblich sogar Fotopapier im Rhein entwickeln. In meiner Heimatstadt Lauda-Königshofen entsorgten die Schlachthöfe über ein großes Abflussrohr alles

Blut und alle Innereien in die Tauber. Aus dem braunen wurde ein roter Fluss. Manchmal fanden wir Kinder auch einen ganzen Rinder- oder Schweinkopf. Für uns ein spannendes Spielzeug!

Auch die offene Mülldeponie, wenige Kilometer vom Ort entfernt, sahen wir als schönen Abenteuerspielplatz. Von den giftigen Dämpfen der Schwelbrände mal abgesehen.

Heute bei uns unvorstellbare Szenerien, denn vieles hat sich verbessert. Der Rhein ist nicht mehr die

Kloake, die er in den 1960er Jahren war. Aber es ist noch viel zu tun. Solange die Lachse nicht wieder in ihn zurückgekehrt sind, können wir nicht zufrieden sein. Zudem muss er aus seinem Korsett aus Beton und Stein befreit werden. Und er transportiert noch immer zu viele Schadstoffe. Allein zehn Tonnen Mikroplastik spült er jährlich in die Nordsee.

Doch wie sieht es in vielen Ländern des globalen Südens und den Schwellenländern aus? Hier wiederholt sich aktuell unsere eigene katastrophale Umwelt-

— **Einer von 100 000**

Der Macapa ist nur einer von etwa 100 000 Nebenflüssen, die den Amazonas speisen. Das macht den Amazonas zum mit großem Abstand wasserreichsten Fluss der Erde. 200 Kilometer Breite misst allein das Mündungsdelta. Die Vielfalt der Flüsse ermöglicht eine hohe Artenvielfalt an Fischen. Etwa 2200 Arten wurden bisher beschrieben. Im afrikanischen Regenwaldfluss Kongo leben nur etwa 500 und im asiatischen Ganges etwa 300 Arten. Nicht nur der Regenwald ist ein Juwel, auch die Flüsse.

geschichte, nur extremer. Die Anzahl der Menschen ist ungleich höher als damals in Europa und es fehlt an Infrastruktur, insbesondere zur Müllentsorgung. Zu allem Überfluss verschärfen wir das Problem durch Müllexport. Wir bezahlen für Recycling und Entsorgung, wohl wissend, dass dies nicht funktioniert. Stattdessen wird der Müll legal oder illegal in der Landschaft abgelegt oder eben in Flüssen entsorgt.

Wer wissen möchte, wie die gigantischen Plastikmengen in unsere Ozeane gelangen, der muss sich die 20 Flüsse[11] ansehen, die etwa 67 % davon transportieren. Die Mehrheit fließt in Asien ins Meer, einige aber auch in Afrika und Südamerika. Der chinesische Jangtsekiang führt den Müllstrom an. Der Weg zu einem sauberen Jangtsekiang ist noch mindestens 6380 Kilometer lang.

Doch eine Alternative gibt es nicht. Die Verknappung der Ressource Süßwasser durch Verschmutzung und Klimawandel zwingt uns zum Handeln. Sie führt uns deutlich vor Augen, wie abhängig auch wir von dieser Quelle des Lebens sind. Anders als bei einer Naturkatastrophe sind die Probleme lösbar, da wir sie selbst verursacht haben. Wir müssen uns die Natur wieder zum Verbündeten machen. Neben dem Stopp der Verschmutzung ist die beste Maßnahme die Wiederherstellung der natürlichen Wasserspeicher und natürlichen Flussläufe. Das von der Natur ausgeklügelte, erprobte und über Jahrmillionen entwickelte System der Wasserregulierung können wir nicht schlagen. Besser wir lassen es in Zukunft für uns arbeiten.

## DUNKLE WELTEN

Wie lebt es sich so als Regenwurm, ohne Augen und Gehör irgendwo im kühlen und feuchten Erdreich? Was macht er so den ganzen Tag? Was frisst er und wer frisst ihn? All diese Fragen stellte ich mir als Kind. Ganz besonders, wenn ich mal wieder einen beim Buddeln im Garten fand oder nach einem Platzregen auf der Straße. Ich nahm sie gerne in die Hand. Kühl, feucht und manchmal schleimig wanden sie sich hin und her. Faszinierend auch, wie sie ihre Größe durch Strecken oder Zusammenziehen extrem verändern

**Genau wie in der lichtlosen Tiefsee ist uns auch im dunklen Erdreich noch vieles unbekannt. Dies betrifft sowohl die Arten als auch die Funktionsweise der Ökosysteme.**

können. Einmal fand ich einen halben Wurm und er tat mir so leid, dass ich ihn mit nach Hause nahm, um ihn zu pflegen. Zu meinem Erstaunen wurde er von allein wieder zu einem ganzen Wurm. Das abgetrennte Hinterende wuchs einfach nach. Faszinierend.

Meine Umwelt teilte meine Begeisterung nicht. Meine Mutter empfand Ekel, und mein Regenwurmglas im Kinderzimmer störte sie ungemein. Mein Vater glänzte durch Desinteresse. Immerhin sahen sie in ihnen keine Schädlinge, wie es noch lange, bis ins 19. Jahrhundert, üblich war. Ein grober Irrtum. Sie sind aber auch keine Nützlinge. Sie sind viel mehr. Sie sind systemrelevant.

Von allen mehrzelligen Lebewesen, die im Boden leben, gehören sie mit Sicherheit zu den wichtigsten. Sie sind bedeutende Ökosystemingenieure. Sie erschaffen unsere Böden und sie pflegen sie. Ohne sie gäbe es nicht das üppige Pflanzenwachstum, das den Rest unseres Planeten ernährt. Inzwischen kennen wir etwa 7000 verschiedene Regenwurmarten. Zwölf Wissenschaftler schätzen die tatsächliche Anzahl auf etwa 30 000. Das Besondere: Oberirdisch nimmt die Artenanzahl in Richtung Tropen beständig zu. Unterirdisch, zumindest bei den Regenwürmern, trifft dies nicht zu. Hier ist die Artenvielfalt in den gemäßigten Breiten am höchsten.[12]

Der Erste, der die große Bedeutung der Regenwürmer erkannte und in Worte fasste, war Charles Darwin. Am 10. Oktober 1881 erschien etwa sechs Monate vor seinem Tod die Erstausgabe seines letzten großen Werkes „Die Bildung der Ackererde durch die Tätigkeit der Würmer". Er machte die Leser mit seinen Erkenntnissen zur Anatomie, der Lebensweise und der beständigen Arbeit mit der Erde vertraut, die er in den letzten zehn Jahren gewonnen hatte. In mit Erde gefüllten Gläsern beobachtete er, auf welche Art und Weise Regenwürmer Blätter in den Boden ziehen. Durch den Erdauswurf berechnete er die Geschwindigkeit, mit der Regenwürmer Steine und Dünger in die Tiefe befördern, auf etwa fünf Millimeter pro Jahr. Und er berechnete die Anzahl und Biomasse der Würmer pro Hektar. Er erkannte, dass Regenwürmer mit

**— Erst tasten, dann fressen**
Der Sternmull (*Condylura cristata*) gehört zur Familie der
Maulwürfe und jagt in den Böden Nordamerikas Regenwürmer
und Insekten. Sein merkwürdiges Aussehen verdankt er seinem
Eimerschen Organ, einem Tastorgan zum Erfühlen und
Wahrnehmen elektrischer Reize von Beutetieren.

**— Wald, Käfer, Boden**
Der Giraffenhalskäfer (*Trachelophorus giraffa*) kommt ausschließlich in den Wäldern Madagaskars vor. Verschwinden die Wälder, verschwindet auch die einzigartige Artenvielfalt dieser afrikanischen Insel. Den Wäldern und Arten folgen die Böden, die nicht mehr von den Wurzeln der Bäume festgehalten werden.

**— Einfach tolle Tiere**
46 beschriebene Arten leben in Deutschland.
Dieser hier ist der Gemeine Regenwurm
(*Lumbricus terrestris*). Erkennbar an dem rötlichen
Vorder- und hellen Hinterende. Er wird bis etwa
30 Zentimeter groß.

ihren Gängen für die Belüftung des Bodens sorgen und es Pflanzen erleichtern, mit ihren Wurzeln einzudringen. 133 000 Würmer, die zusammen etwa 133 Kilogramm ergaben, waren das Ergebnis seiner Berechnungen. Darwin sah die Regenwürmer als die Organismen, die den fruchtbarsten Teil unserer Erde, den Humus, produzieren: *»Es ist wohl wunderbar, wenn wir uns überlegen, dass die ganze Masse des oberflächlichen Humus durch die Körper der Regenwürmer hindurchgegangen ist und alle paar Jahre wiederum durch sie hindurchgehen wird … Man kann wohl bezweifeln, ob es noch viele andere Tiere gibt, welche eine so bedeutende Rolle in der Geschichte der Erde gespielt haben, wie diese niedrig organisierten Geschöpfe.«*[13]

Heute wissen wir, dass die Bodenbildung komplexer ist und auch andere Arten sowie geologische Prozesse beteiligt sind. Am Anfang steht die Verwitterung durch Wasser, Wind und dem Wechsel von Kälte und Wärme und chemische Reaktionen. Je nach Gestein geht dieser Prozess unterschiedlich schnell voran. Auf den verwitterten Teilen, die immer mehr Mineralstoffe freigeben, siedeln sich Viren, Archaeen, Bakterien,

**Bodenbildung ist perfekte Teamarbeit zwischen Pflanzen, Pilzen, Mikroben, Würmern und Insekten. Die Artenvielfalt auf und im Boden erschafft sich ihren eigenen Lebensraum.**

Algen, aber auch Flechten und Pilze an. Sie beschleunigen die Verwitterung, reichern aber auch den Boden mit abgestorbenen organischen Resten an. Die erste dünne Erdschicht entsteht, sie ist die Basis für Pflanzenwachstum. Wurzeln halten den Boden fest und nutzen die freigesetzten Mineralien zum weiteren Wachstum. Mehr Pflanzen bedeuten mehr pflanzliche Überreste, die wiederum zu Humus und letztendlich zu Erde zersetzt werden. Die Pflanzen erschaffen mit Hilfe der im Boden lebenden Arten sozusagen immer wieder ihre eigene Erde. Sie liefern die Rohstoffe, und Bakterien, Pilze, Würmer & Co. bilden das finale Produkt.

Je mehr Pflanzen wachsen, umso höher die Populationen und Vielfalt an Tieren in der Erde. Auch im Boden folgt die Flora die Fauna auf dem Fuße: Protozoen, Nematoden, viele Insektenarten und deren Larven, Regenwürmer, aber auch Wirbeltiere wie Mäuse oder Maulwürfe. Jetzt geht die Bodenbildung aufgrund der vielen Akteure und deren organischen pflanzlichen und tierischen Resten immer schneller voran.

Trotzdem ist die Bodenbildung, bezogen auf die menschliche Lebensspanne, ein langsamer Prozess. Heute benötigen die Prozesse für einen Zentimeter Bodenbildung etwa 250 Jahre. Das gesamte Erdreich Nordeuropas benötigte die ganzen 10 000 Jahre nach der letzten Kaltzeit, um seinen heutigen Zustand zu erreichen. Mit anderen Worten: Erde ist in Bezug auf unsere Lebenszeit eine unersetzbare Ressource. Würden wir sie verlieren, wäre Landwirtschaft unmöglich und unser Planet an Land zudem extrem artenarm. Die Erde wäre wieder in einem ähnlichen Zustand wie vor hunderten Millionen Jahren, als Leben überwiegend in den Ozeanen existierte und nur wenige Arten den ersten Landgang wagten.

Das scheint uns aber nicht viel zu stören, denn wir gehen mit dieser Ressource verschwenderisch um. Atomare Unfälle wie in Fukushima und Tschernobyl in der Ukraine, verseuchten große Gebiete auf unabsehbar lange Zeit. Weltweit leiden viele Böden unter chemischer oder Verschmutzung durch Schwermetalle. Doch die größte Gefahr für die Böden sind Wasser und Wind, gepaart mit menschlichen Aktivitäten. Wandert man im Spätsommer in landwirtschaftlichen Gebieten in Europa oder den USA über abgeerntete und gepflügte Äcker, freut man sich über den Wind, der einem Kühlung verschafft. Doch der Wind nimmt sich auch die obere trockene Bodenschicht und baut aus ihr große Staubwolken, die mit der nächsten Böe vertrieben werden. Jedes Jahr löst sich so ein Teil der fruchtbaren Ackererde buchstäblich in Luft auf.

In Madagaskar wiederum visualisieren sich jedes Jahr auf besonders eindrucksvolle Weise die Bodenverluste. Der Fluss Betsiboka schlängelt sich vom Hochland wie ein rotes Band 520 Kilometer Richtung Indischer Ozean. Der Grund, die Rodungen der Wälder, um Ackerland zu gewinnen. Keine Baumwurzeln mehr, die die rote Erde festhalten könnten. Mit der roten Erde reißen die starken Regenfälle auch Nährstoffe und Mineralien mit sich. Madagaskar blutet aus und wird immer unfruchtbarer.

*„23 % aller Böden weltweit gelten als nachhaltig durch Erosion geschädigt"*, und Bodenerosion ist ein *„Faktor für Hunger"*[14], schreibt die Welthungerhilfe auf ihrer Webseite und weist ausdrücklich auf die unterschätzte Gefahr der Bodenerosion hin. Sowohl die Erosion durch Wind als auch durch Wasser wird in Zukunft aufgrund des Klimawandels noch zunehmen. Extremwetter mit Starkregen werden häufiger. Längere Trockenphasen als früher machen die Böden anfälliger für Wind.

Wie die kostbaren Böden jetzt und in Zukunft vor dem Verschwinden durch Erosion schützen? Wir können sie nicht festhalten, Pflanzen dagegen schon. Und wir können die Landschaften so gestalten, dass sie ihre optimale Wirkung entfalten können. Abholzungen einschränken oder einstellen. Schützende Wälder und Windschutzhecken anlegen oder bestehen lassen, um dem Wind seine Kraft zu nehmen. Reste abgeernteter Nutzpflanzen mit ihren Wurzeln stehen lassen und nicht umpflügen, um nur einige Maßnahmen zu nennen. Pflanzen sind also unsere wichtigsten Helfer und ganz besonders jener Teil, den wir normalerweise nicht

**Ausgerechnet die Landwirtschaft, die vollständig von fruchtbarer Erde abhängig ist, ist die größte Bedrohung für die Ressource Erde, ohne die das Leben an Land kaum möglich wäre.**

zu sehen bekommen, und den wir als Wurzel kennen. Wurzeln verschaffen den Pflanzen nicht nur Stabilität und Nährstoffe, sie sind auch der Teil der Pflanzen, die eine der bedeutendsten Symbiosen der Erde mit einer Gruppe von Lebewesen eingehen, die bisher in unserem Buch zu kurz gekommen sind: den Pilzen.

Zählte man Pilze früher noch zum Reich der Pflanzen, kam man seit 1969 offiziell zu dem Schluss, dass sie ein eigenes Reich bilden. Mittlerweile sieht man sie auch näher mit den Tieren als mit den Pflanzen verwandt. Pilze, die im Boden leben, spielen eine bedeutende ökologische Rolle als Zersetzer und bei der Entstehung von fruchtbaren Böden. Ihre Rolle als Symbiont bei Pflanzen ist von ähnlich herausragender Bedeutung. Auch die Artenvielfalt und Lebensweisen sind bei Pilzen extrem variabel. Ein Vergleich mit den uns vertrauteren Tieren verdeutlicht die Vielfalt. Auch dem Reich der Pilze sind so unterschiedliche Arten zugeordnet, die bei Tieren Würmern, Amseln oder Blauwalen entsprechen würden. Es gibt mikroskopisch kleine Arten, aber auch wahre Giganten. Das größte Lebewesen der Welt lebt in Oregon unter der Erde, besitzt das stattliche Alter von etwa 2400 Jahren, erstreckt sich über 880 Hektar, wiegt geschätzte 31 500 Tonnen und ist ein Pilz mit dem Namen *Armillaria ostoyae* oder Dunkler Hallimasch. 144 000 Pilzarten kennen wir mittlerweile. Ob es am Ende 2 oder 5 Millionen sein werden, wie manche Wissenschaftler schätzen, bleibt reine Spekulation.

Ungefähr 6000 heute bekannten Arten verdanken wir unserem grünen Planeten. Vermutlich sind es unzählige Arten mehr. Diese Arten können Symbiosen mit Pflanzen eingehen. Sie siedeln sich an dem Feinwurzelsystem der Pflanzen an und versorgen die Pflanzen mit dem für das Wachstum notwendigen Phosphat und Nitrat sowie Wasser. Von der Pflanze bekommen sie im Gegenzug Kohlenhydrate. Biologen bezeichnen diese Art der Symbiose als Mykorrhiza. Innerhalb dieser Gruppe spielen die etwa 200 Arten von „Arbuskulären Mykorrhizapilzen" eine herausragende Rolle. Etwa 80 % aller Landpflanzen leben mit dieser Gruppe in Symbiose. Dabei dringen die Pilze in die Wurzeln ein und bilden in den Pflanzenzellen bäumchenartige Strukturen. In ihrem Buch: „Ökologie – Indiviuen, Populationen und Gemeinschaften" schreiben die Verfasser: *„Die meisten höheren Pflanzen haben keine Wurzeln, sie haben Mykorrhizen."*

Bleibt noch eine wichtige Frage zu klären. Wie bedroht ist die Artenvielfalt in unseren Böden? Bisher gibt es bis auf die uns schon bekannte Gefährdung der Insekten keine Anzeichen, einer Verarmung. Auch über mögliche Auswirkungen des Klimawandels liegen kaum Erkenntnisse vor. Allerdings müssen wir berücksichtigen, dass die Funktionen der Ökosysteme in unseren Böden trotz ihrer immensen Bedeutung nach wie vor von uns nur teilweise erforscht und verstanden werden. Insbesondere Prognosen in Bezug auf den Klimawandel sind kaum möglich.

Ein Blick in die Vergangenheit: Die endosymbiotische Beziehung der Arbuskulären Mykorrhizapilze und Pflanzen existiert schon seit etwa 400 Millionen Jahren. Vieles spricht dafür, dass diese Symbiose die Besiedlung des Landes durch Pflanzen erst ermöglicht hat. Eine Kooperation, die die Welt veränderte.

### BIOTOP STADT

Hier oben in diesem Baum an der viel befahrenen Katzbachstraße in Berlin Kreuzberg musste er sitzen. Doch ich konnte den kleinen Komponisten und Musiker, der so virtuos die warme Berliner Mainacht mit seinem Konzert bereicherte, nicht entdecken. Zu dunkel und zu dicht die Blätter der Linde. Er sang, um Weibchen anzulocken. Wäre ich eines, hätte er mich schon längst überzeugt. Die Nachtigall-Weibchen dagegen schienen wählerisch. Das Männchen gab nicht auf und sang eine Strophe nach der anderen. Bis zu 180 unterschiedliche sollen Nachtigall-Männchen beherrschen. Dazu sind sie Marathonsänger. Bis zu 20 Stunden dauerte das bisher längste Vogelkonzert einer Nachtigall (*Luscinia megarhynchos*). Eine unglaubliche Leistung für einen kleinen, unscheinbaren, etwa 18 bis 27 Gramm wiegenden Vogel. Etwa 1700 Brutpaare leben in Berlin und jährlich wächst die Population um etwa 6 %.

**Eine der bedeutendsten Symbiosen findet im Dunkeln im Boden statt. Das Team aus Pilzen und Pflanzen organisiert die Primärproduktion, von der alle anderen Lebewesen abhängig sind.**

Doch der Star des Abends war keine Nachtigall, sondern ein Fuchs. Nicht, dass Füchse in Berlin selten wären. Man sieht sie besonders in der Dämmerung und nachts überall. Selbst mitten im Zentrum am Bundeskanzleramt lebt eine größere Gruppe. Ich begegnete ihm etwa gegen 23:30 Uhr an der stark befahrenen Kreuzung Duden-Ecke Katzbachstraße. Wir stießen fast zusammen, da das Eckhaus uns beiden die Sicht versperrte. Wir blickten uns etwas überrascht direkt in die Augen. Offensichtlich schätzte er mich als ungefährlich ein und lief bis zum Fußgängerüberweg weiter, ohne mich noch einmal eines Blickes zu würdigen. Dort setzte er sich hin. Wieso das? Warum überquert er nicht die Straße, um drüben im nahen Kreuzbergpark zu verschwinden? Es kam doch gerade kein Auto. Ein paar Sekunden später wusste ich die Antwort. Er wartete brav und vorbildlich, bis die Fußgängerampel auf grün wechselte. Erst dann lief er los. Ich konnte es kaum glauben. War das jetzt nur Zufall, oder hatte er wirklich gelernt, wie man eine Ampel benutzt, um sicher über die Straße zu kommen?

### — U-Bahn und Evolution

Menschliches Wirken beeinflusst die Evolution. Mit dem Bau der U-Bahnschächte Londons entstand 1863 ein neuer Lebensraum. Dieser wurde von der Stechmücke *Culex pipiens pipiens* besiedelt, die sich dort zur Unterart *Culex pipiens molestus* weiterentwickelte.

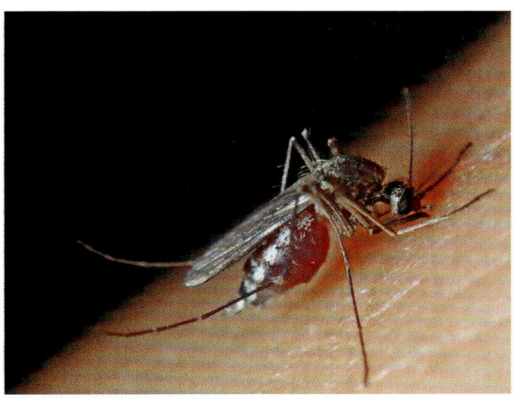

**— Nacht der Vielfalt**

Im kleinen Ringpark mitten in der bayrischen Metropole Würzburg leben 10 der insgesamt 25 heimischen Fledermausarten. Darunter das abgebildete Große Mausohr (*Myotis myotis*), das gerade eine Heuschrecke fängt. Da alle Fledermäuse im Ringpark Insekten jagen, müssen diese reichlich vorhanden sein.

Ich begann zu recherchieren und wurde schnell fündig. Füchse in Städten lernen schnell, was Ampeln mit ihrem Farbwechsel bedeuten. Und nicht nur Füchse lernen es. Auch Kojoten, die in amerikanischen Städten leben, wissen Ampeln zu schätzen. Allein in Chicago schätzt man den Bestand der Kojoten auf etwa 2000 Exemplare. Das Verhalten ist umso erstaunlicher, da sowohl Füchse als auch Kojoten farbenblind sind. Vermutlich orientieren sie sich an den Symbolen oder daran, ob das obere oder untere Licht leuchtet.

Offensichtlich fühlen sich diese Tiere in den Städten nicht nur wohl, sondern passen auch ihr Verhalten an die dort herrschenden Risiken und Möglichkeiten an. Hierfür gibt es viele Beispiele und Studien. Vögel singen lauter oder zu anderen Zeiten als gewöhnlich, um trotz Verkehrslärm gehört zu werden. Mauersegler, einst Felsenbrüter, bauen heute ihre Nester an Gebäuden. Löcher in Dachgiebeln nutzen Spatzen als Nest. Turmfalken brüten in großen Mauernischen. Selbst unser Müll findet Verwendung. Waschbären, Wildschweine, Spatzen und Nebelkrähen wissen um

**— Einwanderer aus Amerika**

Diese ursprünglich aus den USA stammende Büffelkopfzikade (*Stictocephala bisonia*) konnte sich seit ihrem ersten Nachweis 1912 über ganz Europa verbreiten. Sie ist eine der etwa 400 Insektenarten, die ich im Laufe eines Jahres im näheren Umkreis meines Büros im Stadtzentrum von Berlin dokumentieren konnte.

das Nahrungsangebot in Mülleimern und Containern. Vögel nutzen Plastikteile zum Nestbau. In Mexiko nutzen Stadtvögel Zigarettenkippen im Nest, um mit den Nikotinresten Milben fernzuhalten.

Neben neu erlerntem Verhalten finden auch evolutionäre Anpassungen statt. Im Londoner Untergrund lebt die Stechmücke *Culex pipiens molestus*. Sie stammt ursprünglich von der oberirdisch lebenden Gemeinen Stechmücke *Culex pipiens pipiens* ab, deren Weibchen Blut von Vögeln saugen, um Energie für die Produktion der Eier zu gewinnen. Als die ersten Stechmücken den neuen Lebensraum U-Bahn eroberten, stand im Dunkeln die Nahrungsquelle Vögel nicht zur Verfügung. Dafür jede Menge Passagiere, die zur Arbeit, Schule oder zu Freunden fuhren. Sie erschlossen sich diese neue Nahrungsquelle schnell, und U-Bahnfahren und Mückenstiche gehören seitdem in London zusammen. Mit der Zeit unterschieden sich die ober- und unterirdischen Populationen immer mehr. Die Mücken im Dunkeln sind im beheizten Untergrund zum Leidwesen der Passagiere das ganze Jahr aktiv. Die oberirdischen verbringen den Winter in Kältestarre. Die U-Bahn-Mücken paaren sich auch nicht mehr in Schwärmen, sondern lieben die Zweisamkeit oder Sex in kleinen Gruppen. All diese Anpassungen führten auch zu Änderungen in ihren körpereigenen Proteinen. Mit der Zeit bildeten sich zudem weitere Populationen, die sich unterscheiden, da sie sich getrennt in anderen U-Bahnschächten weiter evolutionär veränderten.[15]

Doch völlig unabhängig von Verhaltens- oder evolutionären Anpassungen zeigen all diese Beispiele, dass die Stadt für viele Tierarten offensichtlich ein attraktiver Lebensraum zu sein scheint. Und in der Tat ergaben Zählungen erstaunliche Zahlen. Allein in Berlin kommen mehr als 20 000 Tier- und Pflanzenarten[16] vor, was etwa einem Drittel aller Arten in Deutschland entspricht. Arten wie die Amsel bevorzugen inzwischen die städtischen Kulturlandschaften gegenüber allen anderen Lebensräumen. Noch vor 200 Jahren überwiegend ein Waldvogel, erreicht sie heute die größte Besiedlungsdichte in der Stadt.

**Optimal für alle Tier- und Pflanzenarten wären natürliche Lebensräume. Die höhere Artenvielfalt in der Stadt ist lediglich eine Folge der schlechten Bedingungen in den Agrarlandschaften.**

Arten wie die Glanzkrähe (*Corvus splendens*) wiederum leben inzwischen nur noch in Städten und kommen in der Natur gar nicht mehr vor. Ursprünglich aus Indien stammend, verbreiteten sie sich mit Hilfe des Menschen weltweit. Sie sind jedoch nicht die einzigen Exoten in Europäischen Städten. In vielen Großstädten weltweit leben exotische Arten. Insbesondere Pflanzenarten. In Europa und den USA schätzt man den Anteil an exotischen Pflanzen auf etwa 40 %. In den Städten Asiens liegt er oft über 50 %.

Und auch auf uns wirken seit wenigen Jahrzehnten die Infrastruktur und die Entfaltungsmöglichkeiten der Stadt wie ein Magnet. Lebten noch 1950 weniger als ein Drittel der Weltbevölkerung in den Städten, war es 2007 schon die Hälfte. Ein Wendepunkt in der Geschichte der Menschen. 2050 werden es zwei Drittel sein.

Bei den Tieren eine ähnliche Entwicklung: Es findet eine Wanderung statt vom Land in die Stadt. Diverse wissenschaftliche Studien belegen, dass die Artenvielfalt in unseren Städten inzwischen oft höher ist als in Agrargebieten, und das nicht nur aufgrund der exotischen Arten. Beispielhaft eine Studie, die 2015 erschien. Die Biologinnen Tabea Turrini und Eva Knopp vom Institut für Ökologie und Evolution der Universität Bern verglichen die Artenvielfalt der Schweizer Städte Basel, Bern, Chur, Genf, Locarno und Zürich mit dem landwirtschaftlichen Umfeld.[17] Ihr Ergebnis schlug eindeutig zugunsten der Städte aus. Doch sie stellten auch fest: Stadt ist nicht gleich Stadt. Je grüner die Stadt, je mehr Parks, Gärten, ungenutztes Brachland, Hecken und Graszonen neben Gleisanlagen, Dachbegrünungen und Friedhöfe, umso größer die Artenvielfalt.

Die große Vielfalt an Kleinbiotopen, die sich wie ein Netzwerk über eine grüne Stadt verbreiten, steigert die Attraktivität des urbanen Raumes für Tiere und Pflanzen. Allein die Möglichkeiten in den Haus- und Schrebergärten, die selten wissenschaftlich untersucht wurden, wirken auf Tiere verlockend. Hier hängen Nistkästen, gibt es Teiche, die nicht austrocken, Komposthaufen usw. All diese Biotope existieren in der intensiv genutzten Agrarlandschaft kaum oder gar nicht mehr. Landflucht ist für viele Tiere deshalb die einzige Option. Hinzu kommen weitere Vorteile. Pestizide und Herbizide werden in der Stadt nur wenig eingesetzt. Weder in der Stadt noch am Stadtrand wird gejagt. Die Mülleimer als Nahrungsquelle habe ich schon erwähnt. Doch auch darüber hinaus steht aufgrund der vielen unterschiedlichen Kleinbiotope mehr Nahrung zur Verfügung. Und nicht zuletzt wird gefüttert. Gerade in den Wintermonaten profitieren hiervon viele Vögel und Nagetiere.

Und wie wird sich der Klimawandel auf die Biotope und die Artenvielfalt der Stadt auswirken? Eine sehr interessante Frage, die wir gewöhnlich mit meist sehr pessimistischen Zukunftsprognosen betrachten und dabei die Gegenwart zu vergessen scheinen. Im Vergleich zum Umland leben wir in der Stadt schon in der Klimawandelzukunft. Städte sind Wärmeinseln und je größer umso wärmer. Und das Mikroklima der Städte hat es in sich. Bis zu 12 Grad kann es heißer sein als im Umland. Insbesondere bei Nacht, wenn Gebäude und Straßen die tagsüber gespeicherte Wärme wieder abgeben. Im Detail unterteilt sich ein Stadtgebiet wiederum in viele winzige Klimazonen. Grüne Zonen sind grundsätzlich kühler als die Betonlandschaft auf der Straße. Für Berlin liegen Daten vor. Innerhalb des S-Bahn-Rings liegt die durchschnittliche Temperatur um 5 Grad höher als im Berliner Umland. Dass sich trotzdem so viele Arten hier wohlfühlen, anpassen und vermehren, lässt für die Zukunft hoffen.

Hoffnungsvoll auch die in den Städten erfolgreich praktizierte Koexistenz zwischen uns und unseren tierischen und pflanzlichen Mitbewohnern. Für die meisten Menschen bleibt die Vielfalt, insbesondere die der kleinen Mitbewohner, im Alltag jedoch unbemerkt, was vermutlich ein weitgehend störungsfreies Zusammenleben unterstützt.

Insbesondere nachtaktive Tiere bekommen wir selten zu Gesicht. In Mumbai in Indien gehört hierzu der Leopard. Etwa 40 Exemplare leben und schlafen

**Jede Nacht kommt die Wildnis zu Besuch in die indische Metropole Mumbai. Die Leoparden jagen hier ihre Beute.**

tagsüber im nahe gelegenen Sanjay-Gandhi-Nationalpark. Nachts durchstreifen sie auf der Suche nach Beute die Stadt. Sie tauchen lautlos und überraschend mal in Gärten, in Schulhöfen und auf Stadtbäumen auf. Keine Ecke in den Randgebieten von Mumbai ist vor ihnen sicher. Beute finden sie immer reichlich, denn der herumliegende Müll lockt Nagetiere, Schweine und streunende Hunde an. Allein etwa 100 000 Streuner leben in Mumbai. Sie gehören mit einem Anteil von 40 % zur Hauptnahrung der Leoparden, denn Hunde sind viel leichter zu erbeuten als die Hirsche im Umland. Der Mensch sorgte dafür, dass ihr Tisch so reich gedeckt ist und die Leopardenpopulation von Mumbai doppelt bis dreimal so groß werden konnte als auf einer vergleichbaren Fläche in der Natur.

Die Gefahr für die Menschen in Mumbai ist gering. Sie werden nur selten von Leoparden angegriffen. Aber Unfälle und Todesfälle kamen vor. Doch im Großen und Ganzen machen sie sich nützlich. Die größere Gefahr geht von streunenden Hunden aus. Viele von ihnen übertragen durch einen Biss Tollwut, die auch bei Menschen tödlich verlaufen kann. Die Leoparden von Mumbai reduzierten in ihrem Jagdrevier die Hundepopulation von etwa 700 Tieren pro Quadratkilometer auf 17. Unzählige Hundebisse mit Tollwutinfektionen wurden so laut einer Studie verhindert.[18]

Die Menschen von Mumbai und ihre Leoparden stehen beispielhaft für eine der ungewöhnlichsten Beziehungen zwischen Menschen und Tieren. Beide sind Raubtiere am oberen Ende der Nahrungskette und fanden trotzdem einen Weg des Zusammenlebens. Und nicht nur das: Beide Seiten profitieren. Einer dieser wunderschönen Leoparden aus Mumbai ziert deshalb den Titel dieses Buches. Er tappte im November 2018 in eine der zahlreichen von Biologen installierten Kamerafallen und schaute dazu noch in das Objektiv. Unter ihm die Lichter von Mumbai. Einen kurzen Moment später wird er in diesen indischen Großstadtdschungel eintauchen.

**1** J.E.N. Veron, „A Reef in Time, The Great Barrier Reef from Beginning to End", 2008, The Belknap Press of Harvard University Press, Seite 135

**2** Josef H. Reichholf, „Die Zukunft der Arten", 2009, Deutscher Taschenbuch Verlag GmbH & Co.KG, Seite 7

**3** Klimawandel und Wetterextreme im östlichen Mittelmeerraum und im Nahen Osten, G. Zittis, M. Almazroui, P. Alpert, P. Ciais, W. Cramer, Y. Dahdal, M. Fnais, D. Francis, P. Hadjinicolaou, F. Howari, A. Jrrar, D. G. Kaskaoutis, M. Kulmala, G. Lazoglou, N. Mihalopoulos, X. Lin u. a., 28. Juni 2022, https://doi.org/10.1029/2021RG000762, Reviews of Geophysics

**4** Kulturlandschaft – Äcker, Wiesen, Wälder und ihre Produkte: Ein Lesebuch für Städter; Ulrich Hampicke, E. Book, Springer; 1. Aufl. 2018 Edition (5. Oktober 2018), Seite 603

**5** Pronounced loss of Amazon rainforest resilience since the early 2000s, Chris A. Boulton, Timothy M. Lenton & Niklas Boers; Nature Climate Change volume 12, pages 271–278 (2022)

**6** More than 75 percent decline over 27 years in total flying insect biomass in protected areas; Caspar A. Hallmann, Martin Sorg, Eelke Jongejans, Henk Siepel, Nick Hofland, Heinz Schwan, Werner Stenmans, Andreas Müller, Hubert Sumser, Thomas Hörren, Dave Goulson, Hans de KroonPublished: October 18, 2017; PLOSONE; https://doi.org/10.1371/journal.pone.0185809

**7** Farmland practices are driving bird population decline across Europe, Stanislas Rigal, Vasilis Dakos, Hany Alonso and Vincent Devictor; PNAS; Edited by Ivette Perfecto, University of Michigan, Ann Arbor, MI; received September 28, 2022; accepted March 6, 2023

**8** https://moorfutures-schleswig-holstein.de

**9** Hydroclimatic vulnerability of peat carbon in the central Congo Basin; Yannick Garcin, Enno Schefuß, Greta C. Dargie, u.a., Nature volume 612, pages 277–282 (2022)Cite this article

**10** Satellites reveal widespread decline in global lake water storage, FANGFANG YAO..., Science, 18. Mai 2023, Band 380, Ausgabe 6646, pp. 743-749, DOI: 10.1126/science.abo2812

**11** River plastic emissions to the world's oceans; Laurent C. M. Lebreton, Joost van der Zwet, Jan-Willem Damsteeg, Boyan Slat, Anthony Andrady & Julia Reisser; Nature Communications volume 8, Article number: 15611 (2017)

**12** Global distribution of earthworm diversity; Helen R. P. Phillips u. a.; SCIENCE, 25 Oct 2019, Vol 366, Issue 6464 pp. 480-485; DOI: 10.1126/science.aax4851

**13** Charles Darwin: Die Bildung der Ackererde durch die Tätigkeit der Würmer, S. 177

**14** https://www.welthungerhilfe.de/informieren/themen/klimawandel/bodenerosion

**15** Darwin in der Stadt - Die rasante Evolution der Tiere im Großstadtdschungel; Menno Schilthuizen, Kurt Neff, Cornelia Stoll; E-Book, Position 80–96

**16** https://de.statista.com/statistik/daten/studie/1178814/umfrage/in-deutschland-heimische-tiere-pflanzen-und-pilze/

**17** A landscape ecology approach identifies important drivers of urban biodiversity; Tabea Turrini, Eva Knop, First published: 24 January 2015, https://doi.org/10.1111/gcb.12825; Global Change Biology

**18** Leopards provide public health benefits in Mumbai, India; Alexander R Braczkowski, Christopher J O'Bryan, Martin J Stringer, James EM Watson, Hugh P Possingham, Hawthorne L Beyer; First published: 08 March 2018 https://doi.org/10.1002/fee.1776C; FRONTIERS IN ECOLOGY and the ENVIRONMENT

**19** Tropical forests post-logging are a persistent net carbon source to the atmosphere; Maria B. Mills https://orcid.org/0000-0002-2902-8969, Yadvinder Malhi, Robert M. Ewers, +11, and Terhi Riutta; Authors Info & Affiliations; Edited by William Schlesinger, Cary Institute of Ecosystem Studies Millbrook, NY; received August 24, 2022; accepted November 16, 2022; January 9, 2023; https://doi.org/10.1073/pnas.2214462120

**20** https://data.footprintnetwork.org/#/; https://www.germanwatch.org/de/overshoot

# BEWAHRTE WILDNIS

Warum wir Schutzgebiete und ein neues Miteinander brauchen.

**Haie ohne Ende. Das Gefängnis der Königstiger.
Der sicherste Ort der Welt. Jurassic Park? Neue Wildnis.**

**— Letzte Überlebende**
Der Afrikanische Elefant (*Loxodonta africana*) ist einer der wenigen Überlebenden der großen Aussterbewelle der Megafauna am Ende der letzten Kaltzeit. Damals starben etwa 80 % aller Tierarten über 80 Kilogramm aus. Doch wie lange gibt es ihn noch? Die IUCN stuft ihn als „stark gefährdet" ein. Gäbe es keine Schutzgebiete, Jagd- und Handelsverbote von Elfenbein, wäre er in der freien Wildbahn schon Geschichte.

## Die Inseln der Hammerhaie

Je unzugänglicher ein Ökosystem, umso unberührter. Die Anreise lohnt die Ausbeute nicht. Nur wenige Gebiete der Erde verfügen über diese Art geologischen Schutz. Malpelo, die kleine kolumbianische Inselgruppe, gehört dazu. Seit 1995 wird das Schutzgebiet bewacht. Seit 2006 besitzt die Inselgruppe den Status eines UNESCO-Weltnaturerbes. Nur wenige Besuchergenehmigungen werden jährlich erteilt. Eine Reise nach Malpelo ist weit, teuer, aufwendig und gehört zu den letzten aufregenden Abenteuern unserer Erde.

Mein Abenteuer begann im winzigen Hafen des Ortes David an der Pazifikküste Panamas. Er liegt am Ende der Welt am Rande eines gigantischen Mangrovenwaldes. Die tropische Vegetation droht den Hafen zu verschlingen. Nur noch eine kleine Wasserfläche behauptet sich gegen die Vegetation. Diese teilen sich drei versunkene Fischerboote und ein kleiner Katamaran. Unser hoffentlich seetüchtiges Schiff, denn vor mir und meinen Mitreisenden liegt eine 10 Tage dauernde Seereise hinein in den einsamen Ostpazifik. Weder auf unserem Weg noch in Malpelo gibt es irgendwelche Infrastruktur. Auch keine ärztliche Versorgung. Egal was dort passieren würde, es dürfte zwei Tage dauern, bis Hilfe eintrifft.

Doch noch liegen wir im Hafen und warten auf unsere Auslaufgenehmigung. Schwarze tiefhängende Regenwolken verdunkeln den Tag und verbreiten eine düstere Stimmung. Ab und zu entladen sich die Wolken mit Blitz und Donner. Es schüttet, dass man kaum die Hand vor Augen sehen kann. Dann reißen die Wolken auf und die Sonne kocht uns im heißen Wasserdampf. Dann, endlich, geht es los. Lautlos gleitet unser Boot vorbei an bis zu 20 Meter hohen Mangrovenbäumen Richtung Pazifik. Ab und zu taucht der Rücken eines Delfins im braunen Wasser auf. Nach etwa zwei Stunden erreichen wir die Küste und überqueren das Saumriff. Die braune Wasserfarbe der Mangrovenkanäle wechselt langsam in das Tiefblau des klaren Ozeanwassers. Bald ist der gigantische Mangrovenwald nur noch ein grüner Streifen am Horizont, kurz darauf verschwunden. Bis zu unserer Rückkehr

**In Malpelo taucht man ein in die wilde Geschichte unserer Ozeane. Es gibt nur noch wenige vergleichbare Orte.**

werden wir weder einem anderen Schiff noch anderen Reisenden begegnen. Handy, Internet, alles auf einmal Geschichte. Dafür tauchen wir ein in eine Meereswildnis, die ihresgleichen vergeblich sucht.

Die Inseln Malpelos bestehen überwiegend aus nackten Felsen vulkanischen Ursprungs. Die 1643 Meter lange und 727 Meter breite Hauptinsel ragt 300 Meter hoch steil aus dem Meer. Abweisend und unzugänglich trotzt sie den Wellen des Pazifiks. Ohne akrobatische Kletterkünste kommt man nicht an Land. Zum Archipel gehören weitere kleinere Felsen wie zum Beispiel die „Drei Musketiere", alle ebenso unzugänglich. So in etwa muss das Land auf der Erde vor hunderten Millionen Jahren ausgesehen haben, kurz bevor die Pflanzen es besiedelten. Ohne Humus, abweisend und lebensfeindlich. Das Leben spielte sich damals nur in den Ozeanen ab. In Malpelo ist es heute noch so.[1]

Der Kontrast zwischen der kahlen, leeren Felsenlandschaft und der Fülle an Leben im Wasser raubt einem fast den Atem. Bogenstirn-Hammerhaie (*Sphyrna lewini*) wohin man blickt. Manchmal in großen Gruppen von bis zu 100 Tieren. Darunter viele Weibchen mit Wunden. Ein Zeichen, dass sich die Hammerhaie in Malpelo paaren, denn bei der Paarung beißen sich die Männchen an den Weibchen fest. Riesige Verbände von Pelikan-Barrakudas (*Sphyraena idiastes*), die wie eine Wand erscheinen, Großaugen-Stachelmakrelen (*Caranx sexfasciatus*) formen gigantische Kugeln aus Fischleibern. Seidenhaie (*Carcharhinus falciformis*) versammeln sich saisonal zu Hunderten. Auch der größte lebende Fisch der Welt, der Walhai (*Rhincodon typus*), zieht hier seine Kreise. Nicht die kleinen 4–8 Meter langen Exemplare, die man in anderen Gegenden trifft, sondern Riesen mit mindestens 12 Metern Länge. Fast 2 Meter lang sind auch die Großen Bernsteinmakrelen (*Seriola dumerili*), die sich hier von Barbier-Falterfischen (*Johnrandallia nigrirostris*) putzen lassen. Gelbflossen-Thunfische (*Thunnus albacares*) und Wahoos (*Acanthocybium solandri*) schießen auf der Jagd wie Torpedos durch das Wasser. Und unter jedem Stein eine Gefleckte Muräne (*Gymnothorax do-*

**Wilder Ostpazifik**

Weltweit sind Haie stark bedroht. Solche Schwärme von
Bogenstirn-Hammerhaien (*Sphyrna lewini*) sieht man nur
noch im Ostpazifik wie beispielsweise in Malpelo. Die
Weltartenkonfernenz CITES beschloss im November
2022 den Schutz von 60 Haiarten. Ein Meilenstein, um
diese Arten vor dem Aussterben zu bewahren.

vii). Einer ähnlich großen Biomasse so vieler verschiedener Fischarten bin ich noch nie begegnet. Ich hätte sie auch nicht für möglich gehalten. Und die Anzahl der Räuber verwirrt. Die Nahrungspyramide scheint hier auf dem Kopf zu stehen. Wie kann das sein?

Malpelo ist die kleinste und ursprünglichste Inselgruppe der drei tropischen vulkanischen Inselarchipele im Südostpazifik. Etwa 600 Kilometer weiter westlich liegt der Nationalpark der Kokos-Insel, die zu Costa Rica gehört und als einzige mit tropischem Regenwald bewachsen ist. Etwa 1000 Kilometer südwestlich die berühmten zu Ecuador gehörenden Galapagosinseln. Hier wiederum ist die Vegetation für einen Ort in den Tropen sehr bescheiden, wie auch Charles Darwin bei seiner Ankunft in Galapagos bemerkte. Unter Wasser jedoch finden wir die gleichen Arten und die atemberaubende Fülle wie in Malpelo.

Allerdings haben die Meeresgebiete *zwischen* den Inselarchipelen keinen Schutzstatus. Damit sind wir bei einem Kernproblem, das alle Schutzgebiete auf See

und an Land betrifft. Es handelt sich um von uns definierte Gebiete, die isoliert im schutzlosen Umland liegen. Für Wildtiere, in diesem Fall Fische, sind unsere definierten Grenzen bedeutungslos. Sie wandern, so wie sie es schon immer getan haben. Für viele endet das Verlassen der Schutzzonen in einem Fischernetz. Insbesondere die Fischfangflotte Chinas stellt in der Region Galapagos eine große Bedrohung dar. Mit weit mehr als 300 Trawlern liegt sie unmittelbar an der Grenze von Ecuadors ozeanischer Wirtschaftszone, innerhalb dieser sich wiederum die Schutzzone befindet.

Eine gute Lösung wäre, Schutzgebiete so zu vernetzen, dass Wanderungen zwischen den Gebieten möglich wären. In unserem Fall zwischen den Archipelen Malpelo, Galapagos und der Kokos-Insel.

Vertreter der Regierungen von Ecuador, Kolumbien und Costa Rica diskutieren schon über diese Lösung. Rückenwind bekommen die Verhandlungen von dem UN-Abkommen zum Schutz der Hohen See, das am 19. Juni 2023 von der UN-Vollversammlung verabschiedet wurde. Ein *„historischer Erfolg"*, so UN-Generalsektretär Guterres, dem 15 Jahre harte Verhandlungen vorausgingen. Doch jetzt ist es geschafft. Zum ersten Mal überhaupt können Meeresgebiete außerhalb der 370 Kilometer großen ausschließlichen Wirtschaftszonen von Ländern geschützt werden und damit außerhalb nationaler Grenzen. Bisher waren diese rund zwei Drittel der Ozeane im Hinblick auf den Naturschutz schlicht und einfach ein rechtsfreier Raum. Ebenso die Tiefsee, für die sich im Rahmen des Abkommens auch in Bezug auf den Abbau der dort vorkommenden Rohstoffe jetzt verbindliche Regeln festlegen lassen.

Doch zurück zu den Bogenstirnhammerhaien von Malpelo. Ihre Wanderwege nach Cocos und Galapagos liegen im Hochseebereich. Gelingt jetzt die Vernetzung durch eine Schutzzone, gäbe es eine rechtliche Handhabe, dass auch die chinesischen Fischereiaktivitäten in dem Bereich eingestellt werden müssten.

Dieser Beschluss zur Hochsee steht im Zusammenhang mit einer anderen wegweisenden Regelung,

> **Es gibt zwei gute Möglichkeiten, Arten zu schützen: Man erhält ihre Lebensräume oder schützt die Arten selbst, indem man Handel und Entnahme verbietet. Am besten wirkt beides zusammen.**

**— Bewegungsfreiheit für die Großen**

Auch an Land ist die Vernetzung von Schutzgebieten wichtig, um sichere Wanderouten zu schaffen. Im Süden Afrikas taten sich die Länder Angola, Botsuana, Namibia, Sambia und Simbawe zusammen und verbanden die schon bestehenden 35 Schutzgebiete zu einem einzigen riesigen Reservat: Kavango-Zambezi Transfrontier Conservation Area (*KAZA*). Mit seinen 520 000 Quadratkilometern ist es 2023 das zweitgrößte Landschutzgebiet der Erde.

— **Kleines Land, großes Vorbild**
Links geschützter Regenwald, rechts der tropische Ozean. Nur ein
schmaler Sandstreifen trennt in Costa Rica die artenreichsten
Ökosysteme der Erde. 50 % von Costa Rica stehen unter Schutz.
Damit hat das mittelamerikanische Land schon jetzt sämtliche
Naturschutzziele der Weltgemeinschaft übertroffen.

die die Zukunft unseres Planeten positiv beeinflussen wird. Auf der Weltnaturkonferenz, die vom 7. bis 19. Dezember 2022 in Montreal stattfand und an der knapp 200 Staaten teilnahmen, wurde beschlossen, dass bis zum Jahr 2030 mindestens 30 % der Ozeane, aber auch der Landflächen zu Schutzgebieten werden sollten. *„Das Abkommen ist ein Durchbruch"*, kommentierte die Bundesumweltministerin Deutschlands Steffi Lemke in den Tagesthemen vom 19.12.2022 den Beschluss.

Auch Florian Tietze vom WWF bezeichnete das Ergebnis als *„überraschend gutes Rahmenwerk"* und Georg Schwede von Campaign for Nature sah darin die *„so dringend notwendige Trendwende zur Bewältigung der Biodiversitätskrise."* Eine derart einstimmige positive Reaktion von Seiten der Politik und der Nichtregierungsorganisationen kommt selten vor. Offensichtlich ist die Sicherung der Lebensräume in dieser bisher nie dagewesenen Größenordnung der richtige Weg.

**2023 sind weltweit etwa 16,2 % des Landes und 7,7 % der Ozeane und Küstengebiete Schutzgebiete.**

## 30 ODER 50 %, BEWACHUNG ODER LAISSEZ FAIRE?

Doch werden 30 % der Erdoberfläche reichen, um das Artensterben zu stoppen? Oder brauchen wir doch 50 %, wie kein geringerer als der berühmte amerikanische Biologe Edward O. Wilson in seinem Buch 2016 „Die Hälfte der Erde – Ein Planet kämpft um sein Leben" forderte und begründete? Und wie soll diese Fläche in den Ozeanen und auf dem schon längst von uns vereinnahmten Land überhaupt bereitgestellt werden? Zudem sagt die Prozentzahl nicht das Geringste über den zu erwartenden Nutzen aus. Wir könnten uns sehr leicht dem 30 % Ziel nähern, wenn wir alle lebensfeindlichen und artenarmen Arktis- und Antarktisgebiete und alle Wüsten als Naturschutzgebiete ausweisen würden. Nur für den Artenschutz würde uns das wenig bringen.

Wichtiger als die Prozentzahl ist die Auswahl der zu schützenden Gebiete in Bezug auf den größtmöglichen Erfolg. Relevante Informationen hierzu liefert

 **Erfolgsgeschichte**

1960, im Jahr meiner Geburt, standen die Buckelwale kurz
vor dem Aussterben. Nur 440 Exemplare von ehemals
125 000 – dem geschätzten Bestand, bevor die Tiere
bejagt wurden – hatten das große Schlachten des
Walfanges überlebt. 1966 schließlich kam das erste
internationale Fangverbot, das 1982 mit dem internationalen Walfangmoratrium auf alle Walarten ausgedehnt
wurde. Heute schwimmen wieder etwa 60 000 Buckelwale in den Ozeanen. Die Rettung dieser Art zeigt was
möglich ist, wenn wir es wirklich wollen.

uns die Wissenschaft. Sie gibt Auskunft über Wanderungsbewegungen, Paarungszeiten und Kinderstuben, Alter und Geschlechtsreife von Populationen usw. Und liefert natürlich Bestandslisten von Arten, die in den jeweiligen Gebieten vorkommen. All diese Erkenntnisse können wir heute anwenden, um Artenschutz so effektiv wie möglich zu organisieren.

Ebenso wichtig für die Schutzgebiete: das Durchsetzen des geplanten Schutz- und Nutzungsstatus durch eine Parkverwaltung und Kontrollen durch Ranger. Naturschutzgebiete einfach zu erklären, dann aber sich selbst zu überlassen, hilft nicht weiter. Zu Recht beklagen Umweltschutzverbände weltweit die zahlreichen Naturschutzgebiete, die nur auf dem Papier existieren und daher „paper parks" genannt werden. Doch wie genau ist ein Naturschutzgebiet überhaupt definiert? Eine komplexe Frage, die viel Konfliktpotenzial mit sich bringt. Im Grunde kann jedes Land diesbezüglich seine eigenen Gesetze beschließen und entsprechend eine Menge Ausnahmen zulassen, insbesondere für die Landwirtschaft. Die Situation kann also je nach Land und Region sehr unterschiedlich sein, und bestimmte Interessen, wie die indigener Bevölkerungen, müssen auch gewahrt werden. Trotz alledem bemüht sich die „Internationale Union zur Bewahrung der Natur IUCN" um eine Standardisierung. Dies ist allein schon deshalb nötig, um überprüfen zu können, ob Vereinbarungen im Rahmen der UN auch eingehalten werden. Die Definition der IUCN aus dem Jahre 2008 im Wortlaut: *„Ein Schutzgebiet ist ein klar definierter geographischer Raum, der durch rechtliche oder andere effektive Mittel dazu vorgesehen, gewidmet und verwaltet wird, einen langfristigen Schutz der Natur und damit verbundener Ökosystemdienstleistung und kultureller Werte zu erreichen."* Diese Definition wird durch sechs Kategorien diffe-

**Ohne Horn lebt man länger**
In China werden bis zu 800 000 Euro für Rhino-Hörner bezahlt. In Südafrika schützen Tierärzte die Bestände des Breitmaulnashorns (*Ceratotherium simum*) durch Amputation. Das macht die Tiere für Wilderer wertlos.

renziert, die von Kategorie I, was streng geschütztes Gebiet bedeutet, in dem jegliche menschliche Nutzung außer Forschung oder Überwachung untersagt ist, bis zur Kategorie VI, die nachhaltige Nutzung durch den Menschen erlaubt.[2]

Global betrachtet befinden sich die artenreichsten und damit schützenswertesten Gebiete überwiegend in den Tropen. Dies betrifft das Festland ebenso wie die Ozeane. Die Fläche der Länder, in denen sich diese Biodiversitäts-Hotspots genannten Gebiete befinden, macht etwa 10 % der Erdoberfläche aus. Die Zentren der Artenvielfalt innerhalb dieser Länder etwa 2,3 %, was nur noch ein Sechstel der ursprünglichen Fläche ist.

Eine weitere wichtige Definition sind die „Schlüsselgebiete der biologischen Vielfalt", von denen sich wiederum viele in den Biodiversitäts-Hotspots befinden. In der Regel handelt es sich bei den Schlüsselgebieten um kleinere Gebiete, die besser zu schützen sind. Wir können davon ausgehen, dass etwa 70 % aller Arten hier leben. Gleichzeitig existieren hier noch zahlreiche weitgehend erhaltene Gebiete. Der Schutz des noch Vorhandenen besitzt hier absolute Priorität. Da die überwiegende Mehrheit der Länder des globalen Südens die Kosten für den Artenschutz nicht aufbringen kann, müssen sie unterstützt werden. Auch hierzu gab es in Montreal einen wichtigen Entschluss: Bis 2025 sollen die wohlhabenden Länder die Artenschutzmaßnahmen in den ärmeren Ländern mit etwa 20 Milliarden Dollar jährlich unterstützen. Auch die Landwirtschaft als treibender Faktor der sinkenden Populationen wird benannt. Das Ausbringen von Pestiziden und Düngemitteln soll um 50 % reduziert werden.

Auch wenn im Verhältnis von Fläche und Artenvielfalt die tropischen Gebiete für die Artenvielfalt der Erde die größte Bedeutung haben, bedeutet dies keinesfalls, dass wir die subtropischen, gemäßigten und kalten Regionen vernachlässigen sollten. Auch hier garantiert Artenvielfalt das Funktionieren aller Ökosysteme und ermöglicht Pflanzen, Tieren und uns das Überleben.

In der Arktis befindet sich seit 1974 das mit 920 000 Quadratkilometern größte Naturschutzgebiet an Land: der relativ unbekannte Nordost-Grönland-Nationalpark. In etwa so groß wie Frankreich und Spanien zusammen und weitgehend unzugänglich. 80 % der Fläche ist dauerhaft vom Inlandeis bedeckt. Hier gibt es weder befestigte Straßen, Schienen oder Flughäfen noch Hotels für Reisende.

Auf der anderen Seite des Globus, in der Antarktis und damit ebenfalls im Kalten, finden wir das größte Schutzgebiet der Welt und der Ozeane: das 1,55 Millionen Quadratkilometer große Schutzgebiet Rossmeer im arktischen Ozean. Jahrelang wurde auf Konferenzen wie der „Kommission zur Erhaltung der lebenden Meeresschätze der Antarktis" verhandelt, bis endlich 2017 auch Russland, die Ukraine und die Volksrepublik China einlenkten und ihren Widerstand gegen Fischereieinschränkungen aufgaben. Ein wichtiger Meilenstein für den Schutz der südpolaren Meeresfauna, denn diese ist in den kalten Ozeanen weit höher als an Land und auch noch weitgehend intakt.

Das zweitgrößte Schutzgebiet der Erde und mit 1,5 Millionen Quadratkilometern nur geringfügig kleiner befindet sich in den Tropen: das hawaiianische Papahānaumokuākea Marine National Monument. Der erste Abschnitt wurde am 15. Juni 2006 durch den damaligen US-Präsidenten George W. Bush geschützt und durch Barak Obama 2016 um das Vierfache vergrößert.

Der überwiegende Teil der Schutzgebiete in den Ozeanen ist klein und trotzdem sehr wirkungsvoll. Vor allem wenn sie durch Korridore vernetzt sind oder zumindest nicht weit auseinanderliegen. Fischbestände können schnell wachsen und lassen Populationen in der Region auch außerhalb der Schutzgebiete gedeihen.

Dies ist ein wesentlicher Unterschied zu Schutzgebieten an Land. Tiere, die an Land die Schutzgebiete verlassen, werden als Störenfriede gesehen. Pflanzenfresser verursachen wirtschaftlichen Schaden in der Landwirtschaft. Raubtiere töten Nutztiere und stellen eine Bedrohung für Menschen dar. In den Ozeanen dagegen bringen Tiere, die die Schutzgebiete verlassen, einen wirtschaftlichen Vorteil. Die Fangquoten der lokalen Fischer steigen und sie leisten einen wichtigen Anteil bei der Versorgung der Bevölkerung mit gesunder eiweißhaltiger Kost.

Die Beispiele zeigen, dass schon vor dem wegweisenden 30 % Ziel der Weltnaturkonferenz in Montreal in den letzten Jahrzehnten so viele kleine und große Schutzgebiete geschaffen wurden wie noch nie. Eine gute Entwicklung, die mit der Weltnaturkonferenz nun weiter an Fahrt gewinnt und hoffnungsvoll stimmt.

**Optimaler Naturschutz und Akzeptanz wird erreicht, wenn die lokale Bevölkerung bei den Planungen berücksichtig wird und von den Schutzmaßnahmen profitieren kann.**

### DIE MANGROVEN DER KÖNIGSTIGER

Wild, abweisend, unheimlich und gefährlich sind die richtigen Worte, um die Sundarbans in Bangladesh und Süd-Indien zu beschreiben. Eines der letzten ursprünglichen Wildnisgebiete unserer Erde und das mit rund 10 000 Quadratkilometern größte Mangrovengebiet der Welt. 6000 Quadratkilometer und damit der größere Teil gehören zu Bangladesch, 4000 Quadratkilometer zu Indien. Dieses einzigartige Ökosystem und UNESCO-Weltnaturerbe bietet zahlreichen Arten einen Lebensraum. Darunter allein 150 Fischarten, die für die Ernährung der Bevölkerung wichtig sind. Diverse Garnelen und Krebsarten, 42 Säugetierarten, etwa 35 Reptilienarten sowie etwa 300 Vogelarten. Das Leben der Menschen am Rande dieses Gebietes kommt dem unserer Vorfahren am nächsten. Bedrohungen durch die Natur sind allgegenwärtig. Parasiten und Stechmücken aus den Mangrovensümpfen können das Leben hier zur Hölle machen. In den Flüssen im Wald lauern die riesigen Leistenkrokodile (*Crocodylus porosus*) und giftige Schlangen. Passiert etwas, gibt es vor Ort nur wenig medizinische Versorgung. Der Wald als Quelle ständiger Gefahr, aber auch als Lebensgrundlage.

Und dann gibt es hier noch den Königstiger (*Panthera tigris tigris*). Etwa 180 Tiger leben und jagen in den Sundarbans. Das Raubtier steht unangefochten

— **Fast schon abstrakte Kunst**
Die Aufnahme der NASA aus dem Weltall zeigt das undurchdringliche
Wirrwarr an Flüssen und Mangrovenwäldern, das für die Sundarbans
typisch ist. Viele glauben, dass der Wald nur noch deshalb erhalten ist,
weil der Tiger ihn schützt.

an der Spitze der Nahrungspyramide und ist von allen gefürchtet. Zu Recht, denn nirgendwo sonst fordert es so viele Opfer. Nirgendwo sonst auf der Welt ist das Nebeneinander von Wildnis und Zivilisation so tödlich. Um die 100 Menschen töten und fressen die Königstiger der Sundarbans im Schnitt pro Jahr. Die Hälfte davon im indischen Teil, die andere im Waldgebiet von Bangladesch.

Manchmal taucht ein Tiger überraschend in den menschlichen Siedlungen am Rande des Waldes auf. Doch außerhalb seines Reviers greift er Menschen fast nie an. Er sucht Vieh, das lohnt sich mehr. Gefährlich für die Menschen ist die Arbeit im Wald, und je tiefer Forstarbeiter eindringen, umso ausgelieferter sind sie dem Tiger. Die Honigsammler kennen die Gefahr genauso wie die Garnelenfischer und die Holzsammler. Doch sie gehen das Risiko ein. Zu verlockend die Einkünfte in einer von bitterer Armut geprägten Welt. Der Honig aus dem Wald oder die Garnelen bringen dringend benötigtes Einkommen. Wenn sie sich

schützen könnten, würden sie es tun. Doch gegen den Tiger hilft fast nichts.

Zu gut ist seine Tarnung im Dschungel. Zu lautlos schleicht er sich an. Sein Angriff kommt immer unerwartet und aus dem Hinterhalt. Selbst auf dem Wasser der Kanäle ist man nicht sicher, denn die Tiger schwimmen unbemerkt zum Boot, um plötzlich hineinzuspringen. Nirgendwo sonst zahlen die Bewohner am Rande eines Schutzgebietes einen so hohen Preis für den Schutz eines Raubtieres. Niedrig dagegen die Summe, die die indische Regierung den Hinterbliebenen der Tigeropfer auszahlt. Umgerechnet etwa 2000 Euro für ein Menschenleben. Aber nur, falls das Opfer eine Genehmigung hatte, den Wald zu betreten. Die meisten haben diese nicht und sie schweigen. Denn für das illegale Betreten droht eine Geldstrafe.

Das Verhalten der Tiger ist ungewöhnlich. Normalerweise gehen Königstiger Menschen aus dem Weg. Viele Theorien werden deshalb als Erklärung diskutiert. Gibt es zu wenig Beutetiere wie Wildschweine oder Axishirsche in den Sundarbans? Haben sich die Tiger an Menschenfleisch gewöhnt, weil Ausläufer des Ganges aus indischen Städten kaum oder nur teilweise verbrannte, dem Fluss übergebende Leichen in die Sundarbans spülen, die den Wildschweinen und Tigern als Nahrung dienen? Das Gleiche gilt für die vielen Opfer der regelmäßig das Gebiet heimsuchenden starken Wirbelstürme. Oder gibt es eine ganz andere Ursache? Das Verhalten der Tiger ist ein Geheimnis, das wir wahrscheinlich nie erfahren werden.

Aufgrund ihrer direkten Lage an der Küste des Golfs von Bengalen gehören die Sundarbans zu den Schutzgebieten, die durch den Klimawandel bedroht sind. Der steigende Meeresspiegel wird unweigerlich dazu führen, dass das Wasser einen Teil des Landes raubt. Die Zyklone, die aufgrund des Klimawandels

**Längerfristig beeinflusst und verändert der Klimawandel auch die Lebensbedingungen in den Schutzgebieten. Grundsätzlich können wir aber davon ausgehen, dass intakte Gebiete widerstandsfähiger sind als geschädigte.**

— **Eine Art, 12 Länder**
Auch die Zukunft eines weiteren asiatischen Raubtieres ist ungewiss: dem Schneeleoparden (*Panthera uncia*). Man schätzt, dass es noch etwa 4000–6000 Tiere gibt, die in den Hochgebirgen Asiens leben und über 12 Länder verstreut sind. Die meisten leben in China. Um ihn erfolgreich zu schützen, müssten diese 12 Länder kooperieren und ein gemeinsames vernetztes Schutzgebiet schaffen. Leider ist dies nicht in Sicht.

immer stärker werden, treffen mit großer Wucht und Zerstörungskraft auf diesen Küstenabschnitt. Am 14. Mai 2023 war es der starke Zyklon „Mocha" mit Böen von bis zu 175 km/h.

Was bedeutet diese Entwicklung für die Population der Königstiger in diesem Gebiet? Sie wird sich wohl verringern, da mit der Verkleinerung des Gebietes auch eine Verringerung der Beutetiere einhergeht. Abwandern können sie nicht. Im Süden durch den Ozean eingeschlossen und im Westen, Osten und Norden durch dichtbesiedeltes und landwirtschaftlich genutztes Land, sind die Sundarbans heute nur noch eine kleine Insel innerhalb des ursprünglichen Verbreitungsgebietes des Königstigers.

Das nächste Schutzgebiet für Tiger, der Similipal-Nationalpark, befindet sich 250 Kilometer westlich. Das zweitnäheste, der Indravati-Nationalpark, 600 Kilometer südwestlich. Beide sind für die Königstiger unerreichbar. Noch um 1900 hätten die Königstiger die Sundarbans jederzeit verlassen können und sich Tausende von Kilometern über Südostasien bewegen können. Überall wären sie auf einen ihrer 100 000 Artgenossen gestoßen. Diese Wandermöglichkeiten sorgte zur damaligen Zeit für die genetische Durchmischung und Vielfalt der gesamten Tigerpopulation. Heute ist neben der Wilderei die genetische Verarmung eine der größten Bedrohungen.

Eine Vernetzung der Tigerschutzgebiete in Indien über geschützte Korridore wäre eine gute Lösung, kann aber im bevölkerungsreichsten Land der Erde nicht verwirklicht werden. Und so bleiben die etwa 2500 noch in Freiheit lebenden Königstiger bis auf weiteres über zahlreiche Schutzgebiete verstreut und isoliert voneinander. Die meisten Schutzgebiete befinden sich in Indien, aber auch in Myanmar, Nepal, Bangladesch und Buthan. Es bleibt ungewiss, ob der Königstiger langfristig in den verschiedenen isolierten Gebieten eine Zukunft hat. Dabei hat er von allen heute noch lebenden sieben Tigerarten die größten Überlebenschancen, da es von ihm noch die meisten Exemplare gibt. Vom Sibirischen Tiger zum Beispiel gibt es in freier Wildbahn nur noch etwa 400. Auch die Be-

**— Bluthonig**

Zwei Honigsammler in den Sundarbans in Bangladesch versuchen mit dem Rauch die Bienen zu verscheuchen. Für die Gewinnung des Honigs begeben sie sich in Lebensgefahr. Auch die Tiger lieben Honig und befinden sich oft in der Nähe der Bienennester. Aufgrund der hohen Opferzahlen an Toten und Verletzten durch Tigerangriffe nennt die Bevölkerung den Honig „Bluthonig".

stände des Sumatratigers bewegen sich auf ähnlichem Niveau. Der Javatiger wiederum gilt seit den 1970ern als ausgestorben, der Balitiger seit den 1940er Jahren.

Hier zeigt sich ein Dilemma, das vor allem große an Land lebende Tiere weltweit betrifft. Aufgrund ihres Platzbedarfs und der geringen Populationsdichte pro Quadratkilometer sind sie viel schwieriger und aufwendiger vor dem Aussterben zu bewahren als kleinere Tiere. Für die winzigen Insekten, die in den Sundarbans leben, erscheint der Nationalpark mit seinen Mangrovenwäldern wie ein unendlich großer Planet mit unendlichen Ressourcen. Für die Königstiger dagegen sind sie ein Gefängnis, mit den Stelzwurzeln der Mangroven als Gitterstäbe.

## DIE WIEGE DER MENSCHHEIT

Die wissenschaftlichen Befunde zeigen ein eindeutiges Bild. Der moderne Mensch (*Homo sapiens*) stammt aus Afrika. Die Spuren finden sich in unseren Genen ebenso wie im afrikanischen Boden. Hier fanden die Paläontologen die meisten Fossilienreste unserer Vorfahren. Auch die heute lebenden Arten der Familie der Menschenaffen (Hominidae), zu der auch wir gehören, fügen sich nahtlos in diese Indizienkette ein.

Bis auf die Orang-Utans finden wir alle anderen in Afrika. Hierzu gehört der Westliche Gorilla (*Gorilla gorilla*) mit den beiden Unterarten Westlicher Flachlandgorilla (*Gorilla gorilla gorilla*) und Cross-River-Gorilla (*Gorilla gorilla diehli*). Der räumlich getrennte

Östliche Gorilla (*Gorilla beringei*) mit den Unterarten Östlicher Flachlandgorilla (*Gorilla beringei graueri*) sowie Berggorilla (*Gorilla beringei beringei*). Und natürlich unsere biologisch engsten Verwandten: der Gemeine Schimpanse (*Pan troglodytes*) mit seinen vier Unterarten, und der Bonobo (*Pan paniscus*). Alle unsere nahen Verwandten im Tierreich sind heute vom Aussterben bedroht, während wir vor kurzem die 8 Milliarden Grenze überschritten haben. Von einst mehreren Millionen Gemeinen Schimpansen existieren heute nur noch etwa 300 000 Exemplare. Mit geschätzten 250 000 erreicht auch die Population des Westlichen Flachlandgorillas eine ähnliche Größe. Beide Arten hätten aufgrund dieser Populationsgrößen gute Chancen, wenn uns ein nachhaltiger Schutz gelingen sollte. Die Populationen aller anderen afrikanischen Menschenaffen liegen deutlich darunter und sind teilweise stark gefährdet. Unter den Schimpansen tragen die Bonobos ein hohes Aussterberisiko, da sie endemisch sind. Sie leben ausschließlich im tropischen Regenwald der Demokratischen Republik Kongo und zwar südlich des gleichnamigen Flusses. Das einzige Schutzgebiet innerhalb ihres Lebensraumes ist das Lomako-Yokokala-Reservat.

Der Kongo trennt die Bonobos auch von den Gemeinen Schimpansen im Kongobecken, das nördlich des Flusses vorkommt. Zudem hat sich der Gemeine Schimpanse auch an den Lebensraum der Savanne anpassen können, sodass sich seine vier Unterarten über den ganzen tropischen Gürtel Afrikas von den westlichen Küstenländern bis nach Tansania im Osten ausbreiten konnten.

Fast aussichtslos die Lage folgender Gorillaarten, die alle von der IUCN als „vom Aussterben bedroht" geführt werden: der Cross-River-Gorilla (*Gorilla gorilla diehli*). Maximal 300 Tiere leben noch in freier Wildbahn in einem winzigen zersplitterten Gebiet an der Grenze zwischen Nigeria und Kamerun. Der Berggorilla (*Gorilla beringei beringei*), von denen etwa 600 Tiere im ältesten Nationalpark Afrikas leben. 1925 wurde der Virunga-Nationalpark der Demokratischen Republik Kongo im Grenzgebiet zu Ruanda

und Uganda gegründet. Weitere 400 Tiere leben isoliert im ugandischen Bwindi-Impenetrable-Nationalpark. Vom Östlichen Flachlandgorilla (*Gorilla beringei graueri*) schätzte man 2015 die Population noch auf 3800 Exemplare, die überwiegend im Nationalpark Kahuzi-Biéga leben. Das Tragische an der Situation der Menschaffen, insbesondere der Gorillas im

**Schutzgebiete bedeuten nicht automatisch Schutz. Wilderei, illegaler Holzeinschlag oder Rohstoffabbau stellen ständige Bedrohungen dar. Ein gutes Management und Bewachung der Gebiete ist notwendig.**

— **„Waldmenschen"**

Mit einer geschätzten Population von etwa 57 000 Individuen hat der Borneo-Orang-Utan (*Pongo pygmaeus*) gute Chancen zu überleben. Gut die Hälfte lebt in Schutzgebieten. Weit schwieriger ist die Situation des Sumatra-Orang-Utans (*Pongo abelii*). Von ihm leben nur noch wenige Tausend, vom Tapanuli-Orang-Utan (*Pongo tapanuliensis*) sogar weniger als 1000 Tiere im Norden der indonesischen Insel Sumatra.

Osten der Demokratischen Republik Kongo, ist die Tatsache, dass im Grunde alle Möglichkeiten bestehen würden, um die Populationen zu retten. Noch immer ist das Kongobecken recht unzugänglich. Es verfügt über weitere Schutzgebiete, die noch immer ganz oder teilweise auch außerhalb der Nationalparks durch dichten Regenwald verbunden sind. Doch die politische Situation lässt keine Lösung zu. Die Demokratische Republik Kongo besitzt keine Kontrolle über den Osten des Landes. Im unzugänglichen Urwald agieren Rebellengruppen, die die jahrzehntealten Konflikte im Kongo, aber auch der Nachbarländer hier verborgen vor den Blicken der Weltöffentlichkeit mit größter Brutalität weiterführen.

Viele Täter des grauenhaften Völkermordes in Ruanda von 1994, dem innerhalb von etwa 4 Monaten etwa 800 000 bis 1 000 000 Menschen zum Opfer fielen, flüchteten in den wilden Osten der Demokratischen Republik Kongo und bauten Milizen wie die Hutu-Miliz FDLR auf. Bis 2019 fielen den Konflikten auch mehr als 170 Ranger des Virunga Nationalparks zum Opfer, die von Milizen ermordet wurden. Inzwischen agieren hier auch islamistische Milizen. Im Juni 2023 griff eine islamische Miliz eine Schule in Uganda an, tötete 38 Schüler und entführte eine unbekannte Anzahl in den Dschungel des Kongobeckens.

Wem Menschenleben völlig egal sind, den interessiert auch nicht der Schutz der Natur. Die hier agierenden Rebellen roden illegal Urwald und stellen Holzkohle her, bauen illegal Rohstoffe ab und wildern, um sich zu ernähren oder Fleisch zu verkaufen. Je weiter sie in diese Regionen eindringen, umso mehr „Buschfleisch" landet auch auf den Märkten. Das birgt große Gefahren: Zoonosen. Insbesondere unsere nächsten Verwandten stellen für uns die größte Bedrohung dar. Die ist keine Überraschung, beträgt doch der Unterschied unserer

**Unsichere Heimat Kongo**
Das Okapi ist ein endemischer Waldbewohner des Kongobeckens. Vermutlich leben nur noch etwa 6000 Tiere im Okapi-Reservat im Ituri-Regenwald und im Maiko-Nationalpark.

Gene zu denen der Schimpansen gerade einmal 1,23 %. Erst vor etwa 8 Millionen Jahren trennte sich die Entwicklung von Schimpansen und Menschen. Aber keineswegs abrupt, sondern es war ein langsamer Prozess. Immer wieder paarten sich unsere Vorfahren mit den Schimpansen und mischten ihre Gene. Erst vor 4 Millionen Jahren erlosch die gegenseitige sexuelle Attraktivität. Das führte dazu, dass wir heute mit ihnen eine ganze Reihe von Krankheiten teilen. Darunter AIDS, die bisher tödlichste Epidemie der jüngeren Geschichte.

Die Suche nach dem Ursprung des AIDS auslösenden Viruses führte direkt zu einer Unterart des Gemeinen Schimpansen *(Pan troglodytes troglodytes)*. Im Wissenschaftsmagazin „Science" konnten Forscher nachweisen, dass Vorläufer des häufigsten Virustypes HIV-1 Typ M bei den Schimpansen gefunden wurden.[3] Beim Westlichen Flachlandgorilla *(Gorilla gorilla gorilla)* fand man den HIV-1 Typ O. Auf den Menschen sprang das Virus vermutlich durch den Verzehr infizierter Affen über. Bei etwa 20 000 allein im Kongobecken gegessenen Menschaffen pro Jahr eine sehr wahrscheinliche Ansteckungsmöglichkeit. Durch die evolutionäre enge Verwandtschaft zwischen Schimpansen und uns können sich Viren auch hervorragend anpassen, sodass der Sprung zu uns, dem neuen Wirt, auch gelingt. Während die Schimpansen und Gorillas gegen das AIDS-Virus weitgehend immun waren, kostete die Epidemie bis heute weit über 41 Millionen Menschenleben.

Menschenaffen tragen auch ein weiteres, sehr gefährliches Virus in sich: Ebola. Dieses ist jedoch im Gegensatz zum Aidsvirus auch für die Affen gefährlich und bedroht die Bestände zusätzlich. Dokumentiert wurden die Folgen von Ebola-Ausbrüchen in den Jahren 2002–2005 im Nationalpark Odzala, der sich im Grenzgebiet

Atemwegserkrankungen sind für Schimpansen sehr gefährlich. Viren, die für uns nur lästig und ungefährlich sind, führen bei ihnen oft zum Tod. Corona war deshalb auch für die Affen in den Schutzgebieten eine Bedrohung.

zwischen der Republik Kongo (nicht zu verwechseln mit der Demokratischen Republik Kongo) und Gabun befindet. Von den ehemaligen dort lebenden 20 000 Westlichen Flachlandgorillas (*Gorilla gorilla gorilla*) fielen je nach Gebiet zwischen 75 % bis 95 % der gesamten Populationen zum Opfer. Allein 2005 starben etwa 5000 Gorillas an Ebola. Immer wieder kommt es im tropischen Afrika deshalb auch zu Ebolaausbrüchen bei Menschen. Erst 2020 ging der größte Ausbruch der letzten Jahre im Nordosten der Zentralafrikanischen Republik Kongo zu Ende. 2200 Menschen starben.

Etwa 200 Erkrankungen, die durch Zoonosen verursacht werden, sind inzwischen bekannt. Viele haben das Potential zu Epidemien und Pandemien. Die Tollwut ist schon seit langem und auch bei uns allgemein bekannt. In den letzten Jahren kamen Vogelgrippe H5N1, SARS, die Schweinegrippe H1N1, MERS,

Zika und nicht zu vergessen Corona hinzu. Auch wenn noch viele Fragen unbeantwortet sind, sprechen die meisten Indizien dafür, dass SARS-CoV-2, so wie alle anderen Coronaviren auch, von Tieren stammt. Vermutlich von Fledermäusen aus der chinesischen Provinz Yunnan.

Mikroben und Zoonosen sind Teil der unsichtbaren globalen Wildnis, die uns immer umgibt. Sie kennen weder geografische noch biologische Grenzen zwischen den Arten. Selbst der Zeit schlagen sie ein Schnippchen. 2016 kam es auf der Jamal-Halbinsel in Sibirien zu einem großen Milzbrandausbruch. Ein Kind starb, etwa einhundert Erwachsene mussten in den Krankenhäusern versorgt werden. Tausende Rentiere verendeten. Die Ursache: Der tauende Permafrostboden gab Rentierkadaver frei, die vor langer Zeit an Milzbrand gestorben waren. Die Erreger lebten noch. Eine tödliche Botschaft aus der Vergangenheit an die Zukunft einer sich immer mehr erwärmenden Welt.

### WEM GEHÖRT DER REGENWALD?
Am 30. August 2022 erfuhr die Welt aus den Medien, dass in Brasilien der *„einsamste Mensch der Welt gestorben"* sei. Man fand den indigenen Mann vom Volk der Tanaru tot in seiner Hängematte. Seine Familie und seine Gruppe hatten Viehzüchter schon vor etwa 25 Jahren ermordet. Indigene gehören weltweit oft zu den ersten Opfern, wenn es um Landstreitigkeiten geht. Seitdem lebte er alleine, mied jeden Kontakt. Von ihm existiert nur ein einziges Foto, das ihn kaum erkennbar mitten im dichten Regenwald zeigt. Ansonsten kannte man Spuren. Er grub Löcher, um darin zu schlafen und als Fallen für Tiere. Das brachte ihm den Spitznamen „Indio des Loches" ein.

Doch was hat der Tod eines Einsiedlers aus dem tropischen Regenwald mit Biodiversität und Schutzgebieten zu tun? Sehr viel, denn sein Schicksal wirft die Frage auf, wem der Wald eigentlich gehört? Naturschutz hat viel mit Eigentumsrechten zu tun. Die Entscheidungen, wem welches Land und welche Küstengebiete gehören, entscheiden auch über die Zukunft

**— Jungle night**

Nur wenige Menschen außer den Indigenen trauen sich nachts in den tropischen Urwald. Doch es lohnt sich, denn in dem artenreichsten Ökosystem der Erde sind viele Tiere nachtaktiv. Mara Brandl wagte sich mit Taschenlampe und Kamera hinein und hat in Costa Rica seltsame Tiere, wie diesen fluoreszierenden Skorpion, festgehalten.

dieser Gebiete und darüber, wer dort leben und das Land nutzen darf. Auch Naturschutzverbände nutzen das Eigentumsrecht und kaufen weltweit Flächen auf.

In Amazonien gibt es eine unvorstellbare Menge an Land, das zwar weitgehend verteilt, aber noch recht ursprünglich ist. Erinnern wir uns an die Tiger in Indien, die auf ihren kleinen Naturschutzinseln zwar sicher, aber in einem Gefängnis leben. Ein Jaguar dagegen kann in Brasilien von der Küstenstadt Belém im Mündungsgebiet des Amazonas quer durch den ganzen südamerikanischen Kontinent bis nach Cali an der kolumbianischen Pazifkküste wandern. Auf seiner etwa 3200 Kilometer langen Reise müsste er den Urwald nie verlassen. Hier muss nichts vernetzt werden. Was hier noch an Wildnis existiert, gibt es nicht noch einmal auf unserem Planeten. Der Regenwald bedeckt hier noch immer ein Gebiet von etwa 4 Millionen Quadratkilometer und ist damit so groß wie alle Staaten der Europäischen Union zusammen.

Aus der Luft sieht er aus wie eine gigantische grüne Fläche, die von ebenso gigantischen großen Flüssen durchzogen wird. Im Detail jedoch weicht das einheitliche Bild der Vielfalt. Amazonien besteht aus drei großen ökologischen Regionen: dem Regenwald, der etwa zwei Drittel ausmacht. Den Rest teilen sich Feuchtsavannen und Sumpfgebiete. Im Kleinen wiederum zählten Wissenschaftler knapp über 100 verschiedene Landschaftstypen, die mit ihren unterschiedlichen Lebensbedingungen wiederum unterschiedliche Arten anziehen. Und was weitgehend unbekannt ist: Amazonien ist extem dünn besiedelt. Gerade einmal 21 Millionen Menschen leben im brasilianischen Teil und davon wiederum 15 Millionen in den Städten wie Manaus oder Belém. Der Rest in den landwirtschaftlich genutzten Gegenden und nur wenige im Regenwald. Darunter etwa 900 000 Indigene, die zu etwa 300 verschiedenen Ethnien gehören.

Doch wem gehört jetzt Amazonien? Die gute Nachricht: Die Hälfte gehört dem brasilianischen Staat. Diese Hälfte sind Schutzgebiete oder wurden den Indigenen zugesprochen, die damit in etwa über 13 % der brasilianischen Landfläche verfügen. Weitere 34 % befinden sich im Privatbesitz großer landwirtschaftlicher Betriebe oder Kleinbauern. Ihnen ist die Rodung von 20 % im Regenwald und 60 % in den Feuchtsavannen für die Nutzung erlaubt. Der Rest des Waldes muss auch von den Privatbesitzern erhalten bleiben.

Die Eigentumsverhältnisse von etwa 16 % der Fläche sind jedoch ungeklärt. Diese Fläche entspricht mit etwa 700 000 Quadratkilometern, der doppelten Größe Deutschlands. Für Professor Dr. Maurício Torres der Staatlichen Universität von Pará (UFPA) in Belém einer der Hauptgründe für die Abholzung des Regenwaldes. Der Geograph forscht seit Jahrzenten zu den territorialen Konflikten in Amazonien. Entwaldung und nachträgliche Legalisierung gehören zu den häufigsten Arten, sich in Brasilien Land anzueignen. Zudem steigert die Entwaldung die Bodenpreise um bis das Zwanzigfache und mehr. Hier werden Millionen gemacht, und die Indigenen und die Kleinbauern werden zu Störfaktoren in einem ökonomischen Spiel, das selbst vor Mord nicht zurückschreckt. Als das Amtsenthebungsverfahren ohne Rechtsgrundlage gegen Dilma Rousseff erfolgreich war, witterten die Geg-

**Vertrieben im Namen des Naturschutzes**
Schon immer lebten die Baka-Pygmäen von und mt dem tropischen
Urwald. Seit im Südosten Kameruns jedoch große Gebiete als
Naturschutzgebiete ausgewiesen wurden, sind sie unerwünscht und
dürfen nicht mehr in ihren Wald. Viele sind Folter und Misshandlungen
ausgesetzt.

ner des Regenwaldschutzes Morgenluft und konnten sich wenig später auch über die Wahl Bolsonaros freuen. Die sowieso schon hohe Mordrate stieg sofort an: 76 Morde in sechs Monaten. Prof. Dr. Maurício Torres: *„Diejenigen, die den Wald abholzen, haben in der Regel weder ein Rind, noch haben sie jemals ein Kalb aufgezogen oder ein Sojakorn gepflanzt. Dafür wird es [das Land, Anm. d. Red.] später verwendet. Die Abholzung geht Hand in Hand mit den Bodenpreisen ...“* und Landraub durch illegale Aneignung.

Aktuell bahnt sich neues Unheil für die Indigenen und damit auch für den bisherigen Schutz großer Regenwaldgebiete an. Der als Gesetzentwurf 227 bekannte Vorschlag zielt auf die Schwächung der indigenen Rechte. Ihr von der Verfassung garantiertes Recht der exklusiven Nutzung ihrer Gebiete soll einge-

schränkt werden. Es ist nichts anderes als ein weiterer Versuch des Landraubes, dieses Mal unter dem Deckmantel der Legalität. Die Menschenrechtsorganisation „Survival International“ fordert die Regierung Brasiliens auf, diesen Gesetzentwurf unverzüglich zurückzuziehen. „Survival International“[4] setzt sich nicht nur in Brasilien, sondern weltweit für die Rechte indigener Völker ein.

Vertreibung und Landraub droht indigenen Völkern nicht nur durch geplante landwirtschaftliche Nutzung oder Bergbauprojekte. Auch Naturschutzprojekte verletzen ihre Rechte. Anfang 2019 entschied der Oberste Gerichtshof Indiens, dass die Indigenen, die in indischen Naturschutzgebieten leben, diese bis zum 27. Juli des gleichen Jahres zu verlassen haben. Eine Kündigungsfrist von ein paar Monaten für etwa

8 Millionen Betroffene. Das Gericht gab den indischen Naturschutzverbänden recht, die gefordert hatten, den Indigenen ihre angestammten Lebensrechte in den Naturschutzgebieten zu nehmen. Es wäre eine beispiellose Vertreibung von Menschen aus Naturschutzgründen gewesen, hätte nicht die indische Regierung nach massiven Protesten einen Rückzieher gemacht. Doch leider ist dies kein Einzelfall. Am 26. August 2017 erschossen Ranger des Kahuzi-Biéga-Nationalpark, der zum Schutz von Östlichen Flachlandgorillas eingerichtet wurde, Christian Nkulire, einen 17 Jahre alten Jungen, der hier mit seinem Vater eine Heilpflanze gegen Durchfall suchte. Christian Nkulire gehörte zu den etwa 6000 Pygmäen, die heute am Rande des Nationalparks leben und seit seiner Gründung 1970 von dort vertrieben wurden. Bis dahin war der Park immer Teil der Heimat der Batwas, die den Regenwald als Nomaden durchstreiften.

Naturschutzgebiete machten schon aus vielen Indigenen, die dort seit Jahrhunderten vom und mit dem Wald lebten, Wilderer und Rechtsbrecher. Dabei tragen sie fast nie die Verantwortung für den desolaten Zustand der Natur in ihrer Heimat. Im Gegenteil, sie haben die Ressourcen der Natur nachhaltig genutzt. Ihre Vertreibung ist nicht die Lösung unserer Artenschutzprobleme, sondern eine Verletzung elementarer Menschenrechte. Diese Verletzung ihrer Rechte muss aufhören.

## UNBEZAHLBAR WERTVOLL

Hoch im Norden auf der norwegischen Insel Spitzbergen befindet sich der vielleicht sicherste Ort unserer Erde. Ein Bunker, der sowohl natürlichen als auch von Menschen gemachten Katastrophen widerstehen kann. Die meterdicken Betonwände und Stahltüren halten Atombomben und Flugzeugabstürzen stand. Zudem liegt er tief unter der Erde in einer ehemaligen Kohlemine. Ein eigenes Kraftwerk sorgt für die notwendige Energie und ein Notstromaggregat steht auch zur Verfügung. Ein komplexes Sicherheitssystem regelt die Zugänge für die Mitarbeiter, um menschliche Fehler und Sabotage auszuschließen. Bewusst

— **Alt und berühmt**
Der 1. März 1872 schrieb Geschichte. Es war der Gründungstag des ersten Nationalparks der Welt: dem Yellowstone-Nationalpark. Mit etwas Glück kann man Grizzlybären, Wölfen und Bisons begegnen. Die letzten nordamerikanischen Ureinwohner dagegen, die damals dort ebenfalls lebten und jagten, wurden bis 1880 erfolgreich vertrieben.

wurde ein Ort gewählt, der in einem vollständig erdbebenfreien Gebiet liegt. Zudem baute die norwegische Regierung 130 Meter über dem Meeresspiegel. Selbst wenn durch den Klimawandel das gesamte Eis der Pole schmelzen würde, wäre der Bunker immer noch sicher. Besser könnte selbst Dagobert Duck in seinen kühnsten Fantasien seine Reichtümer nicht sichern. Aber hier lagern weder Geld noch Gold. Hier lagert das Saatgut so gut wie aller weltweit eingesetzten Nutzpflanzen. Diese Samen sind für uns nicht nur unersetzbar, auch der Erhalt der genetischen Vielfalt hat höchste Priorität. Es ist unsere Überlebensversicherung für kleinere, aber auch einer, hoffentlich niemals eintretenden, großen Katastrophe. Wenn es also noch eines letzten Beweises bedarf, wie wichtig die Natur, Arten- und genetische Vielfalt für uns Menschen sind, dann ist dieses Bauwerk ein aus Beton und Stahl gegossenes Argument. Insgesamt sollen hier im

Svalbard Global Seed Vault (Weltweiter Saatgut-Tresor von Svalbard) bis zu 4,5 Millionen Samenproben mit jeweils 500 Samen eingelagert werden. Er ist ein Projekt des Global Crop Diversity Trust (Welttreuhandfonds für Kulturpflanzen).[5]

Die größte Sammlung genetischer Ressourcen von Kulturpflanzen befindet sich jedoch im N. I. Wawilow Institut für Pflanzengenetische Ressourcen im russischen St. Petersburg. Insgesamt lagern hier 330 000 Sorten von etwa 2200 Pflanzenarten. Darunter zahlreiche, die schon ausgestorben waren, wie zum Beispiel die Sorte der schwäbischen Alblinse, die mit Hilfe von Samen aus St. Petersburg 2006 wieder in ihrer alten Heimat angepflanzt werden konnte.

Der Vorläufer des N. I. Wawilow Instituts, das 1920 seine Arbeit aufnahm, ist auch die älteste Gendatenbank der Welt. Gegründet wurde sie von Nikolai I. Wawilow, einem der bedeutendsten Biologen des 20. Jahrhunderts. Botanik und Genetik gehörten zu seinen Forschungsschwerpunkten. Seine 1922 im „Journal of Genetics" erschienene Arbeit „*The law of homologous series in variation*"[6] gilt als einer der bedeutendsten Texte der frühen genetischen Forschung. Zudem entdeckte er, dass es geografische Zentren der Artenvielfalt gibt, in denen Arten entstehen und sich von dort ausbreiten. Mindestens acht dieser Zentren, überwiegend für Nutzpflanzen, entdeckte er selbst und sammelte die dort entstandenen Arten ein. Cary Fowler, amerikanischer Agrarwissenschaftler und US-Sondergesandter für globale Ernährungssicherheit, sieht in Nikolai Wawilow sogar denjenigen, der die „*Rettung der Biodiversität*" vor etwa 100 Jahren begonnen hat und den „*Begründer der modernen Pflanzenforschung*".[7] Dabei interessierten Nikolai Wawilow nicht nur die wissenschaftlichen Aspekte. Er wollte das Leid der sowjetischen Bevölkerung lindern. Nach dem 1. Weltkrieg und den folgenden politischen Wirren während der Aufbauzeit der Sowjetunion lag die landwirtschaftliche Produktion am Boden. Hunger war ein ständiger Begleiter der damaligen Zeit.

Das brachte ihn zwangsläufig in Konflikt mit der Politik. Zu Beginn genoss er das Vertrauen Lenins und konnte das Institut gründen und zahlreiche Wissenschaftlerinnen und Wissenschaftler um sich versammeln, die sich der großen Bedeutung des Projektes bewusst waren.

Seine Mitarbeiter sicherten auch sein Lebenswerk, das damals wie heute eine globale Bedeutung besitzt, durch alle kommenden Krisen. Und diese hatten es in sich. Als Stalin die großen Zwangskollektivierungen durchführte und die Bauern enteignete, folgten große Hungerkatastrophen. Gegen die Ukraine wurde in den 1930er Jahren Hunger als Waffe eingesetzt, um ihren Widerstand gegen die Umgestaltung der Landwirtschaft zu brechen. Sie wurde vollständig abgeriegelt, den Bauern das Saatgut weggenommen. Etwa 3 Millionen Ukrainer verhungerten. Das schreckliche Ereignis ging als „Holodomor" in die Geschichtsbücher ein.

Insgesamt bekam die kommunistische Partei die Probleme nicht wirklich in den Griff. Es brauchte ei-

**Der Russe Nikolai Wawilow war einer der ersten Wissenschaftler, die den Wert der Artenvielfalt wirklich erkannten.**

— **Eine Qualle schreibt Forschungsgeschichte**
Osamu Shimomura, Martin Chalfie und Roger Y. Tsien erhielten für die Entdeckung und Nutzbarmachung des hell leuchtenden, grün fluoreszierenden Proteins (GFP) der Qualle Aequorea victoria 2008 den Nobelpreis für Chemie. Dieses Protein markierte den Anfang einer Revolution in der Zellbiologie. Nur ein Beispiel für das Potential der Natur.

nen Sündenbock, und wer eignete sich besser als Nikolai Wawilow, der sich mit Nutzpflanzen beschäftigte. Stalin wollte keine wissenschaftlichen Lösungen, sondern eine schnelle Steigerung der Produktion; und wenn schon eine wissenschaftliche Theorie, dann eine, die mit der kommunistischen Ideologie in Einklang stand. Der sowjetische Agrarwissenschaftler T. D. Lyssenko versprach beides. Seine als „Lyssenkoismus" bekannte Theorie vertrat die These, dass nicht die Gene die Eigenschaften der Lebewesen bestimmten, sondern die Umweltbedingen. Er behauptete bewiesen zu haben, dass Weizen oder andere Nutzpflanzen erfolgreich an Kälte gewöhnt werden können und so hohe Erträge zu erzielen sind. Seine Forschungsarbeiten sollten sich als Fälschungen herausstellen.

Aber Stalin glaubte ihm. Genetiker wie Nikolai Wawilow, die T. D. Lyssenko kritisierten, wurden öffentlich als „Volksverräter" diffamiert. Nikolai Wawilows Verhaftung ließ nicht lange auf sich warten. 1941 wurde er zum Tode verurteilt und dann zu 20 Jahren Kerkerhaft begnadigt. Diese überlebte er nicht. 1943 starb der Mann, der sich zeitlebens für die Bekämpfung des Hungers eingesetzt hatte, an Unterernährung im sowjetischen Gefängnis von Saratow. Außer ihm wurden auch zahlreiche andere Wissenschaftler seines Institutes verhaftet und hingerichtet.

Als wäre das noch nicht genug, bedrohte auch die 900 Tage andauernde Belagerung Leningrads durch die deutsche Wehrmacht die Existenz dieser bedeutenden Gendatenbank. Die Belagerung vom 8.9.1941 bis zum 27.1.1944 ist eines der größten Kriegsverbrechen der Geschichte und des Zweiten Weltkrieges. Etwa 1,1 Millionen Zivilisten starben. Die meisten verhungerten in der vollkommen abgeriegelten Stadt. Und mittendrin das Institut mit Tonnen von Saatgut, das man hätte essen können. Doch die Mitarbeiter wussten, dass sie hier ein Erbe der Menschheit hüteten, und erlaubten niemandem, sich selbst eingeschlossen, eine Entnahme. Ihrem aufopferungsvollen Verhalten und ihrer Weitsicht verdanken wir, dass diese bedeutendste Gendatenbank an Nutzpflanzen erhalten werden konnte.

Heute existieren weltweit schon etwa 1400 Saatgutspeicher, um die zukünftige Ernährung der Menschheit abzusichern. Das N. I. Wawilow Institut für Pflanzengenetische Ressourcen gehört jedoch noch immer zu den fünf größten der Welt. Auf 8 Billionen Dollar schätzt die Weltbank den Wert der hier gelagerten Artenvielfalt. Und hiermit kommen wir zu einer Reihe ganz wichtiger Fragen: Wie viel ist denn die Biodiversität der Erde wert? Und wem gehört sie? Gehören die zahlreichen Kartoffelarten, die in St. Petersburg lagern, nun dem N. I. Wawilow Institut für Pflanzengenetische Ressourcen, das sie aufbewahrt, erhält und schützt, oder den Ursprungsländern in den südamerikanischen Anden? Und was ist mit den Weizenarten aus dem Nahen Osten? Fragen, die alle pflanzlichen Gendatenbanken betreffen, die Ressourcen als Eigentum verwalten. Und was ist mit den Ressourcen, die sich noch in der freien Natur befinden? Nutzpflanzen, die noch unentdeckt im tropischen Urwald Brasiliens, des Kongos oder in den Ozeanen auf ihre Entdeckung warten? Und was, wenn Lebensmittelkonzerne auf Arten „Patente" anmelden und das Saatgut nur gegen Lizenzgebühr freigeben?

Noch vor wenigen Jahrzehnten stellte kaum jemand diese Fragen. Doch jetzt, da man weiß, dass die inzwischen bedrohte Biodiversität die Basis unserer Lebensgrundlage darstellt und einen hohen Wert hat, brauchen wir Antworten. Zudem gibt es große Fortschritte in der genetischen Forschung. Mittels Genschere lassen sich ökonomisch wertvolle Produkte herstellen. Gene wurden zu wertvollen Rohstoffen. Diese Fragen müssen in der nahen Zukunft auf politischer Ebene gelöst werden.

Auf der Weltnaturkonferenz vom 7.–19. Dezember 2022 in Montreal wurden auch diese Fragen diskutiert.[7] Es ging um den Zugang zu Datenbanken, in denen die Informationen über das Erbgut von Tieren und Pflanzen gespeichert werden. Da die größte Artenvielfalt sich in den Tropen befindet und die dortigen ärmeren Länder meist finanziell nicht in der Lage sind, ihre natürlichen Schätze selbst zu heben und zu nutzen, fordern sie einen finanziellen Ausgleich für die Nutzung der digitalen Sequenzinformationen der Arten, die aus ihren Ländern stammen. Ihnen ist nicht entgangen, dass diese kommerziell für zahlreiche Produkte wie Kosmetik, Landwirtschaft oder Medikamente benutzt werden. Viele fordern deshalb, den Zugang zu diesen Informationen einzuschränken. Für Forschende keine Maßnahme, die den Fortschitt fördern würde. Ein freier Zugang zu Informationen jeder Art ist für wissenschaftliches Arbeiten unerlässlich. Ein Kompromiss, der beide berechtigten Anliegen zusammenbringen könnte, hat Amber Hartmann Scholz vom Leibnitz-Institut in Braunschweig im Dezember 2021 in der Fachzeitschrift GigaScience veröffentlicht.[8] Die kürzestmögliche Zusammenfassung: Freier Zugang, aber Gebühren für eine kommerzielle Nutzung. Doch auch diese Lösung bietet reichlich Diskussionsbedarf und Konfliktstoff.

Denn es geht um große Summen. Immerhin haben wir seit 2011 eine Vorstellung über den ökonomischen Wert von Biodiversität und die damit verbundenen Ökosystemdienstleistungen. Das Team um den Biologen Robert Costanza bezifferte damals den Wert der Ökosystemdienstleistungen der Natur für uns auf das Doppelte des weltweiten Bruttoinlandsprodukts. In Zahlen: 2011 waren es 125 Billionen US-Dollar pro Jahr, 2022 schon etwa 200 Billionen US-Dollar. Die vielen neuen genetischen und anderen Daten der Vielfalt, die jeden Tag in den Datenbanken hinzukommen, werden diese Summe mit Sicherheit weiter in die Höhe treiben.

Doch kann man, das Überlebensnotwendige überhaupt in ökonomischen Werten ausdrücken? Kann man, aber im Grunde steht es vollkommen außerhalb jeglichen ökonomischen Systems. Unglaublich wertvoll aber nicht käuflich. Mit keinem Geld der Welt.

## ARCHE NOAH UND JURASSIC PARK

2022 erschien in der Fachzeitschrift „Science" eine sehr interessante Studie. Sie untersucht die Situation einer hoch gefährdeten Gruppe von Pflanzen- und Tierarten. Gemeint sind Arten, die in freier Wildbahn ausgestorben sind, Restpopulationen sich je-

**Eine kürzlich durchgeführte Studie[17] ergab, dass die Verluste an Arten seit 1993 ohne Naturschutzmaßnahmen drei- bis viermal so hoch gewesen wären.**

doch in menschlicher Obhut in Botanischen Gärten, Saatgutbanken, Aquarien und Zoologischen Gärten befinden.[9] Sie gingen bis in das Jahr 1950 zurück. Seit damals fanden sie auf der Roten Liste der Weltnaturschutzunion genau 94 Arten, die dies betraf. Elf Arten davon starben bis heute trotzdem aus. Die verbleibenden 84 konnten durch erfolgreiche Züchtungen erhalten werden. Zwölf Arten sogar erfolgreich ausgewildert werden. Die geringe Quote erklärt sich zum einen aus dem großen Aufwand, den eine erneute Auswilderung erfordert. Zum anderen wurde eine Auswilderung lediglich bei etwa 25 % der Arten probiert.

Eine der erfolgreich ausgewilderten Arten ist die Säbelantilope (*Oryx dammah*). Durch Bejagung wurde sie bis zum Jahr 2000 in Freiheit vollständig ausgerottet. Mehrere Tausend überlebten in Zoos oder in privater Pflege und wurden erfolgreich gezüchtet. 2016 entließ man die ersten im Ouadi-Rimé-Ouadi-

**— Von der Wildnis in den Zoo und wieder zurück**
Tierarten wie die Säbelantilope (*Oryx dammah*), die ausschließlich durch Jagd in der Wildnis ausgerottet wurden, eignen sich besonders gut zur erneuten Auswilderung, da ihre Lebensräume noch intakt sind. Kann Wilderei verhindert werden, gehören sie bald wieder zum Landschaftsbild Afrikas.

— **Der Brasilianer**

Dank erfolgreicher Aussiedlungsprogramme leben heute wieder etwa 3000 Goldene Löwenäffchen (*Leontopithecus rosalia*) in Schutzgebieten in den tropischen Regenwäldern im Südosten Brasiliens wie dem von Poço das Antas. Sie stammen alle von gezüchteten Reservepopulation aus verschiedenen Zoologischen Gärten ab. Sie waren fast ausgestorben, da sie 98 % ihres ursprünglichen Lebensraumes durch Rodungen verloren haben.

Achim-Wildreservat im Tschad vollständig in die Freiheit. Mit Erfolg. Bis 2023 wuchs die Population auf etwa 400 an. Immer noch wenige im Vergleich zur Vergangenheit. Noch vor etwa 300 Jahren zog diese schöne Antilope mit ihrem eindrucksvollen, bis zu 1,20 Meter langen Geweih zu Tausenden durch die Wüstengebiete Nordafrikas und der Sahara. Sie war an dieses Wüstenklima perfekt angepasst. Sie kann monatelang ohne Wasser auszukommen. Eine Fähigkeit, die in der zukünftigen Welt des Klimawandels von Vorteil sein wird, falls die Auswilderungen weiterhin so gut gelingen und sie wieder in ihrem ursprünglichen Gebiet heimisch wird. Ein Beispiel, *„dass das Aussterben

*in der Wildnis keine Sackgasse sein muss"*, so die Autoren der Studie. Pflanzen sich die Tiere in Freiheit fort, und wird das Schutzgebiet gut gemanaget, steht einer *„langfristigen Wiederherstellung nichts im Wege."*

Zoologische Gärten widmen sich jedoch nicht nur der Erhaltung von in der Wildnis schon ausgestorbenen Tieren. Auch Arten, die noch in Freiheit existieren, aber bedroht sind, gehört ihre Aufmerksamkeit. So ist das Okapi, das wir schon kennengelernt haben, eine der Arten, die im Rahmen des Europäischen Erhaltungzuchtprogrammes (EEP) des Europäischen Zooverbandes erfolgreich gezüchtet wird. Das war nicht immer so. Doch die Zeiten, als Zoos reine Spaß- und Freizeiteinrichtungen mit etwas Wildnisfeeling waren, sind vorbei. Bildungsarbeit und Verständnis für die Natur und deren Schutz stehen heute ebenso im Vordergrund wie der Einsatz für den Artenschutz. Viele Zoos kooperieren heute mit den wichtigsten Naturschutzorganisationen und der IUCN. Bei der Zucht von besonders gefährdeten Arten geht es um den Erhalt von „Reservepopulationen", die dann in Zukunft möglicherweise ausgewildert werden können. Viele Zoos unterstützen auch direkt Projekte in Naturschutzgebieten. So unterstützt der Zoo Berlin das 1987 gegründete Okapi Conservation Projekt in der Demokratischen Republik Kongo.

Im Zentrum der Bemühungen stehen oft prominente Arten wie der Panda, Orang-Utans oder Panzernashörner. Für ihre Rettung lassen sich leichter finanzielle Mittel bekommen. Doch auch die weniger bekannten Tiere brauchen Hilfe. Zu ihnen der gehört der seltenste Hirsch der Welt, der Prinz-Alfred-Hirsch (*Cervus alfredi*). Die auf den Visayas-Inseln der Philippinen vorkommende endemische Art stand Mitte der 1980er Jahre kurz vor dem Aussterben. Doch der Hirsch war so unbekannt, dass er damals noch nicht einmal auf der Roten Liste der IUCN erfasst war. Das sollte sich ändern, als sich die NGO mit dem Namen Zoologische Gesellschaft für Arten- und Populationsschutz e. V.[10], kurz ZGAP, seiner annahm. Sie kümmert sich seit der Gründung 1982 vorrangig um bedrohte Arten, die wenig bekannt sind, und leistet damit einen sehr wichtigen Beitrag zum Artenschutz. Dank ihrer Hilfe und dem Engagement ihres philippinischen Partners, der Tarlark Foundation, leben heute wieder ein paar Hundert in drei Nationalparks auf der Insel Negros. Darunter im Mount Kanlaon Natural Park. Vor Ort fanden Tiere zur Nachzucht für geplante Auswilderungen auf dem Gelände des Whispering Palms Bungalow Resort auf der Refugio Insel eine geschützte Zuflucht.

Doch was tun, wenn ein Tier wirklich ausgestorben ist? Ist eine Entwicklung à la „Jurassic Park" möglich? Kann man mit Hilfe von erhaltener DNA Tiere wieder auferstehen lassen?

Zumindest bei den Dinosauriern wird dieser Gedanke reine Fiktion bleiben. Keine biologische Struktur kann sich über 65 Millionen Jahre und mehr erhalten.

Allerdings könnte eine Chance bei Tieren bestehen, von denen man Zellen in Form von Gewebeproben bei lebenden Tieren entnommen und diese konserviert hat. Weltweit sammeln schon diverse Gendatenbanken Gewebeproben aller möglichen bedrohten Arten. Die wichtigsten sind im Global Genom Biodiversity Network (GGBN) organisiert und können auf der Webseite des Dachverbandes gefunden werden. Doch neben dem Sammeln gab es schon Versuche, diverse ausgestorbene Arten wieder zum Leben zu erwecken.

Zum Beispiel den Südlichen Magenbrüterfrosch (*Rheobatrachus silus),* eine einst in Australien endemische Art. Er starb zusammen mit seinem engen Verwandten, dem Nördlichen Magenbrüterfrosch, in den 1980er Jahren aus. Doch existieren noch Zellen, die seit den 1970er Jahren in einer Gefriertruhe lagerten.

Eine Auferstehung dieser Art wäre schon allein deshalb wünschenswert, weil sie ein derart abgefahrenes und auf der Erde einzigartiges Fortpflanzungsverhalten zeigte, dass man es einfach noch einmal erleben möchte. Das Weibchen legt zunächst Eier, die vom Männchen befruchtet werden. Danach schluckt sie alle Eier und ihr Magen verwandelt sich in eine geschützte Brutkammer. Das Hormon Prostaglandin E2

**Die Fortschritte der genetischen Forschung sind atemberaubend. Vielleicht schaffen wir es wirklich, in Zukunft Arten wieder auferstehen zu lassen.**

in der Eihülle verhindert, dass das Weibchen weiter Magensäure bildet. Nach dem Schlüpfen helfen die Jungen mit. Jetzt produzieren sie das Hormon. So wird verhindert, dass das Weibchen seine eigenen Jungen verdaut. Etwa zwei Monate leben die Frösche von ihrem großen Dotter und wachsen in der Mutter zu kleinen Fröschen heran. Aufgrund ihres Platzbedarfes weitet sich der Magen des Weibchens immer mehr aus, bis es fast nur noch aus Magen mit Jungen besteht. Die Lungen sind jetzt so zusammengequetscht, dass das Weibchen nur noch über die Haut atmen kann. Zeit, die fertig entwickelten Jungen zu erbrechen. Sie müssen von nun an selbst ihr Leben meistern.

Um den Magenbrüterfrosch wieder zum Leben zu erwecken, wandte das Team um Michael Archer von der University of New South Wales in Australien eine ähnliche Technik an, wie man sie bei beim Klonen einsetzt. Sie isolierten aus dem gefrorenen Gewebe des Magenbrüterfrosches zunächst den Zellkern und pflanzten ihn in die entkernten Eizellen einer verwandten Froschart ein. Es gelang ihnen, mehrere Froschembryos heranzuziehen, die aber leider alle in einem relativ frühen Stadium starben. So bleibt die Wiederauferstehung des Magenbrüterfrosches weiterhin eine Aufgabe für die Zukunft.

Den bisher größten Erfolg feierten Wissenschaftler mit dem ausgestorbenen Pyrenäen-Steinbock (*Capra pyrenaica pyrenaica*). Das letzte lebende Exemplar, ein Weibchen mit dem Namen Celia, starb im Jahr 2000. Auch hier wurde aus gefrorenen Zellen der Kern entnommen und in die entkernte Eizelle einer Ziege eingesetzt. Ein weiblicher Hybrid aus Ziege und Steinbock diente als Leihmutter. Der Tag der Geburt des Klons der Pyrenäen-Steingeiß, der 30. Juli 2003, war auch gleichzeitig ihr Todestag. Sie starb an einem Lungenschaden. Irgendetwas musste schief gegangen sein. Das war der bisher größte Erfolg, den Wissenschaftler mit Hilfe der Zellbiologie und Reproduktionstechniken erreicht haben. Wir können gespannt sein, was die Zukunft bringt.

Schöner jedoch das Erlebnis, das Biologen im Jahr 2004 in Angola hatten. Sie fanden Kotproben der

Riesen-Rappenantilope (*Hippotragus niger variani*), einer Art, die seit 1982 als ausgestorben registriert war. Die genetischen Untersuchungen bestätigten ihre Vermutung. Inzwischen existieren auch fotografische Beweise. Fotofallen machten es möglich. Das bis zu 2,60 Meter lange Tier mit den eindrucksvollen 1,65 Meter langen Hörnern feierte seine unerwartete Auferstehung.

## NEUE WILDNIS

Auf Youtube erfreuen sich Clips über Süßigkeiten klauende Braunbären in Kanada oder den USA großer Beliebtheit. Hier wird schon länger ein vorsichtiges Nebeneinander von Mensch und Bär gelebt. Auch in Europa kehren die ersten Braunbären zurück. Und nicht nur Braunbären. Vieles hat sich in Europa zum Positiven verändert.

Ein paar Beispiele aus Deutschland. Der Wolf, seit 1850 in Deutschland ausgestorben, wurde wieder heimisch. Die erste Sichtung stammt von 1998 aus Sach-

### — Schlaraffenland Deutschland

Der Wolf (*Canis lupus*) ist wieder da, das Gleichgewicht noch nicht. In Deutschland leben mehr Wölfe pro Quadratkilometer als im menschleeren Kanada. Der Grund: Die intensive Landwirtschaft sorgt auch außerhalb der Äcker für reichlich Pflanzenwachstum und damit für große Wildbestände. Mehr als genug Beute für große Wolfspopulationen.

**Schutzgebiete bilden die ersten Brückenköpfe, wenn Arten zurückkehren. Entwickeln sich die Populationen gut, wandern die ersten Exemplare aus und wagen sich ins Umland.**

sen. 2022 zählte man schon 161 Rudel, verteilt über das ganze Bundesgebiet, 50 allein in Brandenburg. Sie wanderten aus den Baltischen Staaten, Polen oder der Ukraine ein, wo Restpopulationen überlebt hatten. Als weiteres Raubtier kehrte die Europäische Wildkatze (*Felis silvestris*) nach mehr als 100 Jahren Abwesenheit zurück. Zunächst fand sie Zuflucht im Nationalpark Hainich und Bayerischer Wald und breitete sich von dort immer weiter aus. Die Populationen von Störchen, Kranichen und Seeadlern nehmen beständig zu. Ebenso die der Biber. Ganz besonders erfreulich: 2023 wanderten die ersten Elche wieder nach Deutschland ein, 20 Exemplare zählte man in Brandenburg.

Anders die Situation der Insekten. Die Populationen gingen stark zurück. Ebenso die der von ihnen abhängigen Tiergruppen. Hierzu gehören beispielhaft insektenfressende Vögel wie Schwalben und Mauersegler oder Säugetiere wie Fledermäuse und Igel.

Sowohl die positiven wie die negativen Entwicklungen spielen sich in Landschaften ab, die schon seit Jahrhunderten keine ursprünglichen mehr sind. Im dicht besiedelten Europa existiert auf dem Festland so gut wie keine Wildnis mehr. Vom Menschen geschaffene und gewachsene Kulturlandschaft, wohin das Auge blickt.

Schutzgebiete und Artenschutz terrestrischer Ökosysteme besitzen deshalb in Europa eine ganz andere Zielrichtung als die bisher beschriebenen Nationalparks in den Tropen. In Brasilien oder dem Kongo existieren noch weitgehend unberührte oder extrem dünn durch Indigene besiedelte Wildnisgebiete. Das Hauptziel des Naturschutzes besteht in diesen Ländern darin, diese zu bewahren.

In Europa dagegen geht es zum einen darum, artenarme Kulturlandschaften mit hohem ökologischem Potential zu renaturieren. Darunter Auenwälder, Moore, Gewässer jeder Art oder offene Grasflächen. Zum anderen darum, Kulturlandschaften, die sich als förderlich für die Artenvielfalt erwiesen haben, zu bewahren. Letzteres brachte eine interessante Erkenntnis: Nicht nur in einem sich selbst überlas-

**— Wilde Tiefsee**

Es gibt noch viele artenreiche Wildnisgebiete in Europa. Doch sie liegen Hunderte bis Tausende von Metern unter der Wasseroberfläche und damit außerhalb unserer Wahrnehmung. Das OSPAR-Abkommen schützt seit 2010 große und wichtige Gebiete des Mittelatlantischen Rückens, darunter das 324 000 Quadratkilometer große Charlie-Gibbs-Meeresschutzgebiet. Auch in Nordnorwegen stehen viele Riffe unter Schutz.

senen Naturraum kann Artenvielfalt entstehen. Auch der Mensch als Ökosystemingenieur kann positiv auf die Entwicklung einwirken.

Oft genug muss er sogar eingreifen, denn Gebiete einer Natur zu überlassen, die eigentlich keine ursprüngliche mehr ist, trägt nicht allein zu einem natürlichen Zustand bei. Fehlen wichtige Arten als Ökosystemingenieure, oder sind Raubtiere zu zahlreich, da sie vom Menschen profitieren, erreicht man mitunter sogar das Gegenteil.

Hier schließt sich der Kreis zum ersten Kapitel des Buches und unseren vielen Vorstellungen von Wildnis. In diesem Fall die „der guten Natur", die schon alles so regelt, wie es sein muss. *„Die immensen Artenverluste, die in geschützten Gebieten auftraten, weil diese sich selbst überlassen bleiben, sprechen eine andere Sprache..."*[11] schreibt der Biologe Josef H. Reichoff in seinem Buch *„Die Zukunft der Arten"*. Und er bringt

viele Beispiele für misslungenen Naturschutz. Von der Abschaffung der Kiesgruben als artenreichen Lebensraum bis zu den sich selbst überlassenen Auenlandschaften, die daraufhin zuwuchsen und mit jeder Verbuschung und Verwaldung artenärmer wurden.

Gelungen dagegen die Rettung der Bestände eines ganz besonderen Vogels: der Großtrappe (*Otis tarda*). Männchen bringen bis zu 16 Kilogramm auf die Waage und können trotzdem fliegen. Entsprechend eindrucksvoll mit 2,40 Metern die Flügelspannweite. Geschlagen werden sie nur von der 19 Kilogramm schweren Riesentrappe (*Ardeotis kori*) aus Südostafrika. Den Erfolg brachte ein Bündel von Maßnahmen, wie die Einrichtung der Schutzgebiete Havelländisches Luch, Belziger Landschaftwiesen und Fiener Bruch und deren Pflege. Großtrappen brauchen große weiträumige Graslandschaften, die es in Mitteleuropa nur noch als Kulturlandschaft gibt. Verbauung von

# DIE WILDNIS DER ZUKUNFT

**1 — Vom Todes- zum Lebens-streifen**

Die innerdeutsche Grenze durch-zog Deutschland Hunderte von Kilometern von Nord nach Süd. Der ehemalige Grenzstreifen entwickel-te sich zum Rückzugsgebiet vieler seltener Arten. Es gilt ihn zu erhalten. Die NGO „BUND" schützt „Das grüne Band" mit Landkäufen und Renaturierungsprojekten. Hier am Mechower See entstanden am „grünen Band" schon mehrere Naturschutzgebiete.

**2 — Militär und Vielfalt**

Truppenübungsplätze sind Schutzgebiete ganz besonderer Art. Das schwere militärische Gerät erfüllt die Aufgabe ausgestorbener großer und schwerer Pflanzenfresser. So entsteht eine vielfältige Landschaft mit offenen Trockenflächen, Heckenzonen und verfestigtem Boden, sodass sich kleine Tümpel bilden können. Zudem werden diese Gebiete nicht landwirtschaftlich genutzt und es gibt keine Verkehrs-wege. Perfekte Bedingungen für eine hohe Artenvielfalt.

Zugstrecken und Stromleitungen durch Erdwälle oder bei letzteren durch unterirdisches Verlegen. Weitere Gefahr droht von Raubtieren. Da Großtrappen Bodenbrüter sind, gehören sowohl die zwei bis drei Eier pro Gelege sowie die frisch geschlüpften Jungen zur begehrten Beute. In den Schutzgebieten halten deshalb Jäger die Populationen der Dachse, Marder, Rotfüchse, der invasiven Art der Waschbären sowie der Wildschweine klein. Die Großtrappen dankten das gute Management und vermehrten sich von etwa 50 verbliebenen Tieren Mitte der 1990er Jahre auf heute wieder fast 400 Vögel. Ein schöner Erfolg.

Die drei Naturschutzgebiete[12], die das Überleben der Großtrappen in Deutschland sichern, sind drei von 8878. Die Gesamtfläche beträgt 2 670 015 Hektar, was 6,4 % der Landesfläche inklusive der 12-Seemeilen-zone der Nord-und Ostsee entspricht.[13] Etwa 60 % der Naturschutzgebiete sind kleiner als 50 Hektar und inselartig über Deutschland verstreut. Die durchschnittliche Größe liegt dank einiger großer Gebiete bei 301 Hektar. Hierzu gehört mit 1077,92 Quadratkilometern die Lüneburger-Heide, die zu den 15 größten gehört. Das mit 4415 Quadratkilometern größte Naturschutzgebiet befindet sich an der Nordseeküste: das Schleswig-Holsteinische Wattenmeer und UNESCO-Weltnaturerbe. Deutschland hat in Bezug auf die beschlossenen 30 % von Montreal noch viel Luft nach oben. Auch innerhalb Europas liegen wir weit zurück. Die Europäische Union beschloss im Februar 2021, Deutschland vor dem Europäischen Gerichtshof wegen mangelhafter Umsetzung der Habitat-Richtlinie[14] zu verklagen.

Unser Blick muss jedoch weit über die Naturschutzgebiete hinausgehen, um die Vielfalt zu erhalten. Dies betrifft insbesondere eines der ganz großen Probleme, die unbedingt gelöst werden müssen: dem Schwund an Insekten. Seit 1989 ging die Biomasse der Insekten im Durchschnitt um etwa 80 % in Deutschland zurück. Verantwortlich hierfür gelten vor allem die in der Landwirtschaft eingesetzten Pestizide. Was oft unbekannt ist: Auch in Naturschutzgebieten gibt es Ausnahmeregelungen für landwirtschaftliche Flä-

**Hätte man für die Großtrappe lediglich ein Schutzgebiet eingerichtet und dieses sich selbst überlassen, wäre die Großtrappe heute in Deutschland ausgestorben.**

chen und hier dürfen sogar völlig legal Pestizide, Fungizide und Herbizide angewendet werden. Die Europäische Union wollte diese Praxis 2023 im Rahmen ihres geplanten Renaturierungsgesetzes verbieten. Das Gesetz fand aber vorerst am 27.6.2023 keine Mehrheit, unter anderem durch die Gegenstimmen der EVP-Fraktion, zu der auch die CDU/CSU gehört.

Doch wie sieht es speziell in den Naturschutzgebieten ohne landwirtschaftliche Nutzung aus? Um dieser Frage nachzugehen, untersuchte ein Team der Universität Koblenz-Landau Insekten an 21 Standorten. Pestizide konnten auch in den Naturschutzgebieten in den Insekten nachgewiesen werden. Im Schnitt waren die Insekten mit 16 verschiedenen Pestiziden belastet. Insgesamt fanden die Wissenschaftler 47 verschiedene Substanzen, darunter auch das in der Europäischen Union verbotene Neonicotinoid Thiacloprid.[15] Inzwischen, so berichtet die Umweltschutzorganisation NABU in ihrem Heft „Naturschutz heute – Sommer 2023", wurden an diversen Standorten Spuren des seit 1972 in Deutschland verbotenen Insektizid DDT in Baumrinden von Naturschutzgebieten nachgewiesen. Tödliche Grüße aus der Vergangenheit.

Auch Pflanzen finden in den Naturschutzgebieten nicht wirklich Schutz. Viele Pflanzenarten werden an den Rändern der Naturschutzgebiete stark von Herbiziden dezimiert und können sich erst im Inneren der Gebiete entfalten.

Bedrohungen außerhalb der Naturschutzgebiete haben folglich auch erhebliche Auswirkungen auf die angrenzenden Naturschutzgebiete. Man kann ein Naturschutzgebiet nicht gegen vom Wind verdriftete Pestizide, Fungizide oder Herbizide schützen. Auch nicht gegen andere Schadstoffe aus der Luft, Überdüngung, verschmutztes Wasser, Klimawandel und invasive Arten.

Die Studie zeigt mit aller Deutlichkeit: Wenn wir wirklich erfolgreich sein wollen, dann müssen wir auch in Gebieten, die wir mit Tieren und Pflanzen gemeinsam nutzen, für diese ein lebenswertes und geschütztes Umfeld schaffen. Hierzu gehören die Städte,

— **Kleiner Wald, große Wirkung**
Ein neun Monate alter Tiny-Forest, der in Kanakakunnu in Kerala, Sri Lanka gepflanzt wurde. Das Konzept der kleinen verdichteten Wälder, die auf kleinen Flächen in Städten angebaut werden, um kühlend zu wirken, Wasser anzusammeln und die Artenvielfalt zu fördern, geht auf das Konzept des japanischen Pflanzensoziologen Akira Miyawaki zurück.

Industriegebiete und sonstige Infrastruktur ebenso wie die landwirtschaftlich genutzten Felder. Dann haben auch die Tiere und Pflanzen, die die Schutzgebiete verlassen, eine Möglichkeit, sich außerhalb zu entfalten. Und sie verlassen diese ständig. Weder für Insekten noch Säugetiere noch Pflanzen haben Grenzen eine Bedeutung.

Artenschutz in Form von Jagd- oder bei Pflanzen Sammelverbot ist schon ein Teil dieses grenzüberschreitenden Konzeptes, denn dieses gilt unabhängig davon, an welchem Ort sich eine Art befindet. Aber wir können auch selbst mit wenig Aufwand Schutzgebiete schaffen.

Insekten, die aktuell gefährdetste Tiergruppe, sind klein bis winzig und nehmen auch Minibiotope gerne an. Dies kann ein bepflanztes Fensterbrett genauso sein wie der größere Balkon. Hier finden sie Nahrung,

Verstecke und Plätze zur Eiablage. Es gibt schon eine Menge toller Ratgeber[16], die einem bei der richtigen Auswahl der Pflanzen helfen, um Insekten optimal zu unterstützen. Denn das richtige Pflanzenangebot entscheidet über den Erfolg. Hier erfährt man, dass Glockenblumen die Große Glockenblumen-Scherenbiene (*Chelostoma rapunculi*) mit Nahrung versorgt, oder dass man mit Herbstastern den Schmetterling Tagpfauenauge (*Aglais io*) unterstützt. Die kleinen Biotope aller Fensterbänke und Balkone Berlins ergeben als Ganzes wiederum eine Fläche, die um einiges größer als ein durchschnittliches Naturschutzgebiet in Deutschland ist. Zählt man die Schrebergärten, Parks und das Brachland an den S- und Bahntrassen und diversen unbebauten Flächen mit dazu, entsteht ein wirklich großer vernetzter Naturraum, der neben Insekten auch viele andere Tiere anzieht. Und je unordentlicher es zugeht, umso besser. Ordnung ist nicht das halbe Leben, sondern biologisch tot. Laub und andere organische Reste sollte man liegen lassen, Komposthaufen sind volle Speisekammern für Insektenlarven, Würmer & Co.

Und noch etwas ist an diesem Konzept des Miteinanders bedeutsam: Es entspricht unserer eigenen Natur und ist schon längst Realität, national wie international. Indigene Völker in den tropischen Urwäldern leben das Miteinander in einer noch weitgehend erhaltenen Wildnis. Wir leben es in der Stadt oder Kulturlandschaft. Tiere und Pflanzen umgeben uns überall, auch wenn wir sie ignorieren und nicht auf dem eigenen Balkon unterstützen.

Und wenn wir zum Abschluss noch einmal in die Welt der winzigen Mikroben abtauchen, so stellen wir Erstaunliches fest. Jeder von uns, egal wie oft er badet oder duscht, trägt etwa zwei Kilogramm von ihnen mit sich herum. Für Bakterien ist jeder von uns eine traumhafte Wildnis, die sich lohnt zu besiedeln. Hier gibt es Poren zum Verstecken, feuchte Löcher und Höhlensysteme voller Nahrung und einen undurchdringlichen Urwald aus Haaren.

**1** Das Bild stimmt nicht ganz. Es gibt das Gefühl wieder. Auf Maleplo brüten Seevögel, die es damals natürlich noch nicht gab. Auch gibt es ganz wenige Arten an Land, darunter eine endemische Krebs- *(Johngarthia malpilensis)* und Echsenart *(Diploglossus millepunctatus)*.

**2** Hier findet man eine umfangreiche Dokumentation zu den Definitionen der Naturschutzgebiete der IUCN: https://portals.iucn.org/library/sites/library/files/documents/PAG-025.pdf

**3** Chimpanzee Reservoirs of Pandemic and Nonpandemic HIV-1; Brandon F. Keele + other authors Authors; SCIENCE; 28 Jul 2006 ; Vol 313, Issue 5786; pp. 523–526; DOI: 10.1126/science.1126531

**4** https://www.survivalinternational.de/

**5** https://www.croptrust.org

**6** Das Gesetz der homologen Reihen in der Variation; N. I. Wawilow; Journal of Genetics, Band 12, Seiten 47–89, veröffentlicht 1922

**7** Die erste Vereinbarung, die einen völkerrechtlichen Rahmen, der den Zugang zu genetischen Datenbanken und einen finanziellen Ausgleich für die Herkunftsländer definierte, war das Nagoya-Protokoll von 29.10.2010

**8** Myth-busting the provider-user relationship for digital sequence information, Amber Hartman Scholz, Matthias Lange, Pia Habekost, Paul Oldham, Ibon Cancio, Guy Cochrane, Jens Freitag GigaScience, Volume 10, Issue 12, December 2021, giab085, https://doi.org/10.1093/gigascience/giab085

**9** Extinct in the wild: The precarious state of Earth's most threatened group of species; Donal Smith a.o. ... ; Science; 24 Feb 2023, Vol 379, Issue 6634 DOI: 10.1126/science add2889

**10** https://www.zgap.de

**11** Die Zukunft der Arten: Neue ökologische Überraschungen; Josef H. Reichholf; Seite 16; dtv Verlagsgesellschaft mbH & Co. KG; 2. Edition (1. März 2009)

**12** Naturschutzgebiete sollte man nicht mit Landschaftsschutzgebieten verwechseln. Landschaftsschutzgebiete dürfen, anders als Naturschutzgebiete, auch weitgehend genutzt werden und verfügen über einen geringeren Schutzstatus. Etwa 27 % der Fläche Deutschlands sind Landschaftsschutzgebiete.

**13** Diese Zahlen stammen von Ende 2019 und sind die aktuell verfügbaren Zahlen. Quelle: Bundesamt für Naturschutz, https://www.bfn.de/daten-und-fakten/naturschutzgebiete-deutschland

**14** Die Richtlinie 92/43/EWG zur Erhaltung der natürlichen Lebensräume sowie der wildlebenden Tiere und Pflanzen ist eine Naturschutz-Richtlinie der Europäischen Union (EU).

**15** Direct pesticide exposure of insects in nature conservation areas in Germany; Carsten A. Brühl, Nikita Bakanov, Sebastian Köthe, Lisa Eichler, Martin Sorg, Thomas Hörren, Roland Mühlethaler, Gotthard Meinel & Gerlind U. C., Lehmann Scientific Reports volume 11, Article number: 24144 (2021)

**16** Z. B. von Birgit Schattling, Veranstalterin der Bio-Balkon Kongresse, https://bio-balkon.de oder www.naturadb.de

**17** How many bird and mammal extinctions has recent conservation action prevented?; Friederike C. Bolam, Louise Mair, Marco Angelico, Thomas M. Brooks, Mark Burgman, Claudia Hermes, Michael Hoffmann, Rob W. Martin, Philip J.K. McGowan, Ana S.L. Rodrigues ... and others... ; Conservation Letters – A journal of the Society for Conservation Biology; 09 September 2020 https://doi.org/10.1111/conl.12762

# EPILOG

### VIELE ÖKOSYSTEME, VIELE ZUKÜNFTE

Unsere Vorrausetzungen, die aktuell noch bestehende Vielfalt an Ökosystemen und Arten weitgehend zu erhalten, sind gut. Wir wissen in welchen Regionen sich die Zentren der Artenvielfalt befinden. Wir verstehen viel über das Zusammenwirken der Arten in den einzelnen Ökosystemen. Wir kennen die besonders wichtigen Schlüsselarten und Ökosystemingenieure. Wir haben die größten Gefahren des Artensterbens identifiziert. Wir können die Folgen unseres Handelns bezüglich des Klimawandels abschätzen. Mit anderen Worten: Wir sind im Besitz aller Informationen, um die Natur erfolgreich schützen zu können.

Doch welche Maßnahmen sind die richtigen? Die Antwort lautet: sehr viele.

Nicht nur jedes Lebewesen und jede Art ist einzigartig. Auch jedes Ökosystem, ob Wüste oder kleiner Bach, besitzt einen einzigartigen biologischen Fingerabdruck, der aus dem Zusammenspiel all seiner Akteure entsteht. Hinzu kommen weitere Variablen, wie unterschiedliches Klima und die jeweiligen geografischen Gegebenheiten auf den einzelnen Kontinenten und Regionen, oder die Wechselwirkungen mit unseren menschlichen Einflüssen. Diese Einzigartigkeit verlangt für jedes der unzähligen Ökosysteme eine oder mehrere individuell angepasste Maßnahmen. Mit anderen Worten: Die hohe biologische Diversität der Erde spiegelt sich in einer ebenso hohen Vielfalt möglicher Schutzmaßnahmen wider.

Diese Vielfalt nahm sogar noch zu. Neben den natürlich entstandenen Landschaften existieren heute zusätzlich die vom Menschen geschaffenen Ökosysteme. Sie zeigten überraschenderweise: Wir können nicht nur zerstören, wir können auch Artenvielfalt schaffen.

So sind die offenen Landschaften Mitteleuropas vom Menschen gemachte Kulturlandschaften. Diese sind ungleich artenreicher als geschützte und sich selbst überlassene Wälder. Jan Haft, Biologe und Naturfilmer schreibt in seinem sehr lesenswerten Buch „Wildnis – Unser Traum von unberührter Natur"[1], über unsere heimische Natur, *„dass nur etwa ein Sechstel unserer gut hundert heimischen Säugetierarten im Waldesinneren leben."* Bei den Vögeln sind es nicht *„viel*

mehr als ein Zehntel", und bei Pflanzen „nur zweihundertfünfzig" von viertausend Arten. Und er zieht daraus unter anderem den Schluss, dass eine große Artenvielfalt in Mitteleuropa ganz einfach zu haben wäre: Raus aus den Ställen mit den großen Pflanzenfressern wie Pferde oder Kühe und auf die Weiden mit ihnen! Sie könnten heute die Funktion der ausgestorbenen Wisente übernehmen, die über Jahrtausende unsere Offenlandschaften geschaffen haben.

— **Lokal & Global**
Philippinische Freiwillige forsten auf der Insel Bohol einen Mangrovenwald auf. Er wird hier die Küste schützen, mit seinem Sedimentwachstum dem steigenden Meeresspiegel trotzen, und Kinderstube für viele Tierarten sein. Zudem helfen Mangroven den Klimawandel zu bekämpfen. Mangrovenwälder spe chern bis zu fünfmal mehr $CO_2$ als tropische Regenwälder.

Andere Antworten dagegen erfordert die noch bestehende Wildnis in den tropischen Regenwäldern. Da hier seit Jahrtausenden eine Nutzung durch die indigenen Völker stattfindet, sollten diese auch weiterhin die einzigen Nutzer bleiben. Die dortige, im Gegensatz zu Europas Wäldern extrem hohe Artenvielfalt nahm durch ihr Einwirken keinen Schaden.

Die Ozeane, inklusive der Tiefsee, der mit großem Abstand größten Wildnis der Erde, kommen mit Sicherheit am besten völlig ohne uns aus.

Es ist unsere Entscheidung, all diesen Ökosystemen auch den notwendigen Schutz zu gewähren. Wir haben die Zukunft für uns und unsere Mitbewohner in der Hand.

Der amerikanische Historiker Daniel R. Headrick, der zu Themen der Umweltgeschichte forscht, sieht deshalb für uns *„ein Dreieck künftiger Möglichkeiten"*[2] zwischen *„Weiter wie bisher"*, *„Einer nachhaltigen Welt"* und *„Erdmanagement"*.

Das „Weiter wie bisher" symbolisiert unser Scheitern. Das 6. Massensterben[3] würde wie der Klimawandel unkontrollierbar an Fahrt gewinnen und die Erde ins Chaos stürzen. Es wäre fraglich, ob wir aufgrund unserer Abhängigkeit von der Natur als Art diese Entwicklung überleben würden. Unser Verschwinden bedeutet jedoch nicht das Ende des Lebens an sich. Dieses würde sich neu formieren und in großer Vielfalt weiter bestehen. Die Vorstellung des Scheiterns bringt uns jedoch die Erkenntnis, dass trotz unserer unglaublichen Fähigkeiten unsere biologische Existenz für das Funktionieren der Natur absolut unbedeutend ist.

Viel wahrscheinlicher dürfte sein, dass sich die Zukunft zwischen den beiden Ecken „Einer nachhaltigen Welt" und „Erdmanagement" befindet, auch wenn viele Unbelehrbare dem „Weiter wie bisher" anhängen werden. Sie können nicht aufhalten, dass sich die Welt auch zum Besseren entwickeln kann.

Ich bin deshalb so optimistisch, da sich unsere Sicht auf die Probleme grundlegend verändert hat. Stolz würde heute niemand mehr vor einem Berg von Bisonschädeln posieren, wie auf dem Bild von 1876 im Kapitel „Vom Aussterben" zu sehen ist. Damals engagierten sich nur wenige für den fast ausgestorbenen Bison. Heute dagegen wird alles Mögliche unternommen, um Arten zu retten. Weltweit engagieren sich Millionen als Individuen oder in zahlreichen Organisationen für den Naturschutz. Ihnen allen möchte ich an dieser Stelle meinen herzlichen Dank für diese wichtige Arbeit aussprechen. Ohne sie gäbe es heute mit Sicherheit weniger Vielfalt und weniger Hoffnung.

Wir dürfen jedoch in unserem Engagement nicht nachlassen. Die Widerstände sind groß. Es gilt wirtschaftliche und politische Widerstände zu überwinden. Es gilt viele Menschen mit unterschiedlichsten Weltanschauungen zu überzeugen und mitzunehmen. Wie schwierig es ist, sehen wir am Klimawandel. Viele halten ihn noch immer für nicht existent oder nicht vom Menschen verursacht.

Der Einsatz für den Artenschutz jedoch hat gegenüber dem Kampf gegen den Klimawandel einen ganz großen Vorteil. Er muss nicht global alle Akteure an einen Tisch bringen. Artenschutz kann auf nationaler und lokaler Ebene und mit viel weniger Konfliktpotential organisiert werden.

Und hier schließt sich der Kreis. Viele erfolgreiche, nationale wie lokale Lösungen bedeuten viele Zukünfte an vielen Orten der Erde.

---

**1** „Wildnis - Unser Traum von unberührter Natur", Jan Haft, Penguin Verlag (1. März 2023)

**2** „Macht euch die Erde untertan - Die Umweltgeschichte des Anthropozäns", Daniel R. Headrick, wgbTheiss, Seite 515

**3** Wir wären das zweite Lebewesen, das ein Massenaussterbeereignis auslösen würde. Die Vorfahren der heutigen Cyanobakteria verursachten vor etwa 2,4 Milliarden Jahren ein Massenaussterben, das als die Große Sauerstoffkatastrophe in die Geschichte einging. Sie waren die ersten Lebewesen, die Photosynthese betreiben konnten, und reicherten die Atmosphäre mit Sauerstoff an. Dieser war für die Mehrheit der damals lebenden anaeroben Lebewesen giftig, was zu ihrem massenhaften Aussterben führte.

# Der Autor

Heinz Krimmer, geboren 1960 in Würzburg, studierte in Berlin Politik, Germanistik und Journalismus. Die Natur und insbesondere die Ozeane mit all ihrer Vielfalt und ihren Bedrohungen begleiteten seine journalistischen Arbeiten von Beginn an.

Als Autor schreibt er unter anderem für „mare – Die Zeitschrift der Meere". Seine Naturfotografien wurden weltweit veröffentlicht. In den 2000er Jahren konzentrierte er sich auf filmische Dokumentationen. Diese Arbeiten waren Basis für die multimediale Bestimmungsapp über die Fische des Indopazifiks, die von der Zeitschrift „tauchen" herausgegeben wurde.

Als Dozent der Junior Zoo-Universität Berlin, der Berliner Firma Voiio GmbH und in Berliner Schulen vermittelt er Kindern die Welt der Meere. Als Lehrbeauftragter der Hochschule Hannover unterrichtet er angehende Bildjournalisten. Er ist Gründer von edustock. org, die „Bilder für Bildung" für Schulen und Universitäten bereitstellt.

Von 2018 bis 2022 arbeitete er für die Universität Bremen, Fachbereich Marine Ökologie und als Mitglied des Organisationteams der beiden bedeutenden Weltkorallenriffkonferenzen ICRS2021 und ICRS2022.

Beim Kosmos-Verlag sind bisher von ihm erschienen: Der Multimedia-Tauchreiseführer „Rotes Meer" und die Bücher „Netzwerk Korallenriff" und „Aliens der Ozeane".

# Danksagung

Ein gutes Sachbuch ist immer Teamarbeit. Ohne die Forschungsergebnisse und Veröffentlichungen aller hier zitierten oder erwähnten Wissenschaftler hätte ich dieses Buch nicht schreiben können. Auch nicht ohne all diejenigen, die unerwähnt blieben, die mich aber auf einen Gedanken brachten oder mein Wissen bereicherten.

Mein ganz besonderer Dank gilt denjenigen, die mich ganz besonders unterstützt haben. Dazu gehört Prof. Dr. Christian Wild von der Universität Bremen, der mich in sein Organisationsteam für die beiden Weltkorallenriffkonferenzen ICRS 2021 und 2022 aufgenommen hat, wodurch ich einen umfangreichen Überblick über die aktuellen Forschungsergebnisse bekam. Dirk Petersen und Carin Jantzen von SECORE International Inc. wiederum verdanke ich viel Wissen über die Aufforstung dieser Ökosysteme. Dr. Götz B. Reinicke vom Deutschen Meeresmuseum Stralsund hatte immer ein offenes Ohr für meine Fragen. Prof. Dr. Angelika Brandt, Leiterin der Marinen Zoologie am Senckenberg Forschungszentrum und Naturmuseum Frankfurt, und Prof. Dr. André Freiwald sowie Dr. Lydia Beuck vom Senckenberg am Meer halfen mir, die Vorgänge in der Tiefsee besser zu verstehen. Von Prof. Jacob Carstensen von der Universität Aarhus stammen die Vorlagen für die Karten der Todeszonen in der Ostsee und die Erkenntnis, wie sehr sich Ozeane und Land gegenseitig beeinflussen. Dass Ereignisse der Vergangenheit Rückschlüsse über Entwicklungen in der Gegenwart und Zukunft ermöglichen, verdanke ich den Arbeiten des Paläobiolgen Prof. Dr. Wolfgang Kiessling.

Eine Reise mit dem Biologen Dr. Robert Hofrichter bereicherte mein Wissen über die Seychellen und ihre Artenvielfalt. Auf dieser Reise lernte ich auch Lais Kraus De Camargo kennen, die mir einen neuen Blick auf ihre brasilianische Heimat ermöglichte. Petra Mandel von Art-of-Active verdanke ich meinen Besuch auf Malpelo, der mich viele biologische Zusammenhänge begreifen ließ. Barbara Beck ermöglichte mir einen Aufenthalt im Konsulat von St. Petersburg und den Besuch des N. I. Wawilow Instituts. In vielen Büchern von Josef H. Reichholf fand ich meine eigenen Erfahrungen und Recherchen über unsere Fauna und deren oft genug misslungen Schutz bestätigt. Der Förster Christian Hoffman beantwortete geduldig meine Fragen über den Wald der Zukunft. Prof. Dr. Ralph O. Schill von der Universität Stuttgart machte mich mit der Welt der Bärtierchen vertraut.

Die schöne Aufmachung des Buches verdanke ich dem Studio Gramisci und Katrin Kleinschrot sowie den vielen Fotografen und Fotografinnen von imageBROKER.com und der Nature Picture Library. Ganz besondere Bilder erhielt ich von Meiko Herrmann, David Kordmann, Solvin Zankl, Moritz Wolf, Mara Brandl sowie von den Institutionen GEOMAR Helmholtz-Zentrum für Ozeanforschung Kiel, MARUM - Zentrum für Marine Umweltwissenschaften der Uni Bremen und SECORE International Inc.

Ein ganz dickes Dankeschön geht an Dr. Simon Jungblut von der Universität Bremen und dem Naturwissenschaftlichen Verein zu Bremen. Ihm verdanke ich viele Detailinformationen über die Arktis. Zudem las er alle meine Manuskriptseiten sorgfältig und mit kritischem Blick. Dank seiner Arbeit wurde daraus ein besseres Buch. Das Gleiche gilt für meinen Lektor beim Kosmos Verlag Heiko Fischer, der mich kritisch wie konstruktiv durch das große Projekt über Monate begleitet hat.

Viele Opfer brachten auch mein Sohn Dušan und seine tolle Mama Olivera Durdevic. Statt abends zu Hause zu sein, saß ich schreibend im Büro. Danke für euer Verständnis und eure Unterstützung.

## Bildnachweis

o = oben, u = unten, M = Mitte, l = links, r = rechts

## Impressum

Umschlaggestaltung von Büro Jorge Schmidt, München, unter Verwendung einer Aufnahme von Nayan Khanolkar (Nature Picture Library) auf der Vorderseite und einer Aufnahme von cbimages (Alamy Stock Foto) auf der Rückseite. Die Bilder zeigen einen Leoparden (*Panthera pardus*) vor dem Panorama des nächtlichen Mumbai, Indien, und einen Einsiedlerkrebs (*Coenobita brevimanus*).

Mit 148 Farb- und 10 Schwarz-Weiß-Fotos.

Und 8 Infografiken (47, 49, 120, 136) und Karten (95,11) von Maya Franke, Grafik und Illustration, Stuttgart – Kartengrundlage von KOSMOS Kartografie, Stuttgart. *mayafranke.de*

Unser gesamtes Programm finden Sie unter **kosmos.de**.
Über Neuigkeiten informieren Sie regelmäßig unsere
Newsletter, einfach anmelden unter **kosmos.de/newsletter**.

Gedruckt auf chlorfrei gebleichtem Papier

© 2023, Franckh-Kosmos Verlags-GmbH & Co. KG, Stuttgart
Alle Rechte vorbehalten
ISBN 978-3-440-17462-3
Redaktion: Heiko Fischer
Gestaltungskonzept: Studio Gramisci, München
Gestaltung und Satz: Katrin Kleinschrot, Stuttgart
Produktion: Markus Schärtlein
Druck und Bindung: Aprinta Druck, Wemding
Printed in Germany/Imprimé en Allemagne

FSC
www.fsc.org
MIX
Papier | Fördert
gute Waldnutzung
FSC® C004592